中国城市家具标准化国际论坛论文集系列

城市家具与城市更新研究

Research on Urban Furniture and Urban Renewal

鲍诗度　主编

中国建筑工业出版社

图书在版编目（CIP）数据

城市家具与城市更新研究 = Research on Urban Furniture and Urban Renewal / 鲍诗度主编 . —北京：中国建筑工业出版社 , 2022.10

（中国城市家具标准化国际论坛论文集系列）

ISBN 978-7-112-28060-5

Ⅰ . ①城… Ⅱ . ①鲍… Ⅲ . ①城市公用设施—国际学术会议—文集 ②城市规划—国际学术会议—文集 Ⅳ . ① TU998-53 ② TU984-53

中国版本图书馆 CIP 数据核字 (2022) 第 200940 号

责任编辑：唐 旭 吴 绫
文字编辑：李东禧 孙 硕
责任校对：刘梦然

中国城市家具标准化国际论坛论文集系列
城市家具与城市更新研究
Research on Urban Furniture and Urban Renewal

鲍诗度 主编

*

中国建筑工业出版社 出版、发行（北京海淀三里河路 9 号）
各地新华书店、建筑书店经销
北京中科印刷有限公司印刷

*

开本：850 毫米 ×1168 毫米 1/16 印张：17 字数：402 千字
2022 年 11 月第一版 2022 年 11 月第一次印刷
定价：78.00 元
ISBN 978-7-112-28060-5
（39732）

前 言

2021年3月5日十三届全国人大四次会议召开，城市更新首次被写入政府工作报告；《"十四五"发展规划及2035年愿景目标纲要》中也提出，将实施城市更新行动，推动城市空间结构优化和品质提升，城市更新已升级为国家战略。

本书聚焦"城市更新"这个关乎中国城市未来和民生的大课题，探讨在"街道""街区"语境下，城市家具发展的新理念和关键技术。深度研究城市更新，全力推进高质量发展、创造高品质生活、不断满足人民对美好生活的向往，是时代赋予我们的责任。

在城市更新中，一是要引导城市"道路"向"街道"的理念转变。从以"交通"为主，转向以"多模式"为主，设计"更安全"的街道，服务更多的人，其重点就是要构建互不干涉、界限清晰的城市道路"三行系统"——即行人、非机动车、机动车各有其道、各行其道的交通体系。安全、顺畅、连续的三行系统是衡量是否为发达国家城市的标准之一，而中国没有一座城市有完善的三行系统，这是当下城市更新迫切需要解决的主要问题之一。

二是要引导城市"街道"向"美丽街区"的理念转变，紧紧围绕"以人为本"的核心思想和基石，使其宜商、宜业、宜行、宜居。汲取发达国家可持续城市发展的优秀经验，把握好街道环境的三个要素——即街道环境、居住环境和商业环境。筑牢产业结构、服务结构、生活品质的三者关系，深化供给侧结构改革，完善服务圈、繁荣商业圈、丰富生活圈，给街区注入更多的活力。

城市是一个大系统，"城市家具"作为城市公共空间中为公众户外活动和城市管理服务的基础设施子系统，是"道路"向"街道"、向"美丽街区"转变的主要建设内容和具体抓手。它展现一个城市的品质，代表一个城市的形象，反映一个城市真正的软实力，是支撑城市高质量建设的重要载体。

城市更新是个新课题，城市建设需求具有新特征、新趋势、新规律，涉及多个层面的新知识、新认知、新方法、新技术、新机制。中国城市病的根源之一是缺乏系统性，一系列系统化、规范化、标准化的建设是中国城市建设与发展的根本。突破传统观念，敢为天下先，对标国际，精细精准，创新新技术，实施新标准，以人民为中心更新城市空间体系，缔造更宜居的城市生活空间，塑造更有活力的城市公共空间。

在观念更新的同时，更需尊重规律、尊重市场、尊重专业，集结各方面的力量共同推进。中国当下政府职能管理部门、专家、建设方、设计院、施工企业等专业单位应把资源优势、资金优势、政策优势集中在一起，做成一片，繁荣一片，脚踏实地推进。

追求美好生活是人类永恒的主题，而城市更新是永续的过程。

鲍诗度

东华大学环境艺术设计研究院院长

教授 博士生导师

2022年7月

目录
CONTENTS

会议时间：2019 年 10 月 14 日

会议地点：河南省郑州市国际会展中心

第 16 届中国标准化论坛城市家具分论坛致辞

Speech at the 16th China Standardization Forum Urban Furniture Sub Forum

致辞 1

尊敬的各位来宾、女士们、先生们：

十月的绿城，秋高气爽、丹桂飘香，在九月成功举办全国第11届少数民族传统体育运动会后，又迎来中国城市家具标准化国际盛会的召开。中外嘉宾齐聚郑州，共谋发展，畅谈未来。朴实醇厚、热情好客的千万郑州人民，向莅临本次盛会的中外各位嘉宾表示热烈的欢迎，向长期以来关心和帮助郑州建设发展的朋友致以诚挚的谢意！

郑州是河南省省会，地处中华腹地，中国历史文化名城，古称商都，今为绿城。一座华夏文明之城，一座国际综合枢纽城市，一座正在崛起的"一带一路"重要节点城市，一座加快建设中的国家中心城市。黄河流域生态保护和高质量发展、航空港实验区、自贸区郑州片区、自主创新示范区、跨境电商综试区、大数据综试区六大国家战略在这里集结，"海、陆、空、网"四条丝路在这里汇聚。航空、铁路、公路"三网融合"，"双十字"铁路中心，亚太物流中心，不靠海不沿边的"无水港"内陆开放高地，两小时高铁经济圈和两小时航空圈覆盖中国90%的人口和市场，郑欧班列覆盖欧亚24个国家126座城市，跨境电商联通全球，辐射全国，联通世界，服务全球。

近年来，郑州以国际化、现代化为引领，深入推进"路长制"精细化管理工作，以绣花功夫、匠心精神加强城市家具标准化示范性、引领性和样板性建设，以水润城、以绿荫城、以文化城，以"世界眼光、国际标准、郑州特色"打造城市美丽街区，推进生态治污、交通治堵、市容卫生治脏，加快城市有机更新，努力营造"整洁、有序、舒适、愉悦"的城市环境，构建内捷外联的活力之城，宜居宜业的创新之城，塑造大美郑州，不断满足人民群众的安全感、满意度和幸福感。

举办这次中国标准化论坛城市家具分论坛，旨在通过本次会议向国内外专家及学术界介绍郑州、推介郑州，更深层意义是宣传和推广郑州市的城市家具标准化建设成就，并将推动郑州市城市家具标准化建设的精细化管理成功经验——"路长制"工作郑州模式推向全国，助推城市家具标准化建设全国普及、走向世界。我们真诚希望以本次会议为桥梁纽带，与国内外各位来宾共同探讨、相互交流、增进了解、建立合作，共同谱写城市家具标准化建设合作共赢新篇章。

祝各位来宾在郑期间生活愉快、身体健康、万事如意！

陈兆超

郑州市人民政府副市长

致辞 2

尊敬的各位领导、专家、中外来宾、朋友们：

大家下午好！

今天由中国标准化协会、郑州市人民政府和东华大学主办，郑州市城市精细办管理服务办公室、郑州市二七区人民政府、中国标准化协会城市家具分会共同承办的第十六届中国标准化论坛城市家具分论坛顺利召开，我谨代表东华大学对大会的召开表示衷心的祝贺！向各界来宾表示热烈的欢迎！向郑州市等各级单位、各级领导的大力支持表示由衷的感谢！

东华大学是教育部直属的"211 工程"国家重点建设大学，学校成立于 1951 年，至今已有悠久的办学历史，由最初的单科性纺织专业学校发展为有 12 个专业学院的综合性大学，另有国际文化交流学院、继续教育学院、体育部和国际合作办学的东华大学莱佛士国际设计专修学院。学校拥有 5 个博士后流动站、7 个一级学科博士点、24 个一级学科硕士点、6 个专业学位硕士授权类别、17 个工程硕士授权领域、56 个本科专业，学科涉及工学、理学等十大学科门类。共有 1 个一级学科国家重点学科、5 个二级学科国家重点学科、7 个上海市重点学科，同时设有 12 个国家和省部级科研基地，2 个国家"111"引智基地。日前，我校正式进入国家双一流大学建设高校行列，大力建设纺织为"一体"、材料和设计为"两翼"、其他学科创新发展的新格局。从科技创新人才培养等方面为国家和区域经济社会的创新发展作出新的贡献。

创新发展离不开设计。城市家具是设计学科中一门新颖的研究方向，是城市建设景观构成中的重要元素，其完善程度及系统合理的设计配置体现了一个城市的管理水平和文化所在。

东华大学设计学科是国内最早开展该研究方向的高校。2001 年我校的鲍诗度教授和团队就开始了城市家具的研究，提出了城市家具系统设计的概念，曾先后多次赴欧洲及日本等发达国家考察，并陆续出版相关专作 20 余部，是城市家具系统设计理论与实践的先行者。

2008 年伊始，有幸收到连云港市政府邀请，学校参与连云港市城市家具系统建设工作，作为总设计单位，与连云港市政府共同开展长期、深入的设计研究及实践工作，在连云港开创了全国城市家具系统设计与建设的创新模式和系统性标准体系的先河，填补了国内的空白，取得了丰硕的成果。以连云港市为起点，近年来，我校又与郑州市、上海市、南京市、嘉兴市、宿迁市、菏泽市、雄安新区等多地政府合作，参与到城市更新的顶层设计与城市家具系统规划建设的事业中，所幸，我们的工作成果也取得了各地领导和业界的肯定，方圆标志认证集团在 2019 年对我们系统设计建设城市家具的成果与资质进行了考察评定，为我们颁发了首批五星级城市家具系统评价认证单位证书。此外，我校将多年从事城市家具理论研究与实践经验的工作进行了标准化梳理，编制了《江苏省城市家具建设指南》《上海市城市道路合杆整治技术导则》《市政道路建设及整治工程全要素技术规定》等建设指导技术文件，以及编制出版了《城市家具系统建设指南》《城市家具系统规划指南》《城市家具系统设计指南》《城市家单体设计指南》《城市家具布点设计指南》《城市家具维护管养指南》六项团体标准，今天，将在本次论坛上举行该六项团体标准的首发仪式。当前我们正积极地申请成立全国城市家具标准化技术委员会，希望将城市家具标准推广到国家标准层面，更好更广泛地为我们的城市、为我们的人民服务。

本次会议的召开我们非常有幸邀请到了许多城市的来宾，我们盼望着此次会议能够站在新的高度，从支持国家战略发展、推动我国城市建设发展与繁荣复兴的角度，深入探讨交流城市家具创新设计研究与建设管理经验，支撑"美丽中国、美丽城市、美丽街区"的建设，提升城市的品质、重塑城市的文化、展示城市的魅力、激发城市的活力！

衷心感谢中国标准化协会和郑州市政府对本论坛的大力支持与悉心指导；感谢来自全国各地的专家、领导、企业代表，以及国际友人的莅临；我们期待将与各界同仁一道开展好中国城市家具标准化的研究、交流、标准制定等各项工作。东华大学愿意更多地参与城市建设更新与美丽街区建设事业当中，与我们的合作伙伴，共同见证城市的美丽蜕变、城市的产业技术创新与社会经济发展。

预祝本次大会圆满成功并取得丰硕成果。欢迎各位嘉宾到上海莅临东华大学指导，为学校发展提出宝贵建议和意见。

谢谢大家！

陈南梁

东华大学党委常委、副校长

致辞 3

尊敬的各位领导、各位嘉宾：

大家下午好！

金风送爽、春华秋实。非常高兴来到"中华腹地，九州之中"的郑州与各位朋友欢聚一堂，共同交流探讨。

近年来，我国城市现代化建设进程加快，社会各界对城市空间品质和文化内涵彰显的要求不断提高，城市的环境面貌、空间品质正逐步成为评判城市建设高质量发展的重要标准。"城市家具"这一概念于 2015 年第一次在中共中央、国务院文件中被正式提出，确立为中国城市建设管理的重要内容。同时随着技术的发展，标准化、高效率使得城市家具的批量化生产成为可能，城市家具得到进一步推广和普及。

目前，因缺少对于城市家具系统性的设计管理方法，城市公共区域空间中存在造型各异、缺乏城市文化特色，以及设置不合理等诸多问题，造成市民对城市空间环境感受和城市服务体验较差等现象。同时，中国城市家具系统化标准尚属空白，无统一的生产标准、技术标准，各专业之间缺乏协调，不能有机结合，制约了中国城市家具相关行业的发展。因此，时代的进步、城市环境的改善、人民生活品质的提高，需要建立城市家具系统性标准，也需要相关机构和专家学者为之付出努力。

东华大学环境艺术设计研究院是中国城市家具设计理论与实践的创立者与先行者。多年来，鲍诗度教授及其团队在城市家具设计实践、理论研究、标准制定等多个方面投入了大量心血，以强烈的责任担当意识深耕不辍、砥砺前行，使"城市家具"系统设计、"大环境"设计的观念逐渐深入人心，对推动我国城市建设发展作出了重要贡献。同时，鲍教授与建工出版社密切合作，从早期"当代城市景观与环境设计丛书"的出版，构建出环境设计、大环境系统框架，到《中国环境艺术设计》年鉴，一直引领环境设计专业前沿，再到此次会议推出的《城市家具建设指南》以及6项城市家具团体标准，这些图书的出版，也为推动中国城市管理和建设的科学化、精细化、艺术化作出了积极贡献。

作为这些精品力作的出版单位，也作为建设领域的专业科技出版社，中国建筑出版传媒有限公司（原中国建筑工业出版社）创建65年来，一直肩负着弘扬建筑文化、传播建设科技、培养建设人才的社会责任和历史使命，为社会和行业奉献了三万多种优秀出版物。并连续四届荣获出版界的最高级别奖项——中国出版政府奖先进出版单位，在全国近600家出版单位中，获此殊荣的全国仅有两家。在数字出版转型的大背景下，陆续被评为首批"数字出版转型示范单位""CNONIX国家标准应用示范单位""国家数字复合出版系统工程应用试点单位"，以及首批"专业数字内容资源知识服务模式试点单位"等，在读者阅读体验和消费升级的客观诉求下，我们将为读者提供更多元化的数字产品。

今后我们将一如既往，竭诚为建设行业发展服务。相信在各位同仁的共同努力下，中国城市家具的发展会更加繁荣、我们的城市会更加美好！

最后，预祝今天的论坛圆满成功！祝各位嘉宾朋友们身体健康！万事顺意！谢谢大家！

孙立波

中国建筑出版传媒有限公司董事、副社长

致辞 4

尊敬的纪正昆理事长，各位领导、各位嘉宾、各位朋友：

大家下午好！

今天，中国商都嘉宾云集，群贤毕至。非常高兴能够通过第16届中国标准化论坛城市家具标准化分论坛，与各位来宾、专家学者和行业翘楚一起，聚焦"系统、社区、街区"主题，共研、共商城市家具标准化发展。在此，我谨代表国家市场监管总局、国家标准委，向支持标准化事业发展的各方嘉宾表示热烈的欢迎和衷心的感谢！

城市是人类的智慧创造，是人类文明的鲜明标志。城市可持续发展作为城市发展的新理念、新模式，可有效提高政府治理能力，提升城市居民福祉，促进创新技术应用和产业发展，为城市运行、管理、服务注入新的活力，是国际社会共同关注的热点问题。

标准作为国家治理体系和治理能力现代化的基础性制度，是推进城市健康有序发展的重要支撑。首先，标准凝聚城市发展理念和实践共识。当今城市建设涉及众多利益相关方，其理念、角度和方法各有不同。需要协商一致形成共同遵守的统一标准，才能够取得智慧城市建设最大公约数，合力推进。其次，标准助推城市建设协同发展。标准可有效促进不同地区、不同层级、不同规模城市的业务整合与协同，可积极推动城市基础设施建设与交通运输、社会保障、医疗服务等不同领域的政务服务融合发展，更好发挥协同效应，服务和支撑城市可持续发展。最后，标准助力城市建设信息资源的汇聚共享。城市建设需要运用云计算、物联网、大数据、移动互联网等智能技术，提升城市建设、管理、运营过程中的信息化、智慧化水平，统一标准是信息资源互联互通、融合共享的前提，有利于规范和促进城市建设有序、高效、健康发展。

国家市场监管总局、国家标准委高度重视城市可持续发展标准化建设，针对城市可持续发展标准化需求，用创新的思维、创新的模式、创新的方法，在标准化统筹规划、工作实践和国际合作等方面开展了一系列工作，取得了一定的成效。

在统筹规划方面，联合发展改革委、住建部、工信部等 11 个部门建立了智慧城市标准化协调推进机制，联合中央网信办、发展改革委出台了《关于开展智慧城市标准体系和评价指标体系建设及应用实施的指导意见》，批复成立了全国城市可持续发展标准化技术委员会等，为城市可持续发展做好了标准化工作的顶层设计。

在工作实践方面，会同科技部，推动在西安、大连、成都等 20 个城市开展智慧城市技术和标准试点示范工作，推进深圳市、杭州市、青岛市、包头市等标准国际化创新型城市创建示范活动等，探索了标准化工作助力城市可持续发展的新经验。

在国际合作方面，我国是 ISO/IEC JTC1 智慧城市研究组的召集人和秘书国，也是 ISO/TC 268 城市可持续发展技术委员会的成员国，实质性参与了 ISO、IEC、ITU 三大国际标准组织关于智慧城市和城市可持续发展国际标准的制定，并推动中国北京未来科技城和法国韦利济济共同开展中法商务区可持续发展标准化合作试点等，搭建了国际标准化工作交流平台，助力提升城市管理水平。

由中国标准化协会、郑州市人民政府、东华大学发起的本届城市家具标准化分论坛，倡导以系统理论引领中国城市家具标准化建设，正是贯彻落实党中央、国务院关于深化标准化改革工作的具体行动，也与我们国际标准化组织倡导的发展理念不谋而合，贴合了国际标准化发展的最新潮流。相信通过今天的论坛，会碰撞出更多的智慧思考和真知灼见，期待各位嘉宾的精彩发言。谢谢大家！

陈洪俊

国家市场监管管理总局标准技术管理司副司长

致辞 5

各位嘉宾、朋友们：

大家下午好！我代表中国标准化协会，欢迎各位来到美丽的郑州市，参加 "第 16 届中国标准化论坛城市家具分论坛"，共同探讨现代城市建设的重要组成部分——"城市家具标准化建设"。

中国标准化协会自 1978 年成立至今已历经了 41 个春秋，逐步形成市场化、规模化、标准化的发展道路，为企业与市场、政府与社会建立规范公信的社会公共管理制度，搭建了重要的标准化桥梁，发挥了重要的作用。

城市家具分会是 2017 年 10 月由中国标准化协会成立的重要的分支机构。城市家具是一门新兴学科，是现代化城市的重要标志，亦是国际先进的城市建设理念。它切合了我国经济与社会改革的发展方向，适应了城市建设向高质量发展的形势要求，并紧扣"以人民为核心"的理念，满足人民对美好生活新期待的愿望。"城市家具"这一名词，将我们的城市比喻为"家"，将所有市民当作家人，将家中使用和共享的一切环境设施比喻为"城市家具"，它所寄予的不仅是所有市民对"美好家"的共同盼望，更包含了城市决策者、设计者、建设者对营造美好家的一份沉甸甸的使命感和责任感。在这样的时代背景和社会需求下，中国标准化协会城市家具分会应运而生，为推动城市家具的建设发展，为引领城市家具行业走向规范化、市场化、标准化，为支撑城市建设走向高品质发展正在砥砺前行，拼搏奋斗。

城市家具分会在成立以来，做了大量的工作，也取得了可喜的成绩。我们在全国首个城市家具系统化建设城市——连云港市举办了首届"中国城市家具标准化国际会议"，19 个国家、500 多名代表积极参与，热情支持，在国际国内产生了广泛的影响，推动了事业发展。鲍诗度会长及其团队在近二十年学科研究的基础上，结合大量项目实践，总结经验，制定标准，编制出版了专著《城市家具建设指南》，以及《城市家具系统建设指南》《城市家具系统规划指南》《城市家具系统设计指南》《城市家具单体设计指南》《城市家具布点设计指南》《城市家具维护管养指南》六项团体标准，是城市家具系统化、理论化、标准化的首部专著和首个系列标准，填补了我国城市家具系统化技术标准和管理标准的空白，为我国城市家具标准化建设发展提供了重要的建设依据，也为美丽中国、美丽城市、美丽街区的建设提供了重要的技术支撑。

今天，我们高兴地看到行业内各方专家学者踊跃出席论坛，共同研讨城市家具标准化建设以及系统标准·美丽街区这一具有实际意义的主题。希望各位专家、学者积极献言献策，贡献智慧和力量，让我们的城市大家庭，变得更加美好、更加舒适、更加充满阳光与温情！让我们共同建设好我们伟大祖国的美好家园！

最后，预祝论坛圆满成功！谢谢大家！

纪正昆

原国家标准化管理委员会主任、中国标准化协会理事长

演讲时间：2019 年 10 月 14 日

演讲地点：河南省郑州市国际会展中心

演讲人简介：方晓风，中国标准化协会城市家具分会副会长、清华大学美术学院副院长

城市发展与设计标准化
Urban Development and Design Standardization

方晓风
Fang Xiaofeng

文章标识码：C

各位嘉宾朋友下午好，很荣幸由我来主持这个单元的论坛内容。因为我本人实际上并非城市家具领域的专家，但却担任着城市家具分会副会长一职，原因在于我对城市家具的发展非常关注，也很支持这方面的研究实践工作。

昨天晚宴相聚时，我已经有了特别突出的感受。这两天总体上处在一个比较兴奋的状态，这个状态源于本次论坛活动，城市家具标准化分论坛一定会成为中国城市发展历史上一个有意义的里程碑！从前年年底开始，在中国标准化协会下筹建城市家具分会，逐步成立分会，到刚才的标准发布，再到今天的城市家具分论坛，整个事情一步步走来，每一步都是一个小小的里程碑。今天的论坛应该是一个非常有价值的节点，这应该是中国城市建设历史上第一次就城市家具为主题的专项论坛，有了自己专门的组织。某种程度上可以说，作为一个学科的研究方向，获得了一个合法的身份，从这些角度来讲，我们完全可以认为这是一个里程碑。

在这里也特别感谢鲍诗度老师的团队，包括很多地方政府对东华大学的支持推动，因为在中国我们正好经历了一轮非常快速的城市化过程，成就非常大。现在全世界都在谈"中国速度"，但是在谈"中国速度"的同时，我们也不得不看到城市发展快了之后

产生的一些问题，也就是中国俗话讲的"萝卜快了不洗泥"。

所以，非常高兴现在郑州市已经开始提出精细化管理。对于未来的城市发展，精细化肯定非常重要，尤其是对于我们国家的城市化建设有深远的重要性。从某种程度上来讲，今天提出的精细化可以理解为是一种补课。所以，我们今天才来讨论城市化建设这个问题，和西方国家当时讨论这个话题的语境不完全一致，有我们的特殊性在里面。因为我们这一轮城市建设速度太快，这个快，带来的一系列问题，不光是建设质量控制的问题，还关联着城市管理的问题与城市文化建设问题。因为今天的中国大城市可能比世界上所有其他城市都面临着前所未有的困境：虽然我们国家没有大规模外来移民，但我们仍然面临着各大城市本土传统的中断或丧失。因为这三十年内，中国人口向城市移民的速度太快，以至于我们到处讲，在北京都是新北京人，老北京人的比例很低，在上海也是新上海人，老上海人比例很低。深圳这么短历史的城市，也在谈新深圳人，那么我想郑州同样面临这个问题。像苏州这样的城市，我感受特别深，因为老城的规模和新城的规模完全不在一个量级上面，所以很多城市甚至可以保留很好的城市原来的物质基础、物质环境。但由于大量外来人口的涌入，它的城市文化正在逐渐改变。这是一个非常大的问题，也是一个隐性的问题，有时候不见得那么直观，不是那么一下子能看出来，但它仍然是我们城市建设里面必须关注的问题。所以谈到城市的时候，我们不得不去关注一个关键性的话题：究竟什么样的城市是好的城市？这时候我就想起托尔斯泰的一句话："幸福的家庭都是相似的，不幸的家庭原因却各不相同。"但这段话后来也有人评价它说的并不完全对，主要是因为托尔斯泰自己的家庭不太幸福，所以他并不理解幸福的家庭也是很多元的，并不是完全相似。其实在这里面提出了一个很有意思的问题，在我们的认知里，"好"这件事情是有一定标准的，而造成不好的原因非常多。

所以我非常兴奋"城市家具"加入到了中国标准化协会这个大家庭，因为这里有一个非常关键的点，我认为这是标准化协会目前唯一一个与设计有关的分会。非常悲哀，我们的设计学科标准化意识很弱。作为一个现代的设计学科来讲，我们知道设计跟制造、跟实践都是紧密相关的。在一个现代化的制造语境与建设语境层面，标准化是基本前提。但我们国家的设计学科，对于标准化意识非常薄弱。我认为有一个原因，可能是因为我们很多设计学科的发展是从美术学的胚胎里面长出来的，着重对艺术、对审美的强调。把标准化的意识放到一个更优先的位置，这是值得关注的一点。

城市的历史非常悠久，因为城市实际上是文明史的一个重要起点，我们在谈文明的时候，一定是以城市作为标准。有了城市，才意味着一种文明，因为城市意味着生产力达到了一个比较高的水平，人群开始分化，有一部分人可以完全不是生产，使得团体得以延续。但是，我们都清楚在全世界范围内，城市是在工业革命后得到非常快速的发展，也因为工业革命带去了很多城市问题。所以今天的城市不光跟几千年前不同，今天的城市跟一百年前的城市也不可同日而言。当我们讨论城市，对城市下定义的时候，也非常有意思。不同的人站在不同的角度，可以有不同的定义方式。什么是城市？有的人认为城市是一系列市场的集合，城市是交易集中的地方。搞政治的人认为，城市是一个政治团体控制的地方。有很多种解释，但有一种解释是最基础的：城市是聚居地，一定是人群相遇相聚的地方，这是它最大的特性。所以城市一定要具有公共性、开放性，即使是在封建时代，在古代，城市仍然具有这些属性。这些是城市最基本的属性，是我们认知城市问题和讨论城市建设必须关注的几个基本前提，也是我们讨论包括城市家具建设话题之内的基本前提。总体而言，虽然整个形势有问题，但更多的是让我们看到了希望，尤其是近十年以来，从中央政府到各级政府，在城市建设方面不断吸取经验教训，调整策略。

昨天，李平局长接待我的时候介绍了他的从政背景，当时听了之后很有感触，因为李局长原来是负责宣传的宣传部副部，所以郑州市的干部任命，就显示了这个城市对治理城市的决心和姿态。让一个长期在宣传部门工作的领导来做城市管理工作，那么我想这背后隐含的潜台词是我们要从日常工作入手，塑造出一个良好的城市形象。所以这是非常重要的信号，也是值得我们欣喜的转变。

演讲时间：2019 年 10 月 14 日

演讲地点：河南省郑州市国际会展中心

演讲人简介：李平，郑州市城市管理局党组副书记

创新"路长制" 做足"绣花功"
着力构建"路长制"共建共治共享管理体系

Innovate " General Road Responsibility System" Get "Embroidery Skill"
Building a " General Road Responsibility System" of Co-construction, Co-governance and Shared Management System

李平

Li Ping

文章标识码：C

尊敬的各位领导、各位来宾，女士们、先生们、朋友们：

大家下午好！

非常高兴也非常荣幸能够有机会参加第 16 届中国标准化论坛城市家具分论坛这样一个重要的会议，这个论坛对我们郑州来说是一次非常重要而且难得的学习机会。下面，我将郑州市在"路长制"城市精细化管理的工作成果，从五个方面，向大家作一下分享，如有不妥之处，还望给予批评指正！

1 强化"五级联动"路长队伍建设，构建"路长制"协同推进机制

近年来，郑州市历经了由"大拆"到"大建"再到"建管并重"的发展过程，城

市框架迅速拉大，城市发展突飞猛进。截至 2018 年底，全市总面积 7446 平方公里，建成区面积 549 平方公里，全市人口第一次突破了 1000 万，达到 1013 万人，我们的 GDP 也突破了万亿，另外我们的地方财政收入达到了 1300 多亿。伴随着城市框架的不断拉大和城市规模的迅速扩张，市民对生活居住环境要求越来越高，城市管理中存在的管理理念落后、机制不畅、标准不高、方式粗放、基础设施差、交通秩序乱、城市环境脏等问题严重制约了城市高质量发展。郑州市委、市政府审时度势，科学决策，在全市创新实施"路长制"管理模式，走出了一条符合郑州实际、具有郑州特色的城市精细化管理路径。

1.1 完善运行体系

按照"政府主导、部门联动、属地管理、基层自治、社会参与"的原则，建立了以路段为基本管理单元的市、区、办事处、社区及沿街单位、门店五级联动"路长制"的运行机制，由市城市精细化管理服务办公室统筹组织，区级政府主要领导担任总路长、分管领导担任副总路长、办事处主要领导担任一级路长、中层领导担任二级路长，各级路长承担辖区内城市管理主体责任，交警、城管、市场监管等职能部门协同跟进，全面落实"一长、两员、三会、四包"工作责任。"一长"即责任路长，负责所辖道路（段）的市政设施、环境卫生、街面秩序等各类城市精细化管理工作，推动门前"四包"责任制落实。目前"路长制"实施范围已从城区扩大到县（市），责任道路 3000 多条（段），设置一至三级路长 2500 多名。"两员"即巡查员和监督员，负责每天对所辖道路进行巡查督导，发现解决各类问题，督促商户落实"四包"工作，并向责任路长上报突出问题，实现了街面问题实时发现、实时反馈、实时处理。"三会"即党员议事会、商户联合会和部门协调会，三级路长一周召开一次商户联合会，二级路长每半月召开一次部门协调会，一级路长每月召开一次党员议事会，通过"三会"发动广大基层党员和商户群众，建立衔接有序、协调顺畅的基层管理机制，形成了党员引领、商户自治、全民参与的社会治理模式。"四包"即包卫生、包秩序、包绿化、包立面等门前四包责任，随着工作的深入开展，"路长制"在及时发现问题和快速解决问题上的优势逐步显现，其工作内容进一步延伸到市政设施、施工围挡、城市家具、环境卫生、绿化带、街面秩序、沿街立面、架空线缆等城市管理的方方面面，实现了精细管理全覆盖。

1.2 推动管理职能下放

按照"能集中则集中、能下放则下放"的原则，把分散在规划、建设、房管、城管、园林、市政、质量安全等职能部门的城市管理事项全部归口到城市管理部门，然后交由各区管理，并下沉到办事处具体实施，有效解决了"看得见的管不了，管得了的看不见"问题。通过改革调整，区级行使的行政处罚权责事项从原来的 200 多项增加到近 800 项，私搭乱建、物业管理、房屋中介等投诉最多、与群众关系最直接的事项，执法权全部下放到区、办两级，使管理更直接，执法更亲民。

1.3 建立健全工作制度

按照"一路一长，一长一队"的要求，成立由各级路长、巡查员、监督员组成的"路队"，建立"路长吹哨，全员报到"联动制度，由路长统筹协调交警、城管、市场监管人员开展辖区城市管理工作，确保路长指挥有力、队员分工协作、商户积极参与。同时，出台《郑州市"路长制"工作导则》，制定"路长制"公示制度、"路队"成员标识制度等工作制度，细化"路长制"工作任务、标准、流程等工作规范，建立日常巡查、应急处置、第三方考评、观摩讲评以及约谈、曝光等多项机制，形成了问题发现、上报、处理、办结、反馈、评价的工作闭环。

2 提升"四化推进"标准，构建"路长制"全域全程管控机制

对标国际一流、国内一线城市管理水准，围绕"序化、洁化、绿化、亮化"的"四化"工作目标，对各项管理流程和环节进行精心设计，力求精准实施、精确到位，确保管理运行的全过程紧凑、管理保障的全流程闭合。

2.1 建立标准体系

围绕门前"四包"、环卫保洁、停车管理、公用设施建设、市政道路设施管养、架空线缆入地、户外招牌广告、垃圾处置、绿化管养等一系列工作进行系统研究，加快出台涵盖城市管理全领域的《郑州市城市精细化管理白皮书》，为"路长制"提供标准化的工作依据。

2.2 强化经费投入与审计监督

2019 年上半年拨付城市精细化管理资金（含建设资金）4.2 亿元，同时追加城市精细化管理第三方考核专项资金 900 多万元。对全市环卫经费按照四环内每年 20 元 / 平方米、四环外每年 14.61 元 / 平方米的标准进行大幅提升，对购买环卫机械进行 50%的市级补贴，对各区拨付办事处的 "路长制"工作经费进行统一要求。同时，由市审计部门介入，每季度对各区政府、管委会环卫保洁机械和人员配置等经费供给情况进行专项审计，经费拨付和资金使用不到位的，将差额直接从区级财政中扣除，保障了"路长制"顺利实施。

2.3 规范作业程序

明确"门前四包"作业程序和工作标准，尤其是在门前道路保洁、油污地面处理、卫生死角打扫、门前秩序维护等方面初步形成了一套科学有效的常态化管理规范；完善环卫保洁作业规范，路面机械化作业清扫、绿化带清洗、交通护栏擦洗、城市家具清洗等工作，全面实现标准化作业；建立各类城市设施管理规范，对空调室外机安装、市政道路维修养护、城市家具刷新、施工围挡改造提升、门前台阶踏步整治等工作制定了细

化标准并集中进行规范整治。

3 健全"四级督导"评价体系，构建"路长制"严格的奖惩机制

综合运用考核、奖励、处罚、责任追究等手段，建立科学高效的激励机制，对区、办事处、责任路段及沿街单位、门店实行红黑旗考核评定，奖优罚劣，助推工作。

3.1 强化四级督导

市委书记、市长坚持每周暗访，并及时召开各类点评会、现场会，解决实际问题，研究对策措施，督促工作推进；市城管局成立专项督导组，每天开展不间断、全覆盖的拉网式督导检查；第三方公司对各区工作进行科学精准的量化评价，确保科学公正；各区、办也分别组建自查小组，建立工作台账，每日巡查督导、自查整改，形成了日巡查、日通报，周点评、周通报，月汇总、月奖惩机制，构建了层层抓落实的强力推进机制。

3.2 引入第三方考评机制

把"路长制"管理的各项工作细化为 10 大类、46 项督导检查事项，引入第三方公司、组建第三方团队进行全天候、全覆盖、无差别的实地巡查，每周进行精准科学的量化打分，并作为日常考核依据，确保考核的精准精确。

3.3 严格兑现奖惩

每周评选"优秀红旗路段"和"黑旗"路段，对评为"优秀红旗路段"的奖励所在乡镇（办）60 万元；同时结合"千条优秀路、百条卓越路、十条极致路"创建工作，制定了《郑州市道路升级达标考核评比办法》，对完不成创建任务和超额完成创建任务的，分别按照每条 60 万元、80 万元、100 万元的标准给予处罚或奖励。另外，还制定了"红旗街道办事处"创建考核办法，对被授予"红旗街道办事处"的乡镇（办），一次性奖励 500 万元。

4 实施"三类欠账"集中整治，构建动态常态的专项治理机制

以"路长制"为载体，围绕"脏、乱、差"三个方面的历史欠账和顽疾，在精细管理上求超越，在精准服务上求突破，构建了"常态化管理＋集中整治"的工作机制。

4.1 集中治理历史欠账

持续深入推进"路长制"市容市貌大提升活动，组织开展了市政设施大排查大整治大提升、卫生死角大排查大清理、捡烟头捡垃圾全民行动、公共空间环境整治提升等十二个专项整治，全面清理清除了一系列顽症痼疾，城市管理历史欠账得到了集中治理，城市面貌焕然一新，城市秩序明显好转。

4.2 不断创新"路长制"工作模式

对传统洒水作业模式进行改进，取消了大面积高压洒水作业方式；上线了查找公厕的微信小程序，全市在使用的 1740 座公厕 98% 录入"郑州公厕地图"；金水区、惠济区聘请中国美院、上海浦东设计院等组成专家评审团队规划设计街景风貌；中原区推出"路院共治、路绿共治、路校共治、路点共治"，扩大了工作的成果；二七区打造了上百条主题街道、口袋公园、街头微景观万组花箱等，深受百姓好评；管城区持续开展"一净化二提升三畅通四亮化五增绿"工程，辖区市容市貌实现了大提升。其他各区、开发区，以及新郑、新密、荥阳、中牟等几个县（市）也都结合自身实际，广纳贤言、集思广益，创新实施了一系列"路长制"工作模式，推动了"路长制"持续深入开展。

4.3 着力抓好"迎民族盛会 庆七十华诞"城市环境保障工作

按照"办好一个会，提升一座城"的办会目标，以"路长制"为抓手，把"序化、洁化、绿化、亮化"的工作标准和具体措施，落实到全市每一处地面、每一片立面和每一个空间，重点解决市政设施维护、地下管线改造、环卫保洁、城市亮化、街区景观、建筑工地、园林绿化、户外广告、空中线缆等方面问题；集中力量解决车辆乱停乱放、六类车非法营运等社会关注、群众反映强烈的突出问题；深入推进支路背街、老旧居民区综合整治和生活垃圾分类管理工作，同时持续抓好占道经营及油烟、噪声治理、城市家具等常态化管理工作，真正实现了"市容市貌有新提升、城市管理有新提升、市民素质有新提升"，确保了第十一届全国少数民族传统体育运动会圆满成功。

5 打造"四级标杆"精品路段，构建点面结合的品牌创建机制

坚持以创建促提升，以示范带发展，以特色铸品牌，推动"路长制"工作持续向深层次延伸、向高档次迈进，着力塑造既有"面子"又有"里子"、既有"颜值"又有"内涵"的城市形象，加快打造独具特色的"路长制"郑州品牌。结合郑州国家中心城市建设标准和未来城市现代化治理方向，把"美化、净化、亮化、绿化、文化"的工作要求，细化为清扫保洁、路面完整、城市家具、沿街立面、绿化美化、生态环保、交通通行、街面秩序等 20 个具体标准。同时，把道路管理划分为良好、优秀、卓越、极致等四个等级，制定创建实施方案、检查评比方案及考核实施细则，对全市纳入"路长制"管理的路段进行动态管理、综合评定，推动各条道路管理工作不断整改提升、争先进位。计划到年底，塑造一批"市容整洁、景观优美、管理规范、市民满意"的示范标杆路段，实现"千路优秀，百路卓越，十路极致"的阶段性目标。尤其要把郑州的城市特色、城市记忆、中原文化的历史积淀及各个区域的人文、景观、产业等特色元素与标杆道路创建有机结合起来，通过文化墙、人文雕塑、装饰小品、花草绿叶等对街面、架空线缆进行装扮，着力打造一批与历史、文化、产业、功能相匹配的特色街道，形成一街一景的特色景观，努力在常规工作上更精更细，在亮点工作上出色出彩，最终实现点面结合，同步提升。

6 发动各方力量倾力投入，构建"路长制"广泛的社会参与机制

以共同目标、共同利益、共同需要为纽带，积极畅通民意渠道，凝聚各方力量，广泛发动市民、群团、媒体等参与改善、维护城市形象，着力培养全社会共管共治共建共享的行动自觉。

6.1 大力开展各类主题公益活动

多部门联合动员，各阶层共同参与，在全市广泛开展"争当小小志愿者，助推绿城文明风""绿城文明风，青年当先锋""路长工作，巾帼助力"等一系列形式多样的志愿服务活动，掀起了"路长制"工作进企业、进社区、进机关、进家庭、进学校的热潮。

6.2 全面创造城市空间社会舆论环境

利用交通护栏、施工围挡、沿街墙体、户外广告和电子显示屏等设施，全天候发布"路长制"和城市管理宣传标语，加快提升城市精细化管理水平。

6.3 充分发挥媒体助政和舆论监督作用

郑州日报、郑州晚报、郑州人民台分别开设了专栏专题，对"路长制"工作进行集中宣传，曝光乱点差点，跟踪整改力度进度，推树亮点典型。人民日报、新华社等十多家中央媒体组团对郑州城市管理工作进行了采访报道。国家住建部、河南省委、省住建厅等派出相关部门，对该项工作作了专题调研。江苏、山东、内蒙古、安徽等多个省市先后 100 多个代表团前来参观指导，各级媒体刊发近 2000 余篇稿件，形成了市民热议、媒体聚焦、领导肯定、同行关注的良好工作态势。

各位领导、专家、同志们，虽然我们在城市精细化管理工作中取得了一点成绩，但是，我们清楚地知道，这些成绩对标人民群众的期待和要求，还有很大的距离，和在座的很多兄弟城市相比，还有很多不足，比如工作标准还不够高，中心城区还有卫生死角，车辆乱停乱放等问题还很突出，长效机制还不健全，市民主动参与城市管理的意识还不强等等。针对这些问题，我们将虚心向同志们学习，认真研究探讨，持续完善城市精细化管理各项工作机制，进一步细化管理内容、优化管理体系、创新管理方式，持续抓整改，持续破难题，持续补短板，保持好城市精细化管理工作的强劲势头。在此，我真诚地希望各位领导、同仁给我们提出宝贵意见和建议，加强交流与合作，共同提高与进步，为促进城市的管理和发展携手相前，共进共赢！

谢谢大家！

演讲时间：2019 年 10 月 14 日

演讲地点：河南省郑州市国际会展中心

演讲人简介：苏建设，郑州市二七区人民政府区长

以道路有机更新带动城市有机更新
打造有底色、有颜值、有风尚、有温度的美丽街区

Drive Organic Renewal of Cities with Organic Renewal of Roads
Create Beautiful Neighborhoods with Background Color, Beauty, Fashion and Temperature

苏建设
Su Jianshe

文章标识码：C

尊敬的各位领导、各位专家：

大家下午好！非常高兴、也非常荣幸在这里与大家介绍二七区，交流美丽街区建设的体会。二七区因纪念 1923 年 2 月 7 日京汉铁路大罢工而得名，是中国唯一因纪念重大革命历史事件而命名的城区。辖区总面积 156.2 平方公里，辖 1 镇、16 个街道和 4 个园区管委会，总人口 107 万人。近年来，二七区按照郑州市赋予中心城区"中优"的功能定位，坚持以道路有机更新带动城市有机更新，以"序化、洁化、绿化、亮化"为标准，以打造"整洁、有序、舒适、愉悦"的城市环境为目标，发扬"绣花"功夫和"工匠"精神，精铸"为民城管"品牌，打造富有二七特色的美丽街区。主要做法如下：

1 强化规划引领，勾勒街区"底色"

一是强调专业性。成立了"城市设计专家顾问团"，先后聘请中央美术学院城市设计团队、东华大学设计团队等国内顶尖专家，参与城市规划建设管理全过程，为全区城市规划设计、美丽街区建设、城市有机更新、老城小区改造等工作把脉问诊，全力打造更加科学合理的城市形态，更具品质、更有深度的城市公共空间。

二是遵循实用性。"大"到城市轮廓、特色景观，"小"到公共空间、居民社区，"微"到变电箱、窨井盖等，都进行了系统化思考，既注重整体性、协调性，也彰显功能性、多样性，在"用"和"美"两方面实现共同增益。

三是体现特色性。实施"一街一景一品"，根据各街道不同的资源优势、文化内涵、居住环境，打造了"百年德化"一条街、"重温回家路"一条街、"二十四节气"一条街等近百条精品示范道路，每一条街道都彰显着不同的文化底蕴和内涵，实现了人、街、景的高度融合。

四是注重文化性。按照"建筑可阅读、街道可漫步、文化可传承、城市可记忆"的理念，将二七区丰富的红色文化、商业文化、历史文化、都市文化融入"美丽街区"建设，打造了一批以"孝仁"文化、"廉政文化"、豫剧文化、节气文化等特色文化街区，让城市文化氛围更加浓厚。

2 突出有机更新，刷新街区"颜值"

一是推进道路有机更新。坚持以道路有机更新为突破口，推进城市形态更新、业态更新、功能更新，创新开展"三路一园"美丽街区项目建设，对人和路、政通路、嵩山路等路段的重要部位和节点，实施十字路口整治提升、建筑立面改造、口袋公园改造等工作，加快打造道路示范样板，以点带面，全面铺开，实现了全区道路"通、平、静、净、齐、亮"六大提升。

二是提升城市家具品质。围绕城市家具国标落地试点，本着规范化、减量化、标准化、精细化的原则，对"城市家具"开展集中专项整治，先后对170条道路进行升级改造，推进线缆入地、人车分离，新建公共停车泊位5万个、公厕120座；实施城市亮化工程，对全区路灯进行整体更新，对10条主要干道夜景实施改造，完成楼体亮化285栋；实施城市绿化工程，新建5个综合性公园、40个公园游园，全区园林绿化面积达2243公顷，相当于33个郑州市的碧沙岗公园。

三是加快推进"老旧小区改造提升"。规划打造15个"特色小区"、12个"品质小区"、286个"改善小区"，通过比对评估、因院制宜、层级改造，打造别具一格、各有千秋、各富特色的街区形态风貌。

3 融入智慧生活，引领街区"风尚"

一是全面推进"智慧城管"。在全市率先建成区级智慧城管平台，依托"TDM—慧民端"和 360 安防智能监控系统，建立"智能 +"远程监控指挥平台，今年以来，指挥平台派发案件指令 4873 件，共解决机动车、非机动车占道、路面垃圾、占道经营、路面破损等各类问题 4679 个，解决率达 96%。今年在汉江路建成河南省第一个 5G 智慧停车示范街，为辖区群众提供交通诱导、预约停车等全方位智慧停车服务。

二是实施道路"海绵化改造"。在主要人行步道和城市广场进行透水铺装，在保证路面结构整体承载力的同时实现透水、蓄水，在主要道路两侧花箱设置"雾森系统"，将街区整治提升与大气污染防治相结合，根据时间、湿度、PM2.5 等数据进行科学编程，结合空气质量、居民作息规律、道路及花草养护时间等合理设定喷雾时间，可抑制粉尘、缓解空气干燥、制造比肩"大自然"的清新空气，实现水资源的循环利用。

三是融入现代化设计。运用现代科技手段，打造个性化、现代化景观，比如在辖区部分区域规划设置醒目的 3D 斑马线，用立体斑马线模拟路障打造悬浮视觉效果，提醒司机减缓车速，护航行人安全出行"最后一公里"。运用声、光、电等现代化视觉效果，打造"十二生肖灯"步道、"钢琴压力灯"步道，让群众在步行中体验设计感、互动感、趣味感。

4 坚持以人为本，彰显街区"温度"

秉承"美丽街区"为公众使用、受公众评价、要公众参与的原则，始终坚持"问计于民、问需于民、问政于民"。

一是从"别人管"到"自己来"。把小区居民对美好生活的向往，作为我们"美丽街区"建设的目标。引导居民群众积极参与道路有机更新、老旧小区改造、城市建设等工作的"自治管理"，坚持群众"下单"、党委政府"接单"、多元参与"做单"、共治共享"结单"，采取逐户上门走访、集中座谈等同坐"小板凳"形式，广泛征集群众意见、充分考虑群众需求，累计走访入户 5 万余人次，集中征集意见 40 次，征集群众意见建议 8000 余条，真正实现群众"说了算"。

二是从"要我做"到"一起做"。以"美丽街区"建设为抓手，深化推进"路长制"，充分整合调动各方力量广泛参与，由原来"政府一家治理"转变为"党建引领、政府主导、商户自治、全民参与"的共建共治共享城市管理新格局，依托"城市管理 + 志愿服务"，创新推行"一领四单"、"一引领双服务三保障"、"一站一亭一联盟"、路院共治管理服务体系等特色管理模式。

三是从"看结果"到"抓落实"。以结果为导向、以落实为根本，建立"区委区政府每周观摩督导、指挥部每周例会讲评督导、区联合督导组每日督导、责任主体单位不间断自查"四级督导机制，对已完成创建的街区、路段加强"考核评价"，对创建工作不力的实行"黑旗"、"降级"。

各位领导，二七区"美丽街区"建设还在探索中。特别是今天与会的领导、专家，都有着丰富的理论造诣和实践经验，都是城市规划、建设、管理领域的权威。衷心地希望能够以此次论坛为契机，与各位领导、各位专家互相交流、相互启迪、共商共赢，帮助我们更好地把"美丽街区"规划好、建设好、实施好。特别是我们前期与东华大学鲍诗度教授及他的团队进行了沟通，将我们进行的美丽街区工程加快推进，有的已经出现成效。借助今天我们的城市家具分论坛向鲍诗度教授带领的团队以及参与的各位专家表示感谢！

同时也预祝本次论坛取得圆满成功！祝愿各位领导、各位专家身体健康，工作顺利，阖家幸福！谢谢大家！

演讲时间：2019 年 10 月 14 日

演讲地点：河南省郑州市国际会展中心

演讲人简介： 鲍诗度，东华大学服装与艺术设计学院教授、博士生导师，东华大学环境艺术设计研究院院长，东华大学学术委员会委员，上海市重点学科环境艺术设计方向学术带头人，东华大学 & 早稻田大学联合专家组中方首席专家，教育部全国第三、四轮设计学学科评审专家。中国标准化协会城市家具分会会长，中国城市家具产业联盟理事长，中国建筑环境产业联盟理事长。全国城市公共设施服务标准化技术委员会委员、全国项目管理标准化技术委员会委员。学术研究方向为环境系统设计研究，主攻城市家具设计研究。

城市更新与美丽街区发展趋势
Development Trend of Urban Renewal and Beautiful City Blocks

鲍诗度
Bao Shidu

文章标识码： C

大家下午好！非常感谢各位来参加城市家具分论坛，我发自内心地向大家表示感谢。

我演讲的主题是城市更新和美丽街区的发展趋势，下面将从三方面介绍：一、城市更新与城市家具；二、中国城市家具的理念、特点与特色；三、中国城市家具的标准。

中国"城市病"大家可能都听说过，很重要的原因之一是因为我们没有一个可参照的标准，标准滞后或没有体系，某种程度来讲就是不发达、落后的体系。

一个城市要有三行系统，即快车道、慢车道、人行道。城市其实就是一个集体，这个集体的快车道是动脉血管，慢车道是静脉血管，人行道是另外一部分血管。当这些血管都能通的时候，城市才是流畅的。目前，中国没有一座城市有完善的三行系统，这就是为什么我们要进行城市更新的原因之一。城市更新与我们的 2035 有什么样的关系呢？完善的三行系统是衡量是否是发达国家的标准之一。我们为什么落后？因为我们在城市建设中，没有理清共同思路是什么。那么我们在城市更新中需要解决的三个主要矛盾是：一、三行问题；二、设施问题，最重要的是它的系统性服务问题；三、街区问题，即道路向街道、街区的转变问题。我们现在所处的状态，是一个国家在城市变革过程中必须要走的道路。

2020 年中国要全面脱贫，到 2035 年之前中国必须完善城市的三行系统，这是必然要做的。为什么呢？我们来看 2035 年中国的发展目标：一、2020 年全面建成小康社会的目标实现；二、2025 年稳步迈入世界银行所定义的发达国家；三、2035 年进入世界发达国家的行列。如果一个城市没有三行系统，就不能迈入这个体系，这是一个硬性指标，而只有具备三行系统的城市才能建立完善的城市家具体系。

下面来讲中国城市家具理念、特点和特色。为什么我在前面加上中国的城市家具这一前缀？可能大家认为城市家具各国都有，但中国的城市家具和西方的城市家具是有本质区别的。

我们来看中国城市家具发展的趋势图（图 1）。城市家具在爆发增长前经历过三个准备期——起步期、形成期和成长期。到 2018 年之前的准备期，前面领导在致辞中也提到了，我们东华大学用 20 年的时间在城市家具领域做研究。其实我们从 2001 年开始做研究就预计到，中国可能要花 20 年的时间进入这样的过程，这也是西方发达国家必然经历的过程。每个国家的发展，不是按照个人意志转变的，而是一个过程，这个过程是必然要到来的。我们当时预计要的时间是 2020 年，但由于各个方面的因素，中国的城市家具发展提前进入建设期时期。

图 1 中国城市家具发展趋势图

中国城市家具的体量是巨大的，在 2016 年，城市家具全国投资约 2681 亿，这个数据是什么概念呢？2018 年全国电影总票房是 609.76 亿，2019 年城市家具投资约 3261 亿，2019 年全国交通投资是 21 万亿。可想而知，在整体建设过程中，国家提出了供给侧结构性改革，是要对产业结构进行全面调整，其中重点是服务业的占比上升。到 2020 年，国家的发展指标第三产业占比比例是 56%，目前指标只达到 52%，离目标还有一定距离。这里值得提起的一点是产型结构要调整，城市家具新型产业结构体系在变更、在发展，这是社会需求的发展过程。城市家具是新的学科专业的增长点，那么社会需求就是学科的发展方向，它的发展往往不是按照逻辑、人或者模型结构能够判断的，而是各种因素的叠加产生的变化。

刚才纪正昆理事长对城市家具的解读非常清晰，他把城市家具概括得非常清楚。当我们把城市当作一个"家"的概念，那么对一切的问题就可以更直观地理解了。我们看这个图（图2），街道就是城市的客厅，放在街道里面的，从地面铺装到立起来的设施，都是属于城市家具的体系。这个体量是庞大的，过去社会对此没有从深层次的认知去考虑。

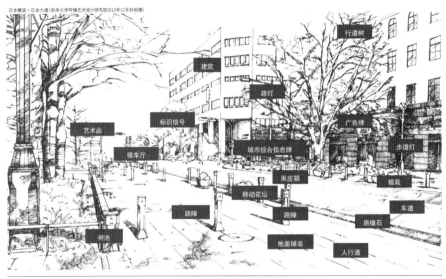

图2 街道环境中的各类城市家具

图3 城市家具系统体系

我下面来讲，中国城市家具的基本建设理念和发展特点可总结为三个方面。

一可概括为"一大系统"——城市家具必须是系统性的，如果不是系统性，它就不能称之为城市家具。今天高秘书长在此发布的城市家具团标里，其中一个是提出了城市家具6大系统45类的规范标准（图3）。我们做这个标准前前后后花费了两年零九个月的时间，尤其对这段的内容进行反反复复的修改与补充，且在实践项目中进行反复检验。又譬如我们编制的《城市家具建设指南》，经过9次专家评审，江苏省建设厅请了各方面的专家经过反复论证，才出了这本建设指南。

二是中国城市家具有两大特点——"独特性"和"管理性"。"独特性"是指，全世界没有哪个国家的城市建设是完全由政府主导的，只有中国，像日本，它是交给社会，由开发商来完成建设、维护、保养。第二个问题，城市家具具备"管理性"，举个眼前的例子，我们看郑州大街小巷中的护栏，它主要是服务于交通管理和规范使用行为，但如果管理性用得不好，会对治理产生曲解，某种程度上是把双刃剑，是中国的特点。

三是它具有三大理念：第一个理念是"设施不等于城市家具"，很多人认为公共设施就是城市家具，但其实是完全不同的概念；第二个理念是"城市家具与环境共生的"，它是从那个地方长出来的，因为它和"设施"不同；第三个理念是"城市家具具有整体性"。我们一般是独立看待一个问题，我们在做郑州的二十一条路，部分城市家具中，设计是落后的，设施建设是落后的。比如候车亭不能太靠近十字路口，至少要离十字路口的中心原点75~100米以外，这样做是因为交通整体的系统系问题。垃圾箱放在候车亭的左侧或右侧与人的行为关系是非常大的，但我们没有去考虑，因为对"公共设施"和"城市家具"之间的关系没有搞清楚。

下面我来讲一下，"设施"等同于"设备"的概念，辞海中对它有三点基本定义："通用性、专用性；可长期使用；反复使用基本保持原物状态和功能"。那么当"设施"等与"设备"时，就是"公共设施"等于"公共设备"，我们可以看到这样一个区分。而"设施等于设备"的结果，尤其是政府公开招标中，当把所有的城市家具当"公共设施"去招标，把它当作一个"设备"招标，在政策上、法规上、管理上等处理方式来处理设备，就等于是把它作为个体完全独立了。而独立造成的问题是，它与不同功能的城市家具、与街道、与整体环境都没有关系。这样的决策不当会造成很多问题，它和环境孤立了，就会发生它放在什么位置、怎么来放，都缺少系统性、整体性的情况，会给后续的城市建设带来一系列的问题。

"公共设施"不等于"城市家具"，从概念到内核要素，有本质区别：一是"设施"是"设备"，它的内核要素是"单独的设备物件"，与环境关系是独立的，无实际管理；而城市家具的内核要素，从考虑城市整体环境全局性入手，在全面综合管理下统筹城市公共设施、服务合理性、科学性。也就是说，"公共设施＋环境系统＋综合管理"才能等于"城市家具"。为什么？我们来看一下城市家具的组成要素（图4），从它作为环境设施的角度，其组成要素包括"本体"和"外延"，这是与它本身有直接的关系；此外它必须要加上"系统环境"，因为城市家具必须是与人、与环境、与文化有一种关联，它与环境共同构成一个整体的系统，不可孤立存在；还有一点就是"综合管理"，是与城市家具的质量有密切关联的。

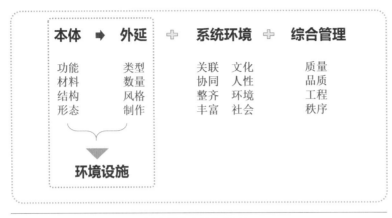

图 4 城市家具组成要素

其实我们走出去视觉所及，街道环境的四分之一以上都是城市家具。它跟过去的体系不一样，城市家具是涉及了七大学科交叉的新产物（图 5）。所以想做好城市家具，仅仅从艺术或设计的角度出发是很难做好的。因为从一个方案变为实际的时候距离还是很遥远的，因为向下深入的时候，研究对象是涉及多个学科专业的复杂体，不仅仅是谈论美学造型层面，还要兼顾科学性、实际功能、使用便捷性等多个层面。

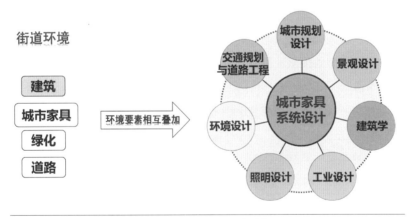

图 5 城市家具涉及七大学科交叉

我们看到城市家具具有五大价值：一、它是城市整体环境系统的一部分；二、它是城市人与环境与社会和谐的象征；三、它展现城市的品质；四、它是一个城市的形象大使；五、它代表一个城市真正的软实力。所以为什么我们到一个城市去看，觉得很美、很好，这个城市让人喜爱，因为它代表了这个城市整体的品位、素质和文化。

接下来讲第三部分——城市家具中国标准。

我们先看几个案例。这个座椅跟环境融合得非常融洽（图 6），它不单是个简单的陈设，这是一个著名艺术家做的雕塑；还有这个护栏（图 7），在法国的德芳斯，从 20 世纪 80 年代初就建设了；这个是梳篦（图 8）；这是意大利拍摄的座椅（图 9）；这是在日本东京（图 10）；这是德国的城市（图 11）；还有这是我们上海做的综合杆（图12），完全是用新的标准，运用原有的标准是没有办法实施的。

图 6 日本东京丰洲海滨公园座椅

图 7 巴黎德芳斯护栏

图 8 树箅案例

图 9 意大利街头艺术座椅

图 10 日本东京某商业街区艺术座椅

图 11 德国巴登巴登温泉小镇街景

图 12 上海外滩综合杆

这张图，完全是按照现有的中国标准实施的案例（图 12）。因为这两条道路向两个方向行驶，必须要有个斜坡，现在中国各地都是按照这样的标准来建设的。还有一个问题是挡车桩，这个挡车桩的高度就容易出问题。前段时间在郑州发生的，骑车子一天撞了三个人，其中有一个女性被撞死了，像这样的挡车桩现在在国际上已经被淘汰了，因为随着社会发展，我们现在出现了"低头一族"，拿着手机，很容易看不到就碰上。那现在的高度基本设定为 70 ～ 80 厘米，直径不超过 10 厘米。所以我们看到现在的城市建设，很多标准都是落后的，是孤立的，跟环境没有关系，跟人的行为没有关系。这就是现状标准的问题。

中国城市家具现有的各类标准，之间没有关联性，是"碎片化"的，没有体系，没有系统。没有系统，导致整体的标准是落后的，严重制约了当今中国城市家具产业发展，影响着中国城市环境建设，是中国城市病的主要根源之一。这个标准体系主要的一个问题，就是缺乏系统性。做系统性标准，是中国城市建设更新的一个关键。

最后总结一下，我们今天是标准化主题的论坛，一系列系统化、规范性的标准建设，是中国城市家具建设和发展的根本。谢谢大家！

图片来源：

图 1 ～图 12：东华大学环境艺术设计研究院

演讲时间：2019 年 10 月 14 日

演讲地点：河南省郑州市国际会展中心

演讲人简介：崔世华，上海市住房和城乡建设管理委员会设施管理处主任科员、博士

城市道路综合杆建设
——上海的探索与实践
Comprehensive Pole Construction of Urban Roads
——Exploration and Practice in Shanghai

崔世华

Cui Shihua

文章标识码：C

各位领导、各位专家下午好！首先我要感谢鲍院长的邀请，有机会来分享我们上海在综合杆建设方面的一些经验和做法。其次我还是要感谢鲍院长，因为鲍院长和他的团队在我们综合杆的研发、建设和标准的制定过程中，作出了很大的贡献。

下面我把主要内容给大家汇报一下。共分为四个部分，第一部分是上海目前城市管理方面存在的几个主要的问题。第二部分是我们对这个问题的分析，怎么来解决这个问题？第三部分给大家介绍一下我们正在推进的一个整治工程。第四部分就是把整治的效果给大家展示一下。

实际上这些问题可能各个城市都存在，上海经过这几年的整治，特别是 2010 年世博会以后，整个城市发展的重点总结为"建管并举"，也就是说已经逐渐变为以管理为重。尤其是总书记提出要精细化管理以后，我们对整个城市环境的打造，围绕"干净、有序、安全"的目标做了许多整治工作。这几年我们也围绕城市的短板，做了很多整治工程。

但是在城市街道空间的整治方面，目前还有很多顽疾，应该说是长期积累下来的问题。第一个我们归结为六个字，就是"线、杆、箱、牌、头、井"六个方面。下面，我将展开讲一下。

图 1 现状问题：架空线

图 2 上海架空线入地和合杆整治三年计划项目图

第一个就是线（图1）。所讲的便是架空线，上海的市民把架空线称为是"黑色污染"，大家看图上面的照片，是著名的武康大楼，当然现在已经整治过了。书记曾经说在武康大楼拍照，无论哪个角度都离不开这样一个架空线。这个是上海市中心城区内环以内 架空线的分布（图2），仅仅中心城区大概就有 900 多公里的城市道路，目前看有接近 70% 的道路都存在架空线。经过去年的整治，已经整治掉 100 多公里，这个比例已经降下来一些了。

第二个问题就是道路的立杆（图3）。我们统计了下，上海市道路各类立杆的数量级是百万级的。右边图片为我们市政府旁边，我们现在办公楼旁边的地方。通过对上海市城市道路立杆情况进行统计，我们统计下来有 9 大类，包括各个权属单位的，数量上统计下来，平均一个路口有 27 根杆子，这就是上海市中心城区的现状。

图 3 现状问题：道路立杆

第三个问题是箱体（图 4）。各类箱体高矮胖瘦不一样，这三个图片实际上已经是整治以后的街区环境，就是说这条路已经经过整治了，但还是存在这个问题。

图 4 现状问题：道路箱体

第四个问题是路上各类指示牌过多过大（图 5）。左边的图片也是整治过的道路，但还是存在很多。

图 5 现状问题：道路指示牌

第五个问题是监控摄像头的问题（图 6）。近年来随着智慧公安的建设，上海市整个城市界面上有 26 万个监控摄像头，而且摄像头的设置基本都是一杆一设置。右图是稍微好点的情况，是在外滩上设置的一个杆子，更主要的模式是左图的模式，就是一个摄像头一个杆子。因为杆子的管理主体不一样，资金来源不一样。所以说我们上海 26 万个摄像头，可能就存在 20 万个杆子。这个问题非常难解决，因为跟地下管道统筹之间有一定的关系。这是在机动车上面的统计，人行道上更多。

图 6 现状问题：监控摄像头

第六个问题是地面井盖（图 7）。我们网格化数据有显示，全上海的井盖 2011 年集中统计是 640 万个，现在可能是 800 万个左右。

图 7 现状问题：地面井盖

这是目前上海市城市道路整治方面遇到的 6 个顽疾。这几个顽疾领导很重视，围绕这 6 个方面，书记和市长都有批示，每一个专题都有相应的批示。我们一直试图找到办法来解决这些问题。所以我们梳理了一下，前面讲的六个设施是突出的问题，主要是都需要立杆这个问题比较突出。我们把路上的设施种类进行了梳理，实际上跟城市家具也是对应的，但是我们认为目前这几个设施主要是分为四大方面（图 8）。当然，

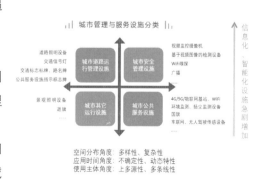

图 8 设施分类与特点

随着城市的发展阶段不一样，我们对设施设置的种类一直是在不停地变化。

目前来看，我们分析下来，随着城市建设对信息化的要求，信息化的设施、城市公共管理设施和公共服务设施在未来是急剧增加的。而且这些数据从空间分布、时间、使用方面都有很大的特性。所以我们分析，产生这么多问题实际上是技术上和管理上都有。首先技术方面，这些设施都有共同的建设要素，都需要立杆，需要设计箱，需要有井、有管道，需要接地，还需要供电，需要穿线，需要有基础。就是因为前面的四个"不一"，导致后面三个问题（图9）。所以我们解决问题的核心就是把这四个"不一"能够统一起来，当然不是绝对统一，是相对的统一。

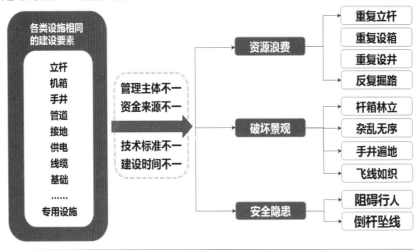

图 9 问题分析

为了解决这个问题，我们也做了许多探索。第一个探索归结为"智慧灯杆"模式，从 2014 年开始，上海市道路照明管理体制发生变化，道路照明由电力公司移交给政府来管理，我们利用道路照明的数量大、分布密度较高，而且有电的优势，把道路照明的灯杆拿出来共享利用。

在 2014、2015 年，研发了这样一个灯杆，现在叫"智慧灯杆"，之前叫"灯杆综合利用"，并于 2015 年在大沽路上进行了试点实行。当时提出来，围绕一个灯杆可以实现六大功能。后面通过 2016 年的再次研发，提出了七大功能，当时我们很兴奋，觉得找到了一个解决前面那么多问题的成功之道，但实际上这个模式很难推进。我们从 2016 ~ 2017 年一直在思考怎么推进这个模式，这里面有两个问题没解决。

智慧灯杆产品的设计更多的是产业的推动，自从 2015 年提出智慧灯杆以后，这两年在广州、深圳各地都成立了智慧灯杆的一些联盟，主要是企业在推动，因为一些物联网企业、搞控制和通信方面的企业都在里面。所以从产品的角度来讲，这个智慧灯杆的模式实际上是很好的，它的理念是很合理的、共享利用，但是两个问题解决不了，就没法大量推广。一个是标准化的问题，它的设计、制造，以及后续维护都没有实现标准化。因为一个企业一种产品，如果在路上大量布设的话就会存在很多问题。有些企业都是初创型的企业，这条路上用了某一家企业的产品，可能两年以后这家企业倒闭了，那么这个设施在维护时基本找不到下家了，所以这个问题很重要。

还有更重要的问题就是这些设施的功能的应用，它的投资建设模式要跟后面的"管理主体多、权属单位多、设施要求多"这样的特点能够适应。因为那么多功能都有各自的管理主体，每一个都有各自的资金来源，实际上智慧灯杆模式解决的不一，就是要把管理主体的不一，变成管理主体的统一，这个事情是万万做不到的。可能在小型的城市或者是在同一个园区里面，可以做得到，但是在上海这样一个特大型城市，不可能做到管理主体统一。

所以换一个模式，从政府推动的角度来看，我们提出了"综合杆"这样一个概念，目的是把杆体进行整合。前面的灯杆更多的是功能配置，但是三个"多"的问题解决不了，它的需求不会在同一个时刻集中在一根杆子上出现，而且它的主体不一样，所以我们要解决这个问题，就提出"综合杆"的概念。就是我们把它共同的建设要素进行统一建设，而不是把它所有的东西都进行统一建设。

我们的理论体系，是把综合杆打造成路上的需要立杆设施的一个支撑平台（图10），这个平台体系有4部分组成——综合杆、综合设备箱、综合电源箱、综合管道，构成了一个综合管理信息平台。我们的定位，就是把综合杆作为城市的基础设施来定位，道路建到哪里，这个体系就建到哪里。

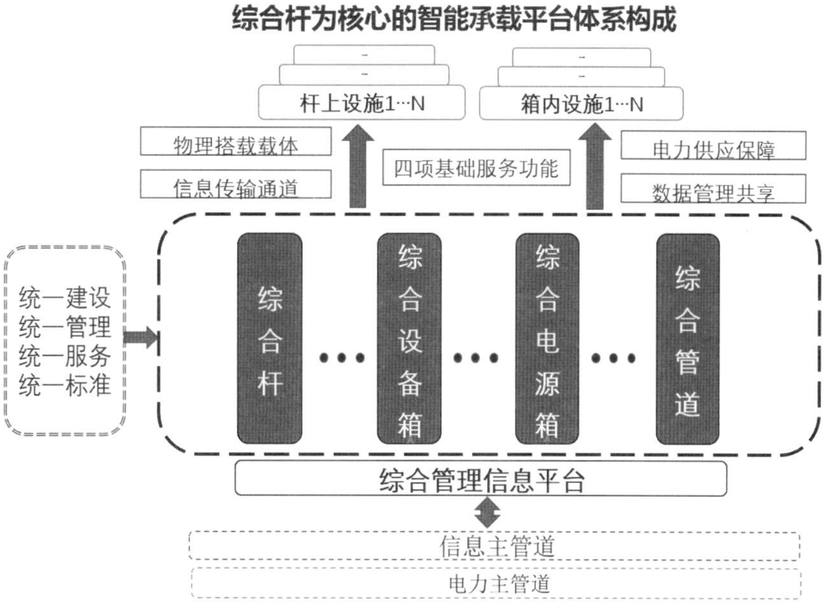

图 10 综合杆为核心的智能承载平台体系构成

道路上各类需要立杆的设施，我们会提供4个最基本的服务。首先是物理搭载服务，上面可以提供搭载的阵地，无论是摄像头也好，还是信号灯也好，或者是未来的基站也好，都可以提供搭载位置；第二是提供信息传输通道，通过管道、箱体提供这样一个通道；第三个是电力供应保障，电力要统一提供；第四点是后面的数据共享也可以做。所以我们把前面的"四个不一"变成了"四个统一"，但是统一的程度或统一的范围是不一样的。我们把综合杆这4个部分，作为城市的基础设施，由政府来统一建设、统一管理、统一服务、统一标准，这是综合杆的理论体系。围绕这个体系，我们对这4个设备进行重新的研发。

下面我把特点给大家介绍一下，这是我们综合杆的样式。它的特点为以下几个方面：

首先是功能的集约化（图11），我们根据设施的需求不一，搭载的不同的高度，搭载不同的设施，有这样一个示意性的分布。根据分布情况和受力情况，对杆子的要求是不一样的，包括对杆体的材料、材质，还有它的一些结构方面的设计都有变化。

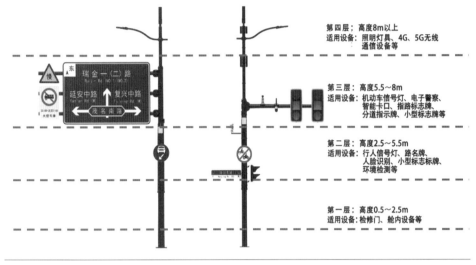

图11 综合杆特点：功能集约化

更关键的是我们要把它模块化、标准化。我们把它称为五大主要部件，几乎所有的杆子就这五个主要的部件组成，我们称为主杆、副杆、灯臂、挑臂、卡槽。所有的厂家都按照标准化来生产，可以进行互换。这是一个示意图（图12），主杆材质是以合金钢为主，副杆主要是铝合金为主。

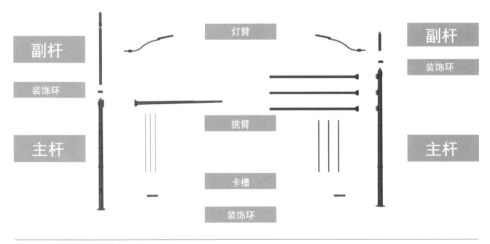

图12 综合杆特点：结构模块化

还有是规格系列化，就是前面说的主杆五大部件，每个部件都有一系列编号，比如主杆有5米、6米高的，粗细有280或320的，不同的规格，根据各条道路的路幅情况，可以适应不同的场景（图13）。

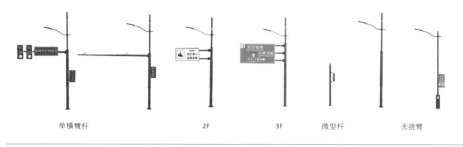

| 单横臂杆 | 2F | 3F | 微型杆 | 无挑臂 |

图 13 综合杆特点：规格系列化

结构的设计单位，类似于超市式的采购，根据这个地方的外部荷载、所需要的搭载要求进行型号的选择，然后进行组装。

各个部件之间的接口全部标准化。特别是法兰接口，每个企业生产的都一样，可以进行互换。我们跟华为合作，把 5G 的接口也标准化。这是我们设施搭载的一个接口，杆子上面大的设施不是简单的抱箍，必须是卡件、卡槽的连接方式。

更关键的是杆子的安全性，我们把荷载做得可视化。每个杆子规定型号的同时，规定它的额定的荷载是多少，厂家出厂之前必须把它标准化。比如说型号的主杆是 6 米 5 的主杆、240 的粗细，就必须满足这样一个额定的荷载要求。如果使用过程中，没有达到荷载要求是厂家的责任。所以把这个荷载额定好以后，今后上面搭载什么东西，这个杆子上面有多少荷载、还富余多少，都是通过计算机系统进行管理，安全性能够得到很好的保证。这个系统里面也有一些把荷载设计的模型全部变成小软件，只要把几个参数输进去，它的弯矩、扭矩、基础的弯矩全部出来。

还有杆体内部的穿线要集成化，不同的设备在上面，有不同的组线。

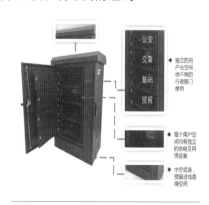

图 14 综合设备箱功能与特点　　　　　图 15 综合设备箱分仓示意图

这是综合杆的一些特点。

另外，综合设备箱也是我们新研发的设备（图 14）。就是把路上原来的落地箱或者抱箍箱统一起来，也是一种整合的概念，把各个箱子整合到一个箱子里面去。这个箱子是为配套综合杆上各类设施设置、集成建设的机箱，为这些设施的相关控制、通信、管理设备提供安装仓位，并提供供电、接地、布线等服务。里面有 4 个仓位（图 15），杆子上面所有的设备、设施的光纤、电源等，都统一一个箱子把它们管理起来，相当于建房子一样，留了 4 个客房给大家用。

整个电气设备都是统一供电。电源模块，比如这个设备要稳压电源，那个也要稳压电源，每个用户都有稳压电源，那我就统一稳压、统一供电。

另外，我们今年做到箱子的自动化管理和远程控制，里面的温度、电流电压，包括烟火感应，全部有智能采集系统，跟后面的综合管理平台进行对接，每个箱子运行的状态都能够自动监测到。

我们对箱门锁做到电子化的管理，有三种模式开锁，一是远程授权，二是现场 app 模式，三是蓝牙模式。锁的管理是非常重要的，谁来开锁、什么时候开锁，我们都可以管理。

还有第三个非常重要的设备就是综合电源箱，我们城市管理，路上的很多箱子都是电力供应箱。大家知道电力申请电源，一是费用大，二是新申请后路上还要埋设好多箱子。从电力供应这个角度，我们统一进行了这样的集中供应。因为现在好多公安交警要飞线接电源，理论上来讲应该是要规范申请，但实际上大部分是做不到规范申请的，所以说乱拉飞线是非常多的。我们把公安交警统一供电以后，将财政支付的电费，我们统一支付，其他非财政由各自支付，但是我们把通道全部留好，为路上的设施提供了一个很好的管理环境。这是一个供电的示意图（图 16），就是综合电源箱。给综合设备箱供电，然后它独自给每个灯的照明供电，给杆上的其他设施进行供电。

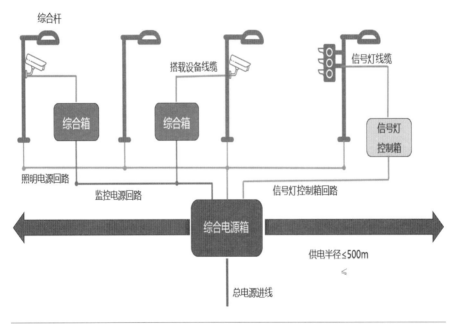

图 16 综合设备箱供电示意图

更重要的一点是管道，四位一体最主要的是管道要互联互通。如果说把电力通道（比如说电力或者信息公司的通道），比喻为高速公路的话，这个通道实际上就是支路，是毛细血管。这个毛细血管必须把其他都打通，跟控制箱要相通，跟综合设备箱，包括其他的主管道、所有的杆件，全部通过管道进行相通，这是一个核心。没有相通，光是杆子竖在那也是没有用的。这是建设中的管理信息平台，对所有的设施进行系统化管理（图17）。

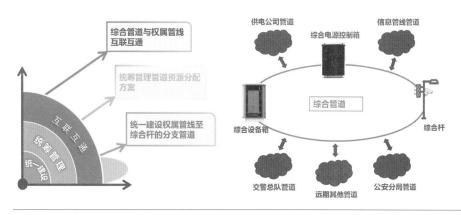

图 17 综合管道功能与特点

为了这样一个模式的形成，从两大支撑体系——一个从法规方面，一个从技术体系方面。

有两个法规方面文件要出台（图 18）。一是要明确综合杆的地位和属性，它作为一个城市的基础设施，要通过法律来明确它。二是明确它的法规以后，对综合杆的管理，要依照行政法规来规定。今后是为杆子上面各种设施提供各种服务的，跟杆上设施的关系、跟其他场所的关系，是一个重要话题，因为我们没有统一所有的管理主体，我们是"统筹管理"，不是"统一管理"，这样就合理避开了原来"智慧灯杆"推不动的问题。

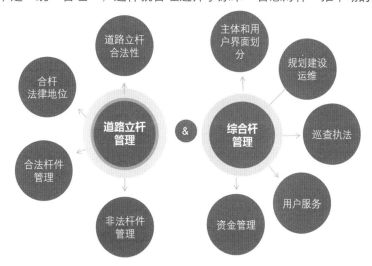

——修订现有法规《上海市城市道路管理条例》，确立综合杆设置的合法性以及确定其他立杆设置的条件。
——出台《上海市城市道路综合杆管理办法》，明确综合杆的主管部门、管理机构以及综合杆规划、建设、运行、维护、督查检查、执法等方面内容。

图 18 法律法规与管理制度建设

另一个是技术体系（图 19）。上海市地方标准年底会出台，现在初稿已完成。整个从设计、施工、验收，包括维护，这是一套体系。目前，为了这两项的推进，把综合杆的一些要求、设备箱等，已经通过行政文件的方式印发了。大家如果关注了，可以在网站上进行下载。

标准建设覆盖：
（1）建设阶段：
—— 工程项目建设标准；
—— 主要产品标准；
—— 其他建设基础规范。
（2）运行阶段：
—— 养护标准；
—— 运行管理规程；
—— 其他技术规程。

《综合杆技术要求 》 http://zjw.sh.gov.cn/zjw/gztz/20190618/69971.html

《综合设备箱技术要求》 http://zjw.sh.gov.cn/zjw/gztz/20190618/69972.html

图 19 技术标准体系建设

下面介绍一下我们合杆开展的一些情况。这是我们整个历程，从 2015 年大沽路智慧灯杆再到目前这样一个合杆，实际上是一个模式的转变。

目前综合杆的模式已经在上海市得到全面推广，是从三个方面来进行建设：第一，我们结合正在开展的架空线入地同步实施；第二，今后所有道路大修的时候，全部来同步推进建设；第三，在一些现有路段中心城区逐步进行改造。基本目标就是把整个上海市的杆件全部整合好。当然除了合杆整治以外，整个架空线入地合杆整治的理念，实际上还有其他的更多事项。我们的核心要素是"做减法"，就是刚才讲的城市路上的，或者城市家具也好，或者公共设施也好，我们首先要减量。

因为在今天的上海，路上的设施是越来越多了，在减量的同时，我们做全要素的整治，"多多合一"，核心就是"整合"。因为原有粗放式的发展——一杆设施或者这种模式，已经适应不了目前城市的要求。我们有限的城市空间、有限的城市道路，没法支撑以前的发展模式了。所以都是"多多合一"。左图是我们整治的一些效果，右图是市政府旁边整治之前的一个现状，这是整治后的对比（图 20）。

这也是市政府旁边典型的案例，上海市只要有这种岛，就是典型的这种布局，这是整治后的一个效果（图 21）。

这是在外滩区域杆件的利用

整治前17根各类杆件   **整治后4根综合杆**

图 20 上海市黄陂北路合杆整治案例

整治前   **整治后**

图 21 上海市武胜路合杆整治案例

情况（图 22），可以看到杆件对上面加载的这些设施的管理、杆子的综合利用，还有跟整个后面建筑的配合。

图 22 上海市南京东路、外滩区域合杆整治案例

　　实际上我们要把杆件做成城市景观的组成部分，要把杆件这个行业进行升级。原来的行业在制造工艺上是粗加工行业，它的用材、制造工艺都非常落后。所以现在在培育新的杆件生产服务商，通过材料、施工工艺，还有最后出来的效果，进行全面控制和提升。

　　好的，我的汇报就到此结束，谢谢。

图片来源:

图 1: 网络

图 2: 上海市住房和城乡建设管理委员会设施管理处

图 3～图 7: 网络

图 8～图 19: 上海市住房和城乡建设管理委员会设施管理处

图 20～图 22: 作者自摄

演讲时间：2019 年 10 月 14 日

演讲地点：河南省郑州市国际会展中心

演讲人简介：王中，中国标准化协会城市家具分会副会长、中央美术学院城市设计学院院长

艺术塑造城市
Art Molds the City

王中
Wang Zhong

文章标识码：C

各位来宾：

下午好！我跟大家分享的题目是：艺术塑造城市。

首先给大家看这样一个内容。这是 2018 年年底，也就是我们改革开放 40 年的时间节点，在一篇环球时报上出现了两篇文章，我觉得特别有意思，这两篇文章居然在一个版面上。我可以认为它代表了我们城市建设 40 年的一个核心价值，就是充分反映了这 40 年的一个特点。

从艺术美化城市逐渐转向用艺术去塑造一个城市，这是一个趋势。因为我们可以看到，有很多发达国家的区域规划会由总书记亲自主持。大家想一想，一个国家的第一领导人去主持一个区域规划会，全球都没出现过这样的情况。所以如果你认为总书记关注的是这两个区域的规划，我觉得你一定是理解错了。换句话说，雄安新区也不仅仅是满足首都的疏解功能，很显然，从总书记对雄安、对北京副中心的要求我们可以看到，像创造历史、追求艺术，包括建设千年的遗产城市等等。我们可以看到这样一个现象，我们国家目前顶多叫作"多规合一"，其实现在全球有一种趋势叫"新的综合"，那么这个"新的综合"怎么来的呢？大家可以看两个图，图 1 是雅典的卫城；图 2 是雅典卫城

的复原图，雅典卫城的总规划师是雕塑家菲迪亚斯；图 3 是米开朗基罗规划的卡比多山的整个区域规划；图 4 是达·芬奇规划的英格拉古城。那就说明什么呢？

图 1 雅典的卫城

图 2 雅典卫城的复原图

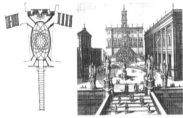

图 3 卡比多山的整个区域规划

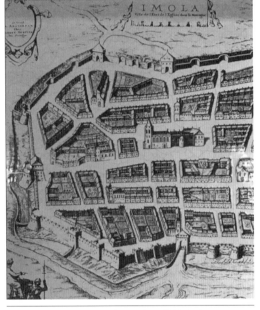

图 4 达·芬奇规划的英格拉古城

在西方的历史上，建筑、雕塑、艺术、手工艺、园林、景观等从来就没有分开过，它就是一个整体。中国其实也是如此，以明清北京城为例，曾经被称为人类地球表面最伟大的个体工程。一个城市它是一个个体工程，为什么？它是不可分割的。而北京不仅仅有 800 多年的建城史，还因袭了两千多年前中国人对王城布局的理念。我们在《周礼·考工记》里面都可以看得到，旁三门侧三门、面朝后市、左祖右社，左祖是什么概念？是江山，是祭祖的。右社，江山社稷。两千多年前我们的老祖宗就规划出来了。所以大家其实可以想象，比如说北京拥有全世界独一无二的建筑中轴路，就好比国庆阅兵仪式上的彩车设计。北京的彩车设计是我做的，为什么那么多方案里面，又有四合院，又有白塔，又有长城等，我们最后要选择这个彩车？或者说只有天坛为主体？是因为全世界独一无二的建筑中轴路，天坛在这里更能体现中国人的宇宙观。所以呢，其实 2008 年我在奥运会开闭幕式的规划组工作，我做了一个点火仪式策划，我希望第一把火是永定门城楼点燃。当时全世界有超过 40 亿人看电视转播，中国奥运的点火仪式，飞机航拍应该可以看到这样的景象：第一把火在永定门城楼点燃，之后通过焰火激光束传递到天坛、前门，甚至故宫建筑群，现在故宫由于文保部门放焰火的有秩序化，我们可以在故宫的上空吊一个直升机反光板，反光板把激光束形成折线将故宫北侧的火桶点燃，然后到景山万春亭、鼓楼、钟楼，从钟楼一个激光束点燃北侧鸟巢的火炬。所以大家可以看到，这条中轴路往北延是鸟巢，那现在往南延是哪呢？大兴国际机场，也是我刚刚主持完的一个公共艺术项目。所以我们用大兴国际机场做一个中轴路，南延的一个地铺的公共艺术，也是要讲述一个从过去有悠久历史走向未来。那么总书记谈到"千年遗产城市"，千年遗产城市一点儿都不抽象，联合国对遗产城市的评价指标只有四个词，"历史、文化、艺术、科技"。其实我们大家可以想象一下，今天我们要想到的是：未来城市应该是什么样的？特别是在今天，我们处在一个深刻变革的时代，我个人认为这是一千年以来的大变革，就是人类知识增长仪式呈按月翻番的，也就是未来我们的城市形态，人和人之间的交流方式、空间形态等都会发生根本的转变。

那么我们如何去判断未来？我们大家可以看到这两张图，这两张图基本就是我们今天城市的格局，但是我们的城市成为这个样子仅仅是因为 1913 年第一辆量产的福特汽车出现（图 5）。几十年的时间，全球的大都市几乎都成了图 6 这个样子，那么大家能够看到一个趋势，中间的这个图是首尔的（图 7），原来是高架桥和公路，现在拆掉了，右边的图（图 8），右上角，巴塞罗那为 1992 年奥运会建设的立体交通，今天全部拆除。其实它几乎是代表一种趋势。所以我认为，以现阶段总书记在雄安和北京副中心提的要求，其实更多地是为了给中国未来城市转型带来一种新的、可借鉴的模式。甚至要向人类的未来城市贡献中国的智慧和方案。所以，我们现在提出"AUD"理念，就是以艺术为导向的城市设计理念。当然我们有一整套的工作方法、模式、机制来保障，简单地说，就是要打破中国现有的纵向机制，因为以往是规划、设计、建筑、景观、公共艺术等相对独立、缺少融合，代之以"横向机制"，也就是以艺术家、规划师、建筑师、科学家、工程师、市政人员横向协作为基础，以继承历史遗产为基本理念，融入艺术生活的主题，将艺术作为原点带动规划设计，使整个城市充满艺术魅力和不朽活力。

图 5 福特汽车

图 6 全球大都市　　　　　　图 7 首尔　　　　　　图 8 巴塞罗那

当然有很多团队在谈自己的观点，那么我们可以看到大多数团队其实都在谈艺术或者是艺术作品，或者说艺术作品跟人、跟空间会发生什么关系。但是，我希望在谈什么，我们要谈人文机场的建设问题，也就是说世界的机场，从最早有机场连候机楼都没有，到后来有候机楼。除了满足候机，不断地延展功能。到今天，从某种意义上来讲，它已经成为这一个城市，或者一个国家的形象代言人了。特别是大兴国际机场，被英国卫报认为是世界七大奇迹之首、中国的世纪工程，被称为中国国家战略新的动力源。那么毫无疑问，中国的第一窗口，新国门。我觉得它应该是一个烫金的文化名片才对，它应该向全球展示中国的文化。所以呢，我非常高兴地是人文机场的建设已经纳入到四个机场建设的核心指标之一。有些我们内容不再谈，我们只是看，我们希望要达到一种境界——出入之际也是人文滋养，即使会延误也是一种享受。所以，在这里面显然就不是一个艺术作品和一些简单的内容，我们会创造四个艺术家的模式，艺术家的交互、艺术家的设施、艺术家的计划、艺术家的平台。当然现在还没有展示，还没有建起来。未来在二期大家会看到，在大兴国际机场会有一个天空美术馆，会有越来越多的人逐渐将注意力转向公共艺术。

我的汇报就到这，谢谢各位。

图片来源：

图1～图8：网络

演讲时间：2019 年 10 月 14 日

演讲地点：河南省郑州市国际会展中心

演讲人简介：刘险峰，方圆标志认证集团产品认证与检验事业部总监

城市家具系列认证评价项目介绍
Introduction of Urban Furniture Series Certification Evaluation Project

刘险峰

Liu Xianfeng

文章标识码：C

非常高兴能参加这个标准化协会论坛城市家具分论坛，也感谢郑州市政府、中国标准化协会以及东华大学举办这个论坛。

城市家具系列认证与评价是我们方圆标志认证集团与中国标准化协会城市家具分会共同研究开发出来的项目，我不仅代表方圆标志认证集团，也代表了我们的城市家具分会。"见证优秀、成就卓越"是我们方圆的一个使命，这与城市家具的建设是非常好的契合。城市家具的建设也是通过标准的建立，之后通过过程的实施，最终形成城市家具建设的高质量发展。如此高质量的发展，认证和评价也可以称之为助推器。

今天要介绍的内容分为三部分：第一是城市家具与认证，就是城市家具系列认证与评价是怎么回事；第二是城市家具系列认证与评价；第三是把方圆标志认证集团介绍一下。刚刚几位教授和专家也都分别介绍了城市家具，从不同的角度、不同的维度进行了多方位的解读，在这里我就不再说明，因为这方面专家更权威，下面就说一下我们的认证。

认证实际上是什么呢？就是一种证明，它的本质就是传递信任、服务发展。怎么传递信任和服务发展呢，用我们行业里的话说，是质量管理的体检证，是市场经济的通行证，也是国际贸易的信用证。质量管理的体检证，就是我们标准是什么？标准是否达到了？

我们自己内部用它来做一个衡量、一个检查，是我们的体检证。那么市场经济的信用证是什么呢？就是说我们进入市场的贸易通过认证之后，我们提供的证明，就作为敲门砖，或者作为入场的一个门槛。第三是国际贸易的通行证，就是我们将来出口和进入国际的一些交易，我们的证书认证，是得到世界上多个国家的采信和认可的。所以实际上认证的本质，就是传递信任、服务发展。

那么城市家具认证和评价的意义是什么（图1）？我们很多在座的企业，可能会说我们为什么要做城市家具认证呢？我有标准我自己干就好了。为什么要做认证呢？可以说，国家对这方面非常重视，在各地都出台了相关的措施，包括党中央国务院出台了一系列措施，各地也进行了一些详细的分析和措施的落实，包括像江苏省政府出台的地方标准，关于江苏省的城市家具建设指南等。还有就是通过认证，树立我们的标杆。在分论坛之前，我们做了一个城市家具的新闻发布会，对前期的四家单位也做了一个颁证，通过我们认证的证书，可以说这四家单位也成了在城市家具行业发展过程中的一个引领、一个标杆。

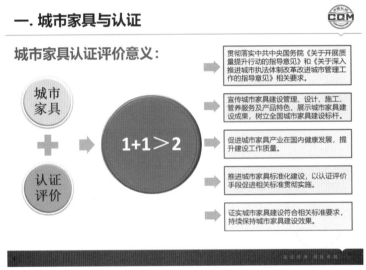

图1 城市家具认证评价意义

促进我们城市家具的产业在国内健康发展，我们要有标准，我们怎么做？包括现在我们的二七区和郑州市政府，在这方面都出台了很多相关的政策和配套措施。另外还有就是要通过标准，来衡量我们的城市家具建设的效果，很大程度就是通过这一块能够促进本身标准化的建设。六项团体标准刚刚有一个发布环节，我们利用相应的标准来进行评价和认证，我们也知道标准在哪些地方还需要改进和提升或者进一步完善的，实际上也是促进了相关标准化体系的建立。

城市家具应用评价的总体情况，通过我们对城市家具建设的相关单位的产品过程和服务，是否符合城市家具相关标准的要求，进行合格评定的活动，来证明它是否符合相关要求。通俗地说，我们通过标准化的建立，通过规范化的运作、实施和管理，形成系统化的管理，最后通过认证和评价来形成一个闭环活动。这是我们最终的城市家具系列认证评价的实施。

城市家具认证评价的种类（图2），针对包括规划设计单位、生产单位，以及施工、维护、管养等相关单位，进行相关质量体系的认证，以及城市家具系列认证，那么这里面会有一些能力的评价，分成我们相关单位在这些方面实施能力的级别，那么到底是几星级。5楼的展区可以看到我们发的证书是分出不同的级别，我们的能力能达到什么程度，最后形成我们的城市家具系统建设的一个整体评价，就像我们给连云港市人民政府做的这方面的评价。

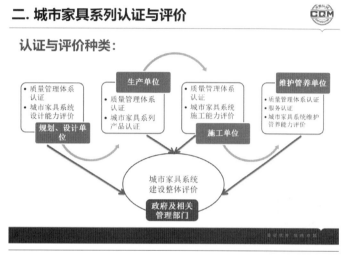

图 2 认证与评价种类

举例说明，现在已经发的认证和评价证书（图3）：整个城市建设系统的评价，就像江苏省连云港市人民政府的评价证书；城市家具系统建设评价的规划设计单位，就是上海柒合城市家具发展有限公司与上海柒合环境艺术设计有限公司的设计单位能力评价证书，以及质量管理体系的证书；施工单位是上海南汇建工建设集团有限公司，做的是城市家具施工能力的评价证书和质量环境安全的三体系的认证证书；生产单位就是给常州百川新型护栏有限公司做的产品认证，就是护栏以及它的三体系的质量管理认证体系证书。这里为什么说我们要设计一下要通过质量管理体系，实际上质量管理是基础，也是我们实现城市家具认证的总体必要条件。

已颁发认证与评价证书：

城市家具系统建设评价证书：
江苏省连云港市人民政府
规划、设计单位：
上海柒合城市家具发展有限公司与上海柒合环境艺术设计有限公司——
城市家具设计单位能力评价证书和质量管理体系认证证书
施工单位：
上海南汇建工建设（集团）有限公司——城市家具施工能力评价证书
和质量、环境和职业健康安全管理体系认证证书
生产单位：
常州百川新型护栏有限公司——产品认证证书（护栏）和质量、环境
和职业健康安全管理体系认证证书

图 3 城市家具系列认证评价实施案例

方圆的优势是什么呢？我们可以通过一次认证，颁发不同的结果，不同的认证证书，而不需要重复去检查和认证评价，所以说我们在实施这个过程中可以达到几个目的，这是我们方圆的优势。

认证评价的方式主要是通过文件审查、现场检查，还有产品认证需要做的产品检验。这些环节是根据认证的流程来实施的，最后通过我们检查的结果，组织专家进行综合评定，最后颁发证书。其中现场检查更多的是通过办公室评审、现场的实地抽查，以及公众调查和一些抽样的检测，包括一些项目的现场确认。

这是我们开展城市家具系列认证评价的一个范例。

在去年的12月5～7日，由方圆组成的专家组一行8人，对连云港市人民政府城市家具建设的一个整体评价项目，进行的一个实施评价的活动。下面就是我们在进行的办公室评审，主要针对的就是进行城市家具建设的整个管理过程，包括目标分级、相关的管理制度、施工过程管理、招投标过程管理等，这些是通过文件的查阅，包括与现场人员的交流来实现的。

这个是我们在进行具体街道的现场评价。是通过我们对6大系统、45个产品进行了现场的评价，就是看它是否满足相关标准的要求。

这是公众的调查。至少抽取了150位公众进行了随机调查，其中要求的对象必须是常住的城市居民，而且要覆盖不同的年龄层，我们设计了整个公众调查的测评表。我们发现公众的一种反应，就是对连云港市城市家具的设计，包括设施布置的位置方式等，都给予了很高的评价，这不是说我们现场通过查材料或者政府官员的一些介绍来得出，实际上是公众最客观和科学地得出的这方面的结论。

我们的评价内容就是通过对城市家具系统的方针、目标、统筹管理以及相关的这几大系统，包括它的功能、定位、使用，以及我们的视觉外观等，进行评价。实际上我们是分了三级量化指标体系，都有一些评价要点，赋予了不同的权重，形成的评价结果。这个是雷达图（图4），针对各个板块综合进行了一个评价，哪些地方是短板都可以看得出来，最终我们也会形成一定的改进意见，对连云港市提出了多条改进意见，供政府相关的管理部门做参考。

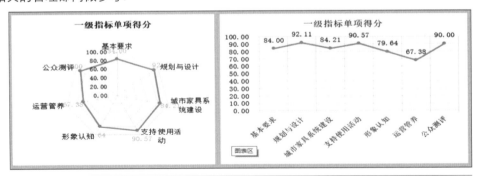

图 4 认证评价结果

这是城市家具系统认证评价的一个标识（图5），包括我们的证书样本（图6），实际证书在5楼的展厅，大家也可以看得到。

图 5 城市家具系统认证评价标识　　　图 6 城市家具系统认证评价证书样本

　　方圆成立于 1991 年，前身是质量技术监督局下设的中国方圆标志认证委员会，最早是做产品验证。中国的第一张产品质量认证书，就是方圆来颁发的。方圆经过了这么多年的发展，形成了相关的认证、培训、检验检测、技术服务、标准制定、政策研究、国际合作等的综合性服务机构。方圆也是中国最早的设立机构之一，现在的服务也覆盖了各行各业。方圆认证结果得到了国际和国内的相关部门和组织的认可。方圆现在有覆盖全国的服务网络，33 家子公司，到现在已经累计颁发了 20 万张认证证书，客户也达到 10 万家，很多国内知名的企业都是我们的认证客户。

　　现在我们已经有 8000 余名检查员、审核员队伍以及技术专家，能够提供专业化的认证和服务。方圆也是国际认证联盟的成员，包括 IFOAM 国际有机农业运动联盟的成员。刚刚说到国际贸易的通行证，方圆认证的结果是可以被相关的国家所采信和认可的。同时方圆还可以做 CCC 的指定机构，以及节能、节水等相关的认证指定机构。

　　应该说通过认证和评价的这种方式，我们也可以作为一个助力器，促进城市家具建设的高质量发展。中午我们与二七区政府签订了关于城市家具系列认证评价的合作协议，我们也希望通过方圆的实力，能给整个城市家具的建设发展添砖加瓦、团结合作、共赢未来。谢谢大家。

图片来源：

图 1 ～图 6：作者自绘

老旧小区环境空间设计研究
——以郑州市金水区文化路五号院为例

Research on Environmental Space Design of Old Residential District
——Taking the No. 5 Community of Cultural Road, Jinshui District, Zhengzhou as an Example

鲍诗度 / Bao Shidu

（东华大学服装与艺术设计学院，上海，200051）
（ College of Fashion and Design, Donghua University, Shanghai, 200051 ）

摘要：

中国老旧小区建筑基本都是五六层的砖混结构，建筑年代大约都是在三四十年前，环境空间普遍存在无序现象、建筑没有文化，区内道路时通时堵，绿化景观稀少，乱搭乱建随处可见，生态环境不足。其环境空间改造基本对策是六字方针：通、平、静、透、净、齐，因地制宜，就材建貌，顺其自然，用较少的钱，让老旧小区生活环境更美好。

Abstract：

The buildings of old residential areas in China are basically brick-concrete structures with five or six stories, and the construction age is about 30 to 40 years ago. There is widespread disorder in environmental space, buildings without culture, roads in the area are blocked from time to time, green landscapes are rare, random construction can be seen everywhere, and the ecological environment is insufficient. The basic countermeasure of its environmental space transformation is the six-character policy: communication, peace, stillness, transparency, cleanliness, neatness, adjusting measures to local conditions, building the appearance of materials, letting nature take its course, and using less money to make the living environment of the old community better.

关键词： 城市化率，老旧小区，环境空间，三行系统
Key words： Urbanization rate, Old community, Environmental space, Three-line system

老旧小区改造建设是中国特色社会主义发展阶段中必需要经历的过程，而这一过程建设内容、建设程度与中国城镇化率的发展休戚相关。而城市更新的内容、范围、阶段、品质又与城镇化率发展而产生变化。在当下，中国仍处于发展中阶段，老旧小区改造建设因地制宜是首要选择。

2021 年 3 月 5 日，十三届全国人大四次会议上国务院总理李克强作政府工作报告，报告提出"十四五"期间，将深入推进以人为核心的新型城镇化战略，"加快农业转移人口市民化，常住人口城镇化率提高到 65%。发展壮大城市群和都市圈，实施城市更新行动，完善住房市场体系和住房保障体系，提升城镇化发展质量"。报告首次将"城市更新"写入政府工作报告，以及在 2025 年中国城镇化率要实现 65% 的目标，其意义非常重大。

城市是随着城市人口不断增加而一步步发展起来的。随着经济的增长，城镇化率也随之提升，这是一个不变的规律。世界城市化发展规律是随着城镇化率的提升和城市更新而发生变化。一个国家或地区城镇人口占其总人口的百分率，是衡量其城镇化水平的一个指标。

每一个发展阶段，城镇化率都有自己的规律，中国城镇化率发展规律与诺瑟姆曲线规律 [1] 有相似之处，但也不尽完全相同。根据中国改革开放的城镇化率发展与城市建设的统计数据来看，1978 年中国城镇化率为 17.92%，到 1998 年城镇化率为 30.4%，二十年增长了 12.48%，有的年度增长快，有的年度增长慢，年平均增长在 0.6%；1999 年是 30.89%；当年增长为 0.49%；2019 年中国城镇化率是 60.6%，1999 ~ 2019 年的二十年时间增长近 30%。中国城镇化率在 31% ~ 60% 城市建设进入高速发展时期，这一时期中国城镇化率增长特别快，年平均增长率为 1.5%。[2]

城镇化率增长快，城市建设也要跟着快。城市规划、城市交通、城市住房等需要满足城市人口增加后的正常运行。这一时期的城市建设质量难以满足实际发展，必然会遗留下一些城市建设的问题。由于需要解决城市人口迅速膨胀的问题，又由于时代局限，对城市建设认知水平、经济能力等诸多主客观存在的制约，很难从全面统筹协调城市建设中的各种问题。所以在城市建设的规划、建设、公共设施等诸多方面是粗犷型的发展思维——基本只能够关注一个点：就问题而解决问题，同时也受经济发展、城镇化率等规律的制约，点性思维是这一时期中国社会的基本惯性思维，这一时期也是城市病的高发期。

在城镇化率进入 55% ~ 65% 期间是中国城市建设综合整治阶段。既要还城市建设的历史老账，又要为下一个高质量高品质可持续发展做好全方位衔接工作——中国城镇化率 65%~75% 阶段。中国各地城市从南到北，从东到西，从大到小，都要经历这个阶段。所以中国城市更新中老旧小区的改造就必然放在这一时期的城市建设的主要内容中去。

中国改革开放初期的 20 年，城镇化率增长时快时慢，中国大部分老旧小区是在这一时期形成的。由于当时各方面条件的局限，以解决基本住房条件为首要问题，所以，这一时期的住宅小区建筑存在诸多不足，小区环境空间没有品质、杂乱、无序，各种管线设置不到位，通行空间预留不足，建筑无特征更无特色，综合问题较多，历史欠账太多。而这样的老旧小区，在中国各地城市中占比是比较大的，需要改造量大而多，又由于国家和各地政府投入资金有限，这就需要有一个因地制宜的改造方式与方法。既要使老旧小区的面貌焕然一新，从根本上改变脏乱差，满足人民群众有美好的生活环境，又不能够花钱太多，与时代发展同步，突破传统制约，以新方法、新思想、新观念，新标准，并管控好老旧小区改造全过程，是老旧小区改造的要点。以设计为引领，能抓住改造的牛鼻子，设计从老旧小区环境空间入手，能够抓住因地制宜的实质之处。

中国老旧小区形成过程笔者亲历过，近些年主持过珠海、台州、郑州、上海等地一些城市更新和老旧小区的项目改造案例。我在承担郑州市二七区、管城回族区、金水区的城市更新项目总设计师任务中，以"六字方针"和"三行系统"的基本理念来把控项目总设计，建设成果结果比较理想。现就老旧小区的设计理念、思想、方法和技术进行一些概括性简要论述。

老旧小区在各地有所不同，但都有一个基本规律，住宅建筑基本上是五、六层的砖混结构，有的是三、四层左右，多为火柴盒式的平屋顶建筑。建筑年代普遍为 20 世纪八、九十年代。老旧小区普遍存在主要问题：建筑上没有文化，没有系统色彩体系；绿化景观稀少，乱搭乱建；交通空间不足，机动车、非机动车没有清晰停车区域；住宅楼栋之间、走道口、空中强电、弱电、水管、煤气管、暖气管线等各种线路外露，有的随意堆积；区内道路宽窄不一，时通时堵，时有时无，人行、车行没有清晰界限，人在各种车辆和障碍物中穿行。一句话，老旧小区空间环境无序、杂乱无章，生活环境质量低下。如图 1～图 4 所示为郑州市金水区经八路街道办事处文化路五号院，这是 2020 年 11 月改造前的现状，部分地面已经开始动工了。

图 1 改造前郑州市金水区文化路 5 号院入口

图 2 改造前郑州市金水区文化路 5 号院住宅

图 3 改造前郑州市金水区文化路 5 号院内环境

图 4 改造前郑州市金水区文化路 5 号院内环境

老旧小区的情况是多种多样的，改造方式也不尽相同。因地制宜是首要定位，其次重点抓住环境空间改造五个方面能够迅速焕然一新。

老旧小区除隐蔽工程之外改造主要涉及建筑立面、屋顶，区内通行空间：出入口、大门、围墙、地面，景观绿化，城市家具等。在这些环境空间内容中重点抓建筑色彩、人行、停车、绿化、标识五个方面。

老旧小区环境色彩包括建筑色彩、景观绿化色彩、道路地面色彩、城市家具色彩这几个方面。一般老旧小区的建筑陈旧，色彩灰暗，又比较单一。改造主要措施：一般不超过三种色彩，色彩之间和谐，色差之间不要大，火柴盒式住宅建筑除平改坡屋顶可用深红色外，一般情况下不要用比较重的色彩，用中性色彩，以和谐明亮透气为主，与天空的背景下，不要显得突兀。材料用外墙涂料，少用瓷砖陶砖，建筑成本低，容易出效果，也容易维修。

老旧小区的通行空间包括区内道路、进出口大门、人行空间等。小区是一个生命机体，区内的交通通道如同生命机体中"血管"，是生命机体健康运行的保障，一旦出现堵塞，或者出现狭窄，或者时堵时畅，机体就不正常，就会出现病状。老旧小区由于历史原因，在规划建设初期，没有预计到中国今天的发展状况，停车位不足是当下中国城市发展中的普遍现象。老旧小区停车位、车道与人行通行混杂，区内通行空间狭小，这是一个普遍问题。老旧小区内交通管理不在国家交通法规的管辖范围内，区内的机动车道、非机动车道、人行道，相互借道，相互占道，人行、车行三道不清，三道中时有时无，有时连车行道都难以保证正常通行，时常堵塞。在这样的"血管硬化""血栓"等老旧小区的"老年病"的常态下，怎样进行微创手术，让老旧小区血管清淤，而焕发青春？把城市道路中的三行系统[3]应用到老旧小区改造中是很好的"医疗"方案。这在老旧小区改造中是不常见的。三行系统是我创立的名词。这也是笔者在担任郑州市二七区、管城回族区城市更新项目总设计师中极力推行的理论主张，是我的一系列城市更新建设新观念、新思想、新做法之一。行人、非机动车、机动车，各有其道、各行其道的交通体系，互不干涉，界限清晰。三行系统＝机动车道＋非机动车道＋人行道。

通行空间进行集约化处理，在老旧小区内清晰划分三行系统。住宅小区很少清晰标注三行系统，在老旧小区内更是奇少。正是因为这些精雕细刻的做法，能够在不多花钱，不改变基本现状，不外加设施设备的情况下，把老旧小区生活环境品质大大提升。起到以少胜多，投入少效果好，老旧小区环境品质大大提升。图5～图8为改造后郑州市金水区经八路街道办事处文化路五号院。

图5 改造后郑州市金水区文化路5号院入口　　　　图6 改造后郑州市金水区文化路5号院住宅楼

机动车系统如同人体的动脉系统，非机动车系统如同人体的静脉系统，人行道系统如同人体的毛细血管，三道流畅，机体就充满活力。只要哪个部分不通不畅，梗阻现象就会出现，通行空间中各种各样的问题就会出现。通行空间系统不仅关系到老旧小区的环境品质，也关系到老旧小区的生活品质，更是衡量是否能够满足人民美好生活需求的具体指标。

图 7 改造后郑州市金水区文化路 5 号院　　　图 8 改造后郑州市金水区文化路 5 号院

　　在老旧小区要清晰划分交通标线，明确行人、非机动车、机动车路权位置，从小区入口起至全部老旧小区区域内全部划分清楚。人行通道、机动车道、非机动车道，根据实际的客观情况，尽量做到三条道都划分清楚。并标注人和非机动车图像，有的可在人行位置上标注距离数字，人行通道宽度可在 600 毫米以上，非机动车道宽度在 900 毫米以上，机动车道宽度可在 2800 毫米以内，这要根据老旧小区的实际情况而定。非机动车区内人行道最好用彩色沥青全部贯穿整个小区内。老旧小区内由于空间狭小，三行系统交通标线画线宽度一般在 50～80 毫米之间，最高不要超过 100 毫米。区内道路建议用沥青铺设，这样建设成本不高，维护方便。在集约型通行空间的前提下，机动车、非机动车停于单独位置，以不影响人有效通行。小区内的导示图、位置标志、指引标志、行人标志等要设置清晰，住宅楼栋数字要字大明显。

　　在老旧小区内的路灯、步道灯、座椅、导示牌、铺砖、路缘石、公共信息牌、消防栓、空调机罩、窗台花架等城市家具类设计基本原则要系统协调，统一和谐，不要突兀，与环境要吻合。无论是造型、色彩、材料，以实用、耐用、美观和谐为主，注重物与物之间、物与环境之间、物与人之间的关联关系，设计以整体统一、协调和谐、维护便捷、管理方便、平和舒适、朴实实用为主。不宜花样百出，不宜追求华而不实的设计。

　　总体概括老旧小区改造，设计基本对策是"六字"方针："通""平""静""透""净""齐"，特别是针对环境空间的改造，能够立竿见影地起到顺其自然、因地制宜、就材建貌，以较少的钱，实现价低质优，明显改变老旧小区的现状，让居民生活得更美好。老旧小区改造"六字"方针的重要之处，是在因地制宜整体原则指导下，从环境入手，能够一下子抓住老旧小区改变面貌的核心。这是从老旧小区根本性问题入手，因为空间环境首要是"净"，一切要干净统一舒适后，其次才是"通""平""齐""透""静"。"净"：架空线管线入地，建筑外立面整饰，墙面洁净平整、色彩协调统一；"通"：人行、车行、非机动车行三行系统移置老旧小区内，三行画线各行其道，道道清楚，步行有道，安全舒适，步行优先，骑行顺畅，出行安全；"平"：通行空间的环境中，凡是区内人行通行，以一个"平"字来统筹。以平拓展行道，如遇台阶，尽量以平与坡自然衔接，不出现硬高差，既让人的交换活动空间更大，又能够相互借用灰空间，更能够体现人文关怀；"齐"：老旧小区环境空间能够整齐，尽量整齐统一，拆除杂乱无章，化整为零，简洁大气；"透"：老旧小区景观绿化整齐通透，乔木之下少种植灌木或者不种植灌木，让人一眼望去，通透无阻，让人舒畅，现代大气；"静"：环境空间抓住一个"静"字，环境空间一律"静"下来，色彩不要杂，空间不要乱，任何造型物件系统统一，不要相互"打架"，看上去要像一个"套装"，经过这些改造，环境自然而然就"安静"下来。

老旧小区改造，立足于精致精细设计，尽量从每一个小处中发挥极致，从环境空间入手，让环境空间从无序到有序，统一协调建筑环境色彩，理顺人、停车与通行有序，挖掘文脉，提升人文环境景观，集中文化信息展示，点亮小区风采；对区内三行系统、建筑立面、景观设计、城市家具等进行整体设计提升。

老旧小区改造，要结合城市道路改造，融入环境特色和文化底蕴，将整体设计与楼院设计风格相结合，确保风格转换不突兀，突出简洁、大气、耐用。

老旧小区改造，要合理规划空调外机位置和外墙线缆，拆除违建违搭，以人为本，增加步行空间，打造交通有序、设施完备的人性化小区。提高居民步行安全、提升公共空间环境品质。

"通、平、静、透、净、齐"六字方针，既是城市更新中老旧小区改造时解决问题的对策又是处理问题的方法，既能抓住解决问题的牛鼻子，又能因地制宜，就材建貌，顺其自然，用较少的钱，把环境改造得更好，让居民生活更美好。

图片来源：

图1～图4：郑州市金水区经八路街道办事处供图
图5～图8：作者自摄

参考文献：

[1] 王建军，吴志强 . 1950 年后世界主要国家城镇化发展——轨迹分析与类型分组 [J] . 城市规划学刊，2007（06）.

[2] 山川网 .1949-2017 中国城镇化人口大数据 [EB/OL].http://baijiahao.baidu.com/s?id=15925147260528 94807&wfr=spider&for=pc.

[3] 鲍诗度 . 中国环境艺术设计 07 [M]. 北京：中国建筑工业出版社，2019：22.

融入环境的城市家具
——以意大利帕尔马诺瓦为例
Urban Furniture that Blends in with the Environment
——Take the Italian Town of Palmanova as an Example

宋树德 / Song Shude, 鲍诗度 / Bao Shidu

（东华大学服装与艺术设计学院，上海，200051）

（College of Fashion and Design, Donghua University, Shanghai, 200051）

摘要：

意大利作为历史悠久的国家，具有大量数百年、上千年历史的城市被保留、继承并发展至今。城市家具作为城市公共空间的重要组成，也被不断地完善、修改与建设，城市的文化、传统、历史等诸多非物质因素被现代的手法融入城市家具建设中，在满足功能需求的同时成为城市不可或缺的组成部分。帕尔马诺瓦作为世界文化遗产，其城市环境特质鲜明。在如此鲜明的城市环境中，通过对城市环境元素的提取与应用、与城市不同区域环境的协调、系统的设计与设置、简约却富含传统的设计，它的城市家具系统与其城市环境进行了完美的融合。这对我国的城市家具建设，尤其是古城以及城市更新区域的城市家具建设具有非常好的借鉴作用。

Abstract：

As a country with a long history, Italy has preserved, inherited and developed a large number of cities with hundreds and thousands years of history. As an important component of the city's public space, urban furniture has also been continuously improved, revised and constructed. Many immaterial factors such as city culture, tradition and history have been incorporated into the construction of urban furniture by modern methods, and become an indispensable part of the city while meeting its functional needs. Palmanova, as a world cultural heritage, has a distinctive urban environment. In such an urban environment, the urban furniture system is perfectly integrated with its urban environment through the extraction and application of urban environmental elements, coordination with different regional environments in the city, system design and setting, simple but rich traditional design. This is a very good reference for the construction of urban furniture in China, especially for historical cities and urban renewal areas.

关键词： 城市家具，系统设计

Key words： Urban furniture, System design

城市家具的建设随着城市的发展而不断演变，与城市的社会、文化、环境、经济等诸多因素关联紧密。如何在满足功能的前提下与城市的环境紧密融合，并且能彰显城市的文化、传统、历史等诸多非物质因素，是城市家具建设的重要课题。随着我国城市进入高质量发展的新阶段，仅仅满足功能需求的城市家具已经不能与城市发展的目标相适应。然而如何进行高质量的城市家具建设，我国尚处于探索阶段。

意大利作为历史悠久的国家，具有大量数百年、上千年历史的城市被保留、继承并发展至今，许多成为世界文化遗产的组成部分。城市的居民随着社会的发展、物质的进步，不断地修葺且改进它们所居住的城市环境，至今仍能满足市民的现代生活需求。城市家具作为城市公共空间的重要组成，也不断地被完善、修改与建设，城市的文化、传统、历史等诸多非物质因素被现代的手法融入城市家具建设之中，在满足功能需求的同时成了城市不可或缺的组成部分。这其中有许多值得借鉴与学习的地方，帕尔马诺瓦（Palmanova）就是其中之一。

1 帕尔马诺瓦

帕尔马诺瓦位于意大利东北部，是威尼斯人在 1593 年规划的要塞城市，为抵御外敌而建设，因其具有九角多边星形而被称为"繁星之城"（图 1）。1960 年成为意大利国家历史遗迹，2017 年成为世界文化遗产的一部分。整个市镇历经威尼斯、拿破仑、奥地利与意大利四个时期，构建了三层防御体系，作为战争的重要堡垒历经第一次、第二次世界大战被完整地保留了下来，至今有约 5500 名市民生活其中。[1] 整座市镇分为内城与环状星形防御区两部分。

图 1 帕尔马瓦诺

由城市的三个纪念性大门（乌迪内门、奇维代尔门、阿奎利亚门）方可进入内城。城市中心是格兰广场，在这个巨大的完美六边形空间的中心，竖立着伊斯特拉石制成的旗杆基座，自要塞建成以来它就是要塞历史事件的不朽见证者，其上竖立着高高的旗帜，现如今它们已然成了城市的象征 [2]。几个世纪以来，广场从军事训练区慢慢演变成了市民活动与休憩的场所。广场周边围绕的是总督大教堂、总督宫（现

图 2 格兰广场

为市政厅）等不同时期修建的重要建筑（图 2）。内城路网由格兰广场为中心向外放射状的 12 条直线道路（其中三条主路通往三座城门）以及 4 条环状道路组成。星形防御

区则由不同时代建设的城墙、护城河、护坡、地下堡垒组成，现在成为城墙历史公园。

内城与城墙历史公园的城市家具与两个区域的环境一样，具有各自的特色，但其共同点就是融入环境。

2 内城的城市家具

内城作为市民生活的场所，除了格兰广场以外的公共空间主要为街道，其城市家具分别具有以下特点：

2.1 设计元素的融合

以格兰广场及其周边城市家具为例，其城市家具的设计元素充分吸取了城市原有的形态、材料、色彩等元素。

首先路面铺装系统延续了历史传统（图3）。中心广场保留了沙石铺装，既延续了历史上作为练兵场所的铺装原貌，又十分生态。广场的收边以及水道选用了当地的卵石为主材料，色彩斑斓的卵石充满了历史的沧桑感。广场的环路则选用了石板为主、卵石为辅的材料，通过卵石强化了广场的六边形。同时在某些重要的交汇点，铺设了刻有说明文字的石材铺装。道路的检查井盖亦刻有城市名称与特色图案。铺装系统非常好地衬托了城市广场的历史氛围，同时又十分整洁、舒适与生态。

图3 格兰广场及周边铺装系统

广场及周边的公共服务与公共照明系统更是充分结合了城市元素。广场中心保留了完好的旗杆基座，其两层台阶均为完美的六边形，与城市广场形态相呼应，基座亦为变化后的六边形，并与通往城市大门的三条放射状主路相呼应（图4），旗杆顶部则是代表城市形象的旗帜。这是这座城市最为悠久的城市家具，在圣诞节期间经过改装，变为城市中心巨大的"圣诞树"，此时当代生活与城市传统形成了特殊的碰撞与联系。广场周边的座椅亦与它相呼应，分别设置在广场角落之中。座椅三角形的造型、与旗杆基座色彩相近的石材，以及设置位置皆与广场的形态以及中心的旗杆相呼应（图5）。设置在座椅周边的石柱状饮水设施亦选用了切角的造型。围绕广场的路灯则更像是缩小版的旗杆（图6），简洁现代感十足的造型设计，增添了广场的仪式感，同时又像是手握兵器的卫兵矗立在广场周边，好似在维护整座城市的安全。如果注意细节，路灯的设计还兼顾了节庆时节悬挂彩旗的功能。这些城市家具不止在造型、材质、色彩等元素上延续了格兰广场的环境特质，它们位置的设置亦经过了精心的设计与组合，是对城市环境的迎合与融入。

图 4 旗杆基座

图 5 座椅

图 6 路灯

2.2 历史与文化的展现

广场周边通往街道入口处的 11 座雕像，即是城市重要历史人物与时间节点的纪念（图7），更像是整座城市历史的见证者与解说者。广场周边放置着这座城市居民曾经用来建设、生产、生活的模型装置，并配有详细的解说（图8）。这些装置拉近了市民、参观者与这座城市的联系，同时也展现了这座城市曾经的建设、生产与生活状况。这些雕像、装置与周边的建筑一起成为这座城市记忆的组成部分。

图 7 路口雕像

图 8 模型装置

图 9 支路

图 10 城门处的微型红绿灯

2.3 合理的优化与设置

由于城市的街道保留了 16 世纪以来的基本面貌，为了使其适应现代生活，根据道路宽度对街道的交通进行了合理规划，设置了合理通畅的单行道与双行道，增加停车位，同时对城内交通进行限速，支路限速 30 千米／时（图 9）。通过一系列的措施，内城仅在三座城门处设置了微型红绿灯（图 10），除此以外内城所有的十字路口都没有设置红绿灯。优化后的路网既满足了市民通行、停车等基本要求，同时为市民提供了舒适安全的街道空间。

相应的其他交通管理设施、信息服务设施亦进行了优化。十字路口的交通标志牌、旅游信息牌等因为信息繁多，对多种设施杆件进行了并杆（图 11），其设置位置与造型以方便人们通行为首要目标。路灯则设置于建筑墙面之上或悬挂于城市道路中间。少数的电信、变电箱体则紧靠建筑墙体设置，亦是最大限度地保证市民的通行畅通（图12）。

图 11 路口交通标志牌

图 12 通畅的人行道

在靠近广场的第一条环线与通往广场的放射性道路相交的十字路口，则设置了具有升降功能的挡车桩，对进入广场的车流进行控制（这也是整个内城仅存的几处挡车桩）。同时在路口增加了绿带隔离，并对路口的人行道进行了无障碍设计（图13、图14）。

图13 具备升降功能的挡车桩　　　　　图14 无障碍人行道

内城的城市家具通过上述一系列的措施，在满足功能的前提下，与城市环境进行了非常好的融合，同时更新了城市公共空间的功能与舒适度。作为一位参观者，感觉不到突兀的城市家具存在。设置合理的城市家具真正做到了与城市空间、城市环境的融合。

3 城墙历史公园的城市家具

帕尔马诺瓦的防御体系是通过三次建设后形成现有规模的，在拿破仑统治这座城市期间，因认识到它的战略重要性，从1806年起，他下令巩固现有防御结构的同时对其防御体系进行了大规模的扩建，修建了地下兵营、军火库、地下隧道等设施。为了实现这些工程，将龙奇斯（Ronchis），帕尔马塔（Palmada）和圣洛伦索（San Lorenzo）的三个村庄夷为平地，新建的防御工程可以抵御当时的大炮射击堡垒。正因为此次修建，形成了现在城墙历史公园的样子（图15）。现在的防御体系已经变成城市绿带，成为市民休闲、徒步、骑行以及了解历史与探寻地下防御设施的历史公园。因此其城市家具的最大特点是——生态（图16）。

图15 城墙历史公园

图 16 城墙历史公园平面示意图

　　因公园现状生态优美，其城市家具的材料以木头为主，座椅、护栏、导向牌、果皮箱等主要的城市家具材料皆是如此，配以简洁甚至是简单的城市家具设计，这些设施成为公园生态中的有机组成，同时为市民提供服务（图17）。通过这样的设计，基本察觉不到它们的存在，但当你需要它们的时候，它们就在你的面前。

图 17 生态的城市家具系统组图

4 融入环境的城市家具

通过对帕尔马诺瓦城市家具的分析，对融入城市环境的城市家具有了深入的了解与认知。

4.1 环境元素是城市家具特色设计的前提

城市环境的因素是多种多样的，如何从诸多环境因素中提取到城市家具设计与建设的要点是问题的关键。帕尔马诺瓦的城市家具充分吸取了城市的风貌、城市的图案与图形、材料等有形元素，更吸取了其历史、文化、生产生活习俗等无形的元素，并通过设计将其融合与呈现。尊重与遵循城市环境的特质是高品质城市家具建设的关键因素。因此在城市家具设计与建设过程中应注重对城市环境物质因素与非物质因素的采集，在此基础上进行梳理与总结，从而找到体现城市特质的重要元素，只有这样才能设计出与城市特质相吻合的城市家具系统。

在我国城市建设进入高质量发展新阶段，这将变得更加重要。大量的城市更新需要考虑新与旧、传统与现代以及文化的传承等诸多问题，怎样让更新后的街道保留城市文化与城市记忆，城市家具在城市公共空间中的作用将变得更为重要，甚至可以成为城市环境中画龙点睛之所在。

4.2 城市家具应与城市区域环境的变化相协调

帕尔马诺瓦的内城与城墙历史公园是两个截然不同的城市家具体系，但却具备了共同的特质——与环境相协调。这种协调体现在设计与设置两个方面。设计的要点在于造型、材料、图案以及尺度，而设置则应与环境尺度、市民需求、功能满足等紧密相关。帕尔马诺瓦通过系统优化，减少了交通管理设施的设置，让有限的城市公共空间变得更加通畅与舒适。对不同尺度、不同性质公共空间的城市家具设计与设置进行详细的研究，并在此基础上，依据功能需求对城市家具子系统进行优化与合并，是一个值得研究的课题与领域。这些领域的研究对推动我国相关城市家具标准的更新与完善具有重要的作用。

4.3 系统设计与设置

城市家具包含众多的子系统与单项设施，且分布在城市多种多样的环境之中，因此城市家具的系统设计变得非常重要。帕尔马诺瓦的城市家具系统与城市景观进行了充分的融合，从城市家具系统的各个单项设施的本体，扩展到各本体间的联系，再扩展到与城市景观环境的联系。这种融合是通过各类城市家具单体的色彩、造型及其设置等方面的整体设计完成的。

4.4 简约却富含传统的设计

帕尔马诺瓦的城市家具设计充分体现了意大利设计的部分特质——简约、艺术、吸取传统与传承（包括物质与非物质因素）。这种设计特质源于意大利人对传统、历史、环境的尊重，同时也源于良好的艺术熏陶。在充分分析问题与环境要素的基础上，是用纯粹的设计手法、简约的设计语言，将材料、造型、尺度以及环境要素均衡地柔和在一起，呈现出具有城市特质的城市家具作品。

5 总结

每座城市都有自己的环境特质，这与城市的历史与文化、产业与经济、地理环境与区域位置紧密相关，怎样从城市环境中寻找到适宜的环境元素，并通过设计将其融入城市家具系统的设计与建设中去，从而让城市家具融入城市环境、美化与提升城市环境，是城市环境高质量发展的重要组成部分。

帕尔马诺瓦作为世界文化遗产，其城市环境特质鲜明。在如此鲜明的城市环境中，通过对城市环境元素的提取与应用、与城市不同区域环境的协调、系统的设计与设置、简约却富含传统的设计，它的城市家具系统与其城市环境进行了完美的融合。这对我国的城市家具建设，尤其是古城以及城市更新区域的城市家具建设具有非常好的借鉴作用。

图片来源：

图 1：https://it.wikipedia.org/wiki/Palmanova

图 2 ～图 17：作者自摄

关于浦东新区城市环境精细化建设的发展方向与现实意义

——完善三行系统和城市家具体系建设

On the Development Direction and Practical Significance of the Fine Construction of Urban Environment in Pudong New Area

——Improving the Three-line System and the Building of a Concrete Urban Furniture System

赵倩 / Zhao Qian

（上海柒合城市家具发展有限公司，上海，200051）

(Shanghai QiHe Urban Furniture Development Co., Ltd., Shanghai, 200051)

摘要：

　　在浦东新区城市化建设初期，城市建设主要以硬件基础设施建设为主，无论是产业格局、经济建设，还是城市建设发展，浦东新区已经成为上海市城市建设中改革开放的排头兵、创新发展的先行者。然而在快速城市化的进程中，交通拥堵、市民生活质量不高、出行安全等一系列环境问题日益凸显，现状城市环境已然不能匹配高速发展的浦东新区经济人文建设，以及人们日益增长的对美好生活的需求。这关乎民生，也同时考验着城市软实力的建设能力和管理水平。本文从研究浦东新区的建设现状与发展目标，思考浦东新区如何响应中央的指示，新区的建设与全球城市还有哪些差距？如何做好"上海市的排头兵和先行者"？通过这些问题，从完善三行系统和城市家具体系建设为出发点，探索实现浦东新区城市环境精细化建设的发展方向与现实意义。

Abstract：

　　In the initial stage of urbanization in Pudong New area, urban construction is mainly based on hardware infrastructure construction, regardless of industrial pattern, economic construction, or urban construction and development. Pudong New area has become the vanguard of reform and opening up and the forerunner of innovation and development in the urban construction of Shanghai. However, in the process of rapid urbanization, a series of environmental problems such as traffic congestion, low quality of life and travel safety have become increasingly prominent, and the current urban environment can no longer match the rapid development of economic and cultural construction in Pudong New area, and people's growing demand for a better life. This is not only related to people's livelihood, but also tests the construction ability and management level of urban soft power. Based on the study of the current construction situation and development goals of Pudong New area, this paper considers how Pudong New area responds to the instructions of the central government. What is the gap between the construction of new areas and global cities? How to be the "vanguard and forerunner of Shanghai"? Through these problems, from the improvement of the three-line system and the construction of urban furniture system as the starting point, to explore the development direction and practical significance of realizing the fine construction of urban environment in Pudong New area.

关键词： 城市环境，精细化建设，三行系统，城市家具

Key words： Urban environment, Fine construction, Three-line system, Urban furniture

2018 年 11 月 6 日习近平总书记在上海考察时指示："城市治理是国家治理体系和治理能力现代化的重要内容。一流城市要有一流治理，要注重在科学化、精细化、智能化上下功夫。既要善于运用现代科技手段实现智能化，又要通过绣花般的细心、耐心、巧心，提高精细化水平，绣出城市的品质品牌。上海要继续探索，走出一条中国特色超大城市管理新路子，不断提高城市管理水平。"[1] 市委书记李强强调："以绣花般的细心、耐心和卓越心，使上海这座城市更有温度、更富魅力、更具吸引力。"[2] 这是中央和上海市政府对浦东新区的总体要求、工作目标。

1 现状与发展目标差距

《上海市浦东新区总体规划暨土地利用总体规划（2017-2035）》[3] 的发展愿景：建设开发、创新、高品质的卓越浦东。高起点：在上海市总体规划的指标基础上，围绕"十三五"规划提出的开放、创新、高品质，浦东新增多项指标，与全球一流城市对标，找出发展新路。定目标：围绕繁荣之城、创新之城、人文之城的总目标，延续高度，承载国家战略，突出开放创新；同时转型引领，提升城市品质，突出以人为本。这是一个核心的问题，也是一个艰巨的任务。

卓越浦东，重在精细化。上海要迈向卓越全球城市，要成为令人向往的创新之城、人文之城、生态之城，具有世界影响力的社会主义现代化国际大都市，成为全国的排头兵，先行者。而浦东新区则是排头兵中的排头兵、先行者中的先行者。如何对标国际一流城市，以标准引领城市品质，做到精细建设浦东，实现卓越浦东城市发展目标。

首先，借鉴国外一流发达城市环境的成功建设经验，诸如日本东京（Tokyo）、瑞士日内瓦（Geneva）、意大利米兰（Milano）、德国巴登巴登（Baden-Baden）、法国安纳西（Annecy）等。总结这些城市环境建设的几大要素：在政府主导下，对城市进行系统性建设；有完善的机动车道、非机动车道、人行道三行共生的交通系统；有"以人为本"的城市家具系统设置；有完善的街道停车系统；有合理的十字路口人行坡道等。这些与之相比，浦东新区是否能做到？其次，从以上几点纵观浦东新区的现状环境，以道路三行系统和城市家具体系建设为重点，确实在城市环境建设方面与国外发达城市还存在不少差距。

2 城市环境建设问题与总结

通过多次重点地段、主要片区、不同类型等级的道路环境现状调研，浦东新区城市环境明显存在不足，总结为共同存在"交通安全、城市秩序、环境景观"三大类 18 多项问题，具体如下：

2.1 交通安全问题

目前浦东新区的发展是一个快速城区的建设，这种"快速"占据了主流，挤占了各种人行道、非机动车道的使用空间，人行道与非机动车道被严重忽视。城市家具不成体系，各单体点位布置混乱，人行道被各种设备箱、市政设施、交通杆件、机动车、非机动车等无序摆放给阻断；非机动车道划线的缺失，致使车道和非机动车道界限变得模糊，停车占用非机动车道，且停占非机动车道；盲道或者无障碍系统不成体系，斑马线通行不畅，且与人行道的衔接不通等（图1）。这就导致城市内部的慢行系统和人行系统重叠交织，使得人的行为安全得不到满足，没有达到马斯洛需求理论的第二层次人的安全需求。一个高品质的城市，一定是一个"以人为本"的城市，这些由于城市家具体系不合理，而导致人的交通安全问题存在隐患，是城市建设者亟待解决的重要问题之一。

图1 浦东新区交通安全问题

2.2 城市秩序问题

图2 浦东新区城市秩序问题

城市在快速发展的过程中，必然遵循井然有序、整齐划一的原则。由于浦东新区并没有整体对城市环境系统，这里指的是城市家具系统，做过统一规划、建设和指导，现状城市交通空间的设施形象杂乱、影响道路视线及通行空间，比如市政设施和交通设施，有些公共设施由于布点不善，导致利用率低下或者存在其他城市秩序问题，如共享单车的无序停放和果皮箱设置点位的问题；公共服务设施指示信息系统、服务性设施不完善，单体上形态、色彩、尺寸、元素、点位等存在不足或使用缺陷的问题；城市地面标识、标志缺少明确导向性等（图2）。

2.3 环境景观问题

图3 浦东新区环境景观问题

环境景观是城市的软装修，如同得体的"装扮"，环境整体美观，才能有好的城市形象。现有的街道往往是千篇一律的，缺少道路特色文化和景观效果。而在细节上，人行道上花坛、设施底座形式风格多样；市政绿化单一，街头绿地使用率低；铺装形式不规则，两种铺装随意拼接；窨井盖与周边铺装衔接粗糙等（图3）。这些城市环境景观的"污渍点"，正是这一个个看似微不足道的点连点、成了线、线成了面，造成整个城区环境的粗糙不精致。这正是居民每天都身在其中、行在其中、用在其中的街道环境。马斯洛需求理论的第三层次情感和归属的需求同样没有得到满足，也就谈不上更进一步在城市环境公共空间中的社交需求的满足。环境景观的装扮，是城市环境精细化建设工作者对城市美学的一份答卷。

2.4 问题总结

归纳下来，最主要的问题还是宏观上的两大点：一是浦东新区没有完善的城市交通三行系统；二是浦东新区没有完整的城市家具系统化建设。产生这些问题的原因有很多，职能部门多头管理，各自为政；现有标准相对落后，建设速度快；城市家具各类规范、标准之间没有关联，没有系统等都是问题，但是，这些问题都不是根本性的问题。看待问题的思维方式——点性思维才是问题的根源，浦东新区城市建设问题的根源之一是缺乏系统性思维。从"点性"到"系统性"是解决问题的关键，即从"点"走向"整体"的系统性思维。

综上所述，解决浦东新区的城市建设问题，建议抓住完善浦东新区机动车道、非机动车道、人行道三行共生的交通系统；抓住以人为本的城市家具系统设置；抓住完善的街道停车系统等，是城市环境系统化、精细化建设尤为重要的出发点。

3 实现城市精细化发展方向与现实意义

为了响应习近平主席心系民生，提倡"绣"出城市品质，抓住大事小情的精细化发展时代精神，浦东新区作为全国城市中排头兵中的排头兵、先行者中的先行者，整治城市家具系统化环境建设更应该走在城市软实力建设的前列。加强软件建设，提升城市环境品质，城市建设和管理注重多角度发展科学化、精细化、系统化、智能化。

3.1 统一规划、协调管理

政府主导下统一规划、协调管理。打破陈规、大胆创新、系统建设、统筹管理。统一设计、统一规范、统一标准、统一布点，编制浦东新区城市家具设计及实施导则、专项规划等内容，量身定制符合新区发展定位特色的整治工作计划，进行统一改造建设；综合组织住建、交通、市政、城管等各个城市建设主体部门，在城市家具系统化建设项目中各尽所能，各司其职配合建设方。具体而言，住建和城管部门在专项规划导则的指导下对于城市三行有问题的道路配合重新规划建设，让群众出行各行其道、互不干扰；交警等部门配合城市家具布点导则科学设置车行人行红绿灯、电子警察杆等交通杆件，在此基础上酌情进行各种杆件的合并杆，减少道路空间内杆件数量，做到一杆多用，街道空间简洁优化、群众安全通行，建设方统一安装；城管部门还要与工商、食药监、电力、消防、通信、公安等部门联合执法，配合城市家具指挥部对城区乱搭乱建、占道经营、乱停乱放等现象进行综合整治，对于人行道上的阻碍人、非机动通行的一切设施杆件进行或移位设置或移除等处理，切实消除阻碍市民出行的顽疾，保证出行顺畅。

3.2 实验先行、分步实施

首先在浦东新区中心城区选出代表区块，对围绕着代表区块的重点道路进行城市家具环境系统化建设实验，综合现状道路环境，在城市家具设计及实施导则的指导下、建设方进行统一改造建设。总结成功的建设经验，再对其他区和以镇为主体的区域进行逐一改造。

3.3 公众参与、共同建设

加强社会宣传，营造良好的社会建设氛围。树立正确的社会舆论导向，充分发挥市民"从众心理"积极正向效应。把目前正在开展的以城市家具系统化建设为核心的人行道专项整治行动、道路交通秩序整治行动、绿化美化艺术化行动等的综合整治工作实施方案公之于众，让广大群众了解这项工作的出发点、落脚点，增强参与感、认同感、获得感，把提高全民素质变为广大人民群众的强烈愿望，把参与城市环境系统化建设管理变为广大人民群众的行动自觉，从基础上、细节上优化城市环境，真正实现浦东"宜居、宜游、宜业、宜行"的城市定位，成为全球一流城市。

4 结语

完善的基础设施是美化城市环境、优化市容秩序的重点，是城市整体环境的一部分，是城市中人与环境、与社会和谐的象征，更代表着一个城市真正的软实力。这需要自上而下，政府、企业、民众的共同努力，完成以城市家具建设为基础的城市环境系统化综合改造。现有的各类执行标准之间缺少关联性，存在"碎片化"，没有形成体系和系统。落后的标准，严重制约了当今中国城市家具产业发展，影响着中国城市环境建设，系统性思维才是浦东新区城市建设的核心点。

城市家具系统，是未来我国城市发展建设的重要方向，是践行建设美丽中国的重要方式。在有限的道路交通资源，进行路权分配设计与建设的同时，成体系的城市家具系统，在道路交通安全设施设计和设置中紧密关联。人们在受到所处道路交通环境品质提高的影响，也将会自发的、自觉的、相参照地形成遵守交通秩序的习惯，人的交通素养也随之逐渐形成，无形中提高了全民素质。

这才能真正实现浦东新区城市环境建设精细化的发展方向与目标。

图片来源：

图 1 ～图 3：作者自摄

参考文献：

[1] 习近平在上海考察 [EB/OE].[2018-11-07].http://politics.people.com.cn/n1/2018/1107/c1024-30387790.html.

[2] 李强 . 以绣花般细心耐心卓越心使上海更有温度更富魅力更具吸引力 .[EB/OL].[2018-02-01].http://cpc.people.com.cn/n1/2018/0201/c64094-29800066.html.

[3]《上海市浦东新区总体规划暨土地利用总体规划（2017-2035）》草案公示 .[EB/OL].[2018-12-05].http://sh.bendibao.com/news/2018125/200258.shtml.

[4] 鲍诗度 . 中国城市家具标准化研究 [M]. 北京：中国建筑工业出版社，2019.

[5] 王艺蒙，林澄昀 . 中国城市品质化建设的问题与对策研究《城市家具建设指南》的研究背景及价值意义 [J]. 装饰 ,2019.7（315）：24-28.

古城正定城市家具设计建设探究
Research on the Design and Construction of Furniture in Zhengding City

王灏 / Wang Hao

（康旅控股集团，河北石家庄，050000）

（ Kanglv Holding Group, Hebei Shijiazhuang, 050000 ）

摘要：

　　本文从古城正定城市家具设计建设项目实例入手，对城市家具设计建设流程提出了切实可行的流程，开创性地提出了"一站一亭一故事""设计施工一体化""回头看"等机制和办法，提出了增强城市家具系统的设计亮点和落地效率的具体措施，使城市家具成为人与地方文化对话的平台，为各地开展城市家具设计建设项目提供了新的参考。

Abstract：

　　Starting from the example of Zhengding urban furniture design and construction project, this paper puts forward feasible process for urban furniture design and construction process, creatively puts forward mechanisms and methods such as "one station, one Pavilion, one story", "integration of design and construction", "looking back", and puts forward specific measures to enhance the design highlights and landing efficiency of urban furniture system, so as to make the city more efficient urban furniture has become a platform for people to talk with local culture, which provides a new reference for urban furniture design and construction projects.

关键词： 古城正定，城市家具，设计施工一体化，设计建设实例

Key words： Zhengding ancient city, Urban furniture, Integration of design and construction, Design and construction examples

　　正定，位于河北省西南部，华北平原中部的冀中平原，古称常山、真定。1958 年，毛泽东同志在天津接见时任正定县委书记杨才魁时说："正定是个好地方，那里出了个赵子龙"。1982 年 3 月至 1985 年 5 月，习近平同志任河北省正定县委副书记和书记，在离开正定后五次"回家"，他曾深情地说："正定是我从政起步的地方，这里是我的第二故乡"。就是在这样一座国家历史文化名城，我们成功落地了企业首个城市家具系统化设计建设项目。

　　在正定城市家具设计建设项目过程中，我们总结出了一套行之有效的流程和方法，部分首创的理念和机制，现整理出来，与广大城市家具系统化设计建设专家以及相关单位探讨交流。具体来说，正定城市家具系统化设计建设项目的流程分为五个部分：

1 系统化的设计思想为指引

城市家具设计作为新兴的设计门类，其系统化建设在城市建设中开辟了崭新领域，全面提升城市功能品质的同时，城市面貌、环境和形象也得到显著改善，是我国当下城市建设从过去"量"的增加转变为"质"的提升的关键时期下的必然产物。然而，城市建设中出现的多头管理、多种规范、各自为战的现象在各地都十分突出，导致城市道路景观整体不协调、特色不明显、管理不规范等一系列问题，这些问题已受到各地方政府的重视，而解决这一问题最有效的办法就是城市家具系统化设计建设。

1.1 城市家具系统化设计理论来源

2017 年 9 月成立的中国标准化协会城市家具分会，是目前中国城市家具行业唯一的社会团体机构和公益性服务平台，是全国城市家具行业联系政府部门、科技工作者、企业之间的桥梁和纽带，是开展行业标准制修订、评价认证、学术研究、产业技术交流与合作、标准化培训、项目咨询服务、国际交流与合作等业务的专业社会团体。我们有幸在雄安国际工业设计周见到了城市家具分会会长鲍诗度教授，并聆听了他的授课，这堂课为我们开展城市家具系统化设计建设找到了理论基础。鲍诗度教授对城市家具按照功能属性和管理归属系统性分类，依据现状，暂分为交通管理、公共照明、路面铺装、信息服务、公共交通、公共服务六大系统三十三类，这让我们对城市家具的分类有了清晰的认识。

1.2 城市家具设计与地方政策的结合

在城市家具系统化架构形成后，我们创造性的融入了河北省政府提出的"三创四建"指导思想："三创四建"指的是——创新、创业和创建全国文明城市、国家卫生城市、国家森林城市，建设现代化经济体系，建设城乡融合高质量发展体系，建设一流营商环境体系，建设现代化社会治理体系。结合"三创四建"指导思想，我们梳理出不同场景、不同环境需要配套的城市家具种类，并根据其与"三创四建"工作的相关程度进行选择，提出必做城市家具项目与选做城市家具项目的分类清单。这样一来，既体现了城市家具建设的重要作用，又实现了花小钱办大事的实践效果。

2 文化的深入挖掘和符号提取

正定有着悠久的历史和深厚文化积淀，自晋代至清末一直是郡、州、路、府治所，曾与保定、北京并称"北方三雄镇"，素有"九楼四塔八大寺，二十四座金牌坊"的美誉，现存国家级重点文物保护单位 9 处，省级重点文物保护单位 6 处，其规模之大、数量之多、艺术价值之高、历史之久远，为中国县级城市所罕见，堪称"古建艺术宝库"、"佛教文化博物馆"。

2.1 地方文化关键词的梳理

面对文化底蕴如此深厚的正定古城，我们的设计团队开展了长达两个月的实地勘察，经过与省内文史专家多次沟通，最终确定了：古建艺术、佛教文化、红楼文化、子龙故里，四个关键词，并以此为城市口号、城市标识，以及城市家具造型设计的创意来源。最终，我们提出的"古城古韵，自在正定"成为正定的城市口号。

"古城古韵"既突出了正定的悠久历史，作为千年古城的深厚底蕴，又概括了正定古城作为古建艺术宝库风采，充分展示正定旅游资源的特质。"自在正定"有三层含义：其一，古城新韵的美丽景色在正定就能领会到；其二，正定这个城市能给人带来休闲自在的旅游体验；其三，自在是佛教用语，彰显正定深厚的佛教文化。

2.2 地方文化关键词的应用

我们根据佛教文化、红楼文化、子龙故里三个关键词所设计的景观小品，也作为城市家具的一类，受到了游客的追捧，成为旅游打卡必备景点。这些文化鲜明又极具特色的城市家具设计，很好地诠释了正定这座古城的文化品质，给城市增添了光彩。

（1）隆兴寺，是全国首批重点文物保护单位、中国十大名寺之一，有被中国古建专家梁思成誉为世界古建筑孤例的宋代建筑摩尼殿、被鲁迅誉为"东方美神"的"倒座观音"、中国最高的铜铸大佛"千手观音"。隆兴寺作为河朔名寺，历经千年，见证了唐宋至民国时期中国北方佛教文化的发展变化。隆兴寺是中国国内现存宋代建筑、塑像及石刻最多的寺院建筑之一。我们的景观小品就以禅杖、莲花座、万字图等元素进行设计，凸显佛教文化（图1）。

图1 隆兴寺景观

（2）荣国府，是以明末清初文化为背景的仿古建筑群，是根据中国古典名著《红楼梦》中所描绘的"荣国府"设计和建造的。1983年，中央电视台筹拍电视剧《红楼梦》，寻找地方政府共建"荣国府"临时外景基地。时任河北省正定县委书记的习近平同志看到了商机，认为将"荣国府"建成永久性建筑，会随着《红楼梦》的播出带动正定县旅游业，果然，1987年"荣国府"景区随着电视剧《红楼梦》的播出，使正定知名度大大提高，当年有130万人次前来参观游览，很快就

图2 荣国府景观

收回了投资。"荣国府"景区极大地带动了正定旅游业的发展，开创了旅游业"正定模式"。《红楼梦》别名《金陵十二钗》，我们的景观小品就以凤钗和灯笼的造型进行设计，

凸显红楼文化（图2）。

（3）赵云庙，是为纪念三国名将赵云而建造的，赵云字子龙，常山真定（今正定）人，三国名将，身经百战无一败绩，世誉"常胜将军"。赵云的一生，战功赫赫、光彩照人、堪称完美：他"从仁政所在"，忠心耿耿；勇救幼主，忠肝义胆；忠直敢谏，具有鲜明的政治主张；谦虚谨慎，从不居功自傲；公正无私，不徇私情；治军严格，体恤民情；少年成名，长寿善终。赵云是中国乃至世界历史上绝无仅有的"完人"，"常胜将军、完美典范"当之无愧。我们的景观小品就以赵云的兵器亮银枪的造型进行设计，凸显子龙文化（图3）。

图3 赵云庙景观

3 文化传承功能加工业造型设计的解题思路

在设计古城正定城市家具的过程中，公交站亭作为当地居民及外来游客的集散地，我们非常重视，将文化的传承使命赋予这些载体，使之成为文化与人对话的平台，潜移默化地做好文化传承工作。

3.1 城市家具系统中的亮点选择

为了提升文化氛围，我们统一了古城片区内公交站亭形象，同时运用了很多从当地文化提取归纳的正定特有文化符号，用写意的手法做了全新的诠释，使花纹样式更时尚化、现代化，颇具观赏性，同时结合一些现代材料，使整套设计稳重不沉闷；部分镂雕的装饰，增加了视觉的通透性，处处凸显浓浓的文化气息，仿佛竹木书简一般，承载一方文化，将一方故事娓娓道来。

3.2 工业设计思维助力城市家具功能设计

在正定城市家具的设计中，我们用工业设计的思维，根据各站亭公交车辆停靠数量及乘车客流情况，进行功能设计，规划出三种规格。较大规格公交站亭包括：公交线路指示、智慧公交系统、灯箱展示位、古城标识、休息座椅、果皮箱、共享单车等，为市民公共出行提供便利。中型规格和小型规格附属功能做删减，满足不同街道尺度的设置。

3.3 做有温度的文化传承设计

正定城市家具系统设计中，最大的亮点是我们开创性的提出的"一站一亭一故事"理念，通过正定传统文化研究学者的整理，我们拿到了百余个传统故事素材，并将这些故事与国家级非物质文化遗产"常山战鼓"造型相结合，真正将源远流长的地方文化带到人们身边，使人们可看、可读、可记，使其成为城市家具艺术化人文化设计的典范（图4）。

图 4 正定公交站亭

4 设计施工一体化机制促成项目落地

为解决城市家具建设管理中出现的多头管理、多种规范、各自为政的问题，保证设计建设的可行性、完整性、一致性，我们结合"三创四建"指导思想，创造性地提出了：统一设计、标准施工、计划安装的"设计施工一体化"的机制，对建设全程进行实时把控。

4.1 统一设计

改变过去"谁负责建设、谁委托设计"的惯例，对每条道路的城市家具进行统一设计，结合自然禀赋、历史文化，并依据地域特色元素，对城市家具进行系统、深入地研究和设计，保证道路景观整体协调、风格统一、功能完善、标准一致。

4.2 标准施工

城市家具的制作和安装，按类别由多个专业施工队伍负责，为保证施工效果和质量，设计部门实行全过程技术指导，工程部门则安排项目经理组对各类城市家具制作安装实行统一管理，确保施工质量合格，对参建人员实行统一培训，保障施工标准一致；对各类设施实行统一定位，保证定位准确无误；对各道工序实行统一检验，确保标准落实到位；对各类设施实行统一验收，保障系统安装符合设计要求。

4.3 计划安装

根据城市建设或更新计划制定城市家具安装计划，分步有序的实施，进行样板段建设与观摩，解决设计落地问题，统一制定安装标准，为后续城市家具的建设奠定基础，对建设完成的城市家具进行同步的保洁作业，确保城市家具的易用性。

5 城市家具项目要"回头看"

"不忘初心、牢记使命"是中国共产党推动全党更加自觉地为新时代党的历史使命而努力奋斗所提出的口号。"心"就是情怀，"使命"就是担当，及时"回头看"就是为了更好地"向前走"。

5.1 什么是"回头看"

"回头看"就是在项目完工一个月后和一年后组织项目经理团队和设计师团队重新审视城市家具设计作品的活动。这是我们开创性的将我党的"回头看"活动，引入正定城市家具系统化设计建设项目的管理办法。

5.2 "回头看"看什么

"回头看"活动包括市民问卷调查、实地勘察、维修记录这三方面的信息收集。通过这些信息，可以让我们得到城市家具在所处的位置是否安全、美观、方便的反馈，以便我们为后续的城市更新项目和城市家具设计布点提供科学的依据。

6 结语

城市家具是城市形象的名片、城市魅力的展现，更是城市综合实力、管理水平、文化精神、市民生活的体现，在很大程度上推动着城市的旅游经济发展。尤其是河北省，作为全国全域旅游示范省，旅游业的快速发展正在推动每座城市的人居环境发生巨变，城市家具在这其中所扮演的角色至关重要。

我们通过正定城市家具系统化设计建设项目，总结创新出"五步法"，为今后城市家具项目的开展趟出了一条小路。同时，我们通过申请加入中国标准化协会城市家具分会，从这个平台与行业专家、同业单位、地方政府沟通融合，以谋求更广阔的市场和更快速的发展。

图片来源：

图1～图4：作者自摄

参考文献：

[1] 纪正昆. 全国首部城市家具团体标准致辞 [R]. 郑州，2019.10.
[2] 鲍诗度. 城市街道正在向美丽街区转变 [R]. 雄安，2019.12.

苏州干将路城市家具设计实践报告
Suzhou Urban Furniture Design Practice Report

丁毅 [1]/ Ding Yi ，朱钟炎 [2]/ Zhu Zhongyan

（ 1. 上海济光职业技术学院，上海，200092；2. 同济大学设计创意学院，上海，200092 ）

（ 1.Shanghai Jiguang Vocational and Technical College,Shanghai, 200092;2.College of Design and Innovation, Tongji University, Shanghai, 200092 ）

摘要：

此报告为当年应苏州市规划局、苏州市市容市政管理局的委托，参与了苏州市干将路综合整治工程项目的设计回顾。干将路是苏州文化及城市建设的窗口，是苏州的城市名片。2010 年底地铁一号线即将竣工，干将路路面与干将河道恢复及站点周边环境设计等一系列整治工作迫在眉睫。干将路及沿线公共空间是苏州市公共空间环境提升工作的重要组成部分，所以对其进行综合整治，以恢复和提升干将路城市中轴的形象。本文即根据干将路现状，结合整体形象功能定位，依据路段景观特征，对现状的道路交通、绿化景观等城市公共空间环境建设要素提出的环境整治中城市家具设施的设计方案，并作为今后苏州城市公共空间环境建设整治工作的具体参考样板之过程的缘由回溯。

Abstract:

This report is the design review of the comprehensive renovation project of Ganjiang road in Suzhou, which was entrusted by Suzhou Municipal Planning Bureau and Suzhou Municipal Appearance administration. Ganjiang road is the window of Suzhou culture and urban construction and the city card of Suzhou. At the end of 2010, Metro Line 1 is about to be completed, and a series of renovation works, such as the restoration of road surface and river course of Ganjiang road and the environmental design around the station, are imminent. Ganjiang road and the public space along it are important parts of the improvement of public space environment in Suzhou. Therefore, it should be comprehensively renovated in order to restore and improve the image of the urban axis of Ganjiang road. According to the current situation of Ganjiang Road, combined with the overall image function positioning, and based on the road landscape characteristics, this paper puts forward the design scheme of urban furniture facilities in the environmental renovation of the current urban public space environmental construction elements such as road traffic and green landscape, and backtracks the reason of the process of the specific reference model for the future Suzhou urban public space environmental construction and renovation.

关键词： 城市空间，公共环境，道路景观，城市家具

Key words： Urban space, Public environment, Road landscape, Urban furniture

　　苏州的城市家具设计，是根据苏州市城市规划改造计划，综合整治规划中的一部分。比如干将路和人民路的家具设计，当时由于苏州市的地铁建设，1 号线 4 号线的投入，需要对整个道路环境进行整体的改造。这其中包括城市景观、街边建筑立面的形象、道

路交通等。所以城市家具的设计不是孤立的，它是整个城市环境改造中的一个组成部分。反过来说，它又是城市建设中，整个城市环境中的微观层面，也就是与市民日常出行生活密切接触的部分。

1 背景意义与前期研究

对于城市家具设计，首先要了解该项目的背景意义，该地区公共空间环境建设规划及城市综合交通规划，对于项目的功能和形象定位以及项目的整治原则需要有清楚的了解。

当时该项目背景为，苏州市政府的目标是确立"三区三城"；将"外延拓展"的建设重心，变为持续提升城市环境的建设；轨道1号线当年底即将全面竣工，包括站点周边环境设计的一系列迫在眉睫的整治工作。

此外项目的意义在于：该项目是结合地铁1号线的建成、政府改善市民的实事工程；所以将轨道沿线环境进一步提升，变成苏州的一张名片；这是个探索道路环境综合整治的新思路、新方法的典型示范（图1）。

图 1 苏州总体规划图

从城市的总体规划的回顾中可了解到：

（1）苏州的城市结构是"T"形空间结构，主要核心区为"两片两区夹一心"的特征，以及"东西"主轴和"南北"次轴两根城市发展轴；

（2）城市发展的东西主轴由三条产业带组成，即，靠城南的文化旅游产业带、靠城北的高新技术产业带以及位于城中部的公共设施服务带所组成；

（3）其中由工业园区、古城区及高新区中心所串联组成了位于中部的公共设施服务带；

（4）干将路位于城市发展的东西主轴上，主要承担公共服务功能；

（5）苏州具有丰富的城市景观内容，有传统文化遗迹等城市地标、有典型的江南水乡景观节点、有丘陵山体界面、有地方特色的景观轴、有重要的景观通廊和城市视廊等，这些要素组成了整个城市的景观系统；

（6）作为苏州城市最主要的两个景观轴，为东西向延伸的干将路景观横向主轴以及南北向延伸的人民路景观纵向次轴。

从苏州的公共空间环境建设规划方面了解，城市环境建设的主题是林荫大道。

（1）苏州的"香榭丽舍"：建设中轴景观大道，营造整体形象和景观特色，成为展示苏州面貌的窗口和名片；

（2）城市主干道传统上是"以车为中心"，现与轨交线路建设结合的同时，转换为"以人为中心"的理念；

（3）增加公共空间，提供宜人的树下场所，汇聚人的活动；

（4）加强轴线与两侧功能的互动，包括政府机关、绿地广场、历史街区、文物古迹、商业街区、星级酒店、写字楼、住宅小区等，减少城市空间隔离。

而根据城市综合交通规划的情况是：

（1）苏州交通形态是由 16 条组团主干路形成"八横八纵"城区干路交通框架体系，及以"井字加环"为骨架形成的城市快速路系统；

（2）干将路作为古城区区域内部的城市主干道；

图 2 苏州综合交通规划图

（3）古城区内路网保持既有尺度不变，对古城交通的缓解主要通过缓解古城区城市功能以及相应的交通需求管理措施来实现。对于部分支路和街坊路，应该在充分研究论证的基础上，进行适当的功能调整（图 2）。

对于交通研究的了解，干将路西面从西环路开始、向东到东环路为止，途径相交路口有桐泾路路口、广济路路口、阊胥路路口、养育巷路口、人民路路口、临顿路路口、凤凰街路口等主干及次干路路口。干将路的宽度（规划红线）为 39～60 米，四块板的断面形式，双向四车道。在每个交叉路口的进口处道路扩展宽度为三至五车道，以便提升交叉路口的车流通行能力。通过对交通现状的了解，在城市家具设计时，都将会影响对于功能，布点，形态体量等元素的整体考虑。

2 总体定位与整治原则

对该项目的功能定位与形象定位的研究，结合轻轨交通的建设，强化干将路城市主干道的公共交通职能，设法调整腾挪相关空间，以提升城市景观的环境品质，其相关的达成目的要素之关系如下图所示（图 3）。

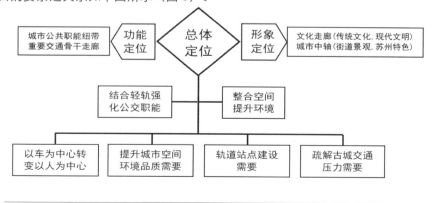

图 3 总体定位图

为此我们制定了项目设计的流程定位（图4）：

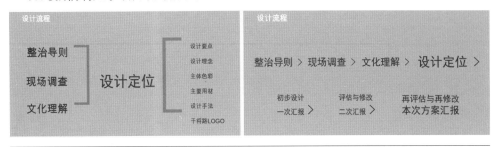

图 4 设计定位流程图

对于项目的整治原则是设计的方向，必须首先让团队成员明确，即，恢复城市主干道功能与提升城市景观的环境品质两者相提并重。以干将路为例，作为苏州所具有的"园林外移"城市道路景观特色之一，体现在"两路夹一河"的独特布局模式。该项目将对干将路的交通功能加以恢复并且完善道路特色景观，同时全面梳理干将路沿线的城市家具，提升整体的城市空间公共环境品质。在具体强化苏州城市特色方面有以下四点：

（1）江南园林城，干将路整治需强化的首要特点就是"园林外移"，提取苏州园林的元素融合到城市景观设计中，体现苏州江南城市的宁静悠远、精美雅致的情调；

（2）苏州水城，为彰显水城的灵性必须考虑"水"元素，在整治干将路的同时整合对干将河的设计；

（3）历史文化名城，将传统文化基因融入干将路整治工程，体现传统文化可视化，提升城市品位彰显历史文化名城；

（4）快速发展之现代城市，干将路整治应体现现代化立体交通方式、丰富的公共空间、优美的道路景观，以弘扬融合、创新的城市精神。

项目在具体操作时考虑对刚性与弹性结合的控制，对强制性与引导性结合的综合考虑，为了保持适度的弹性，但必须在刚性前提下，为今后的发展设计留有相当的余地。

3 现状分析与调查

干将路是贯穿苏州老城的东西向交通景观主轴线。轨道交通1号线也即将开通，随着城市的不断发展，其在城市空间中的地位不断提升，应对干将路沿线整治提出更高标准的要求，加强对人的行为分析，突出以人为本的精神，突出"崇文、融合、创新、致远"的苏州城市精神，提高城市品位，体现苏州作为现代化改革排头兵的重要地位。在考虑与城市的关系方面，要展示城市形象的窗口，干将路见证并展现了苏州不同历史时期的发展面貌。苏州古城水路的双棋盘特色之一的格局就是"路夹河"模式。传统民居、老新村住宅、公共建筑等不同年代的建筑代表了苏州老城不同阶段的发展轨迹。同时干将路也在不断生长中，面向未来的轴线，将引导苏州未来的发展。

作为城市公共交通的骨干走廊，干将路是联系东西的重要交通纽带，但大量过境机动车不仅增加了古城交通压力，而且对古城环境造成一定的冲击。同时与环路相比，干将路不是城市快速交通联络线，多条公交线路通过干将路；苏州地铁1号线即将建成通车，使干将路成为以公共交通为主导的交通骨干走廊。

作为城市重要功能和公共活动的纽带，干将路串联观前商业区、平江历史街区等重要功能片区，苏州市行政中心、苏州大学等重要公共设施，以及苏州公园、运河公园等重要公共空间。其中城市重要公共活动的载体有：如火炬传递、节庆巡游等。

作为本项目我们的重点切入范围内容就是城市家具的环境设施。干将路沿线环境中的各类市政、交通、服务及景观小品等城市家具设施种类繁复，数量多分布广，同种设施样式多不统一，不同种类设施缺乏统一设计，相互关联度低，缺乏整体的系统布局。广告与标识系统方面，包括屋顶广告、墙体广告、独立广告、灯杆广告等，其中突出的屋顶广告牌匾对街景影响极大。标识系统方面包括导向标识、交通标识、公共服务标识、街区建筑标识等，作为景观设施城市家具之一的标识系统，整体感不强，样式形态缺乏统一设计；路口等重要节点标识是健全系统的关键。

通过对调查问卷的分析，了解到市民对干将路整治的主要诉求，在于改良交通道路环境（特别是行人交通空间）、完善市政设施提升城市家具的地方文化特色与品位等方面。核心问题在于中轴身份地位不突出，空间不足环境水平与之不相称，各类设施用地相互挤占，景观缺乏亮点，文化识别性弱，缺乏人性化设计。

对城市环境的了解调查是全方位的，包括以下的内容，都会对设计产生影响。干将路全线设置的人行道，由人行通道和设施带组成，其宽度为 2～5 米。对于沿线宽度大于 3.5 米的人行道，必须在保证不小于 2 米的人行通道的前提下，另行统一沿路缘设置宽 1.5 米的城市家具设施带，从而在保证城市空间其他功能的前提下，确定合理安置城市家具的位置范围。

公交站点、轻轨站点周边等行人拥挤路段有条件应设置人行道护栏，保证人行安全。统一更换道路铺装。铺装设计不仅考虑美观，应该针对不同的路段功能带，选择不同的铺装材料与形式，针对突出交通的导向性，要考虑无障碍设计，对于人行通道需设置盲道，为考虑行人通行的防滑安全，推荐使用透水性的铺装材料；要考虑设施带与其他路段带的区分，设计时推荐采用富质感深色铺装材。在绿化地带推荐使用保水性铺装材料。

人行道地面设施的设置，沿干将路布置的城市家具设施包括：公益性设施、公共服务性设施、广告设施、景观绿化设施以及其他城市家具设施等五部分。

路口人行道允许设置交通标识杆、交通信号灯杆、信息指示类标识，设置于路口的设施应尽量合杆，减少数量；对其他设施如邮筒、果壳箱、市政箱体等应调整出路口范围。（路口人行道是指圆角范围内人行道及距圆角弧线切点外 15 米范围内的人行道，部分相交街巷道路可酌情减少最低不小于 10 米。）

公共服务性城市家具设施的设置一般以道路红线外的公共场地及广场为主，也可根据需要设置于符合条件的人行道，如前所述的在城市家具公共设施设置以后，应保证人行道左右通行宽度不小于 2 米。在宽度 ≤ 2 米的人行道路段为保证行人走行通畅安全不能设置城市家具设施。考虑城市整体空间景观的视觉效果，对于没有安置城市家具公共设施的人行道等路段，以及交叉路口区域内的广告设施，限期必须处理拆除。人行道上存在的"残留障碍物"必须全部予以清除。

公交车站结合公交线路规划及轻轨建设，允许增加公交站台。为了减少乘客换乘公共交通工具的距离，设计公交站点的位置尽量考虑靠近或衔接转乘轨道交通的车站。路段现状中段部分及东段全线候车亭为传统风格，建议予以保留。其他路段的公交候车亭将统一使用设计新款式。从使用功能考虑对站台空间进行优化设计，从融合文化元素考虑对站台标识系统加以完善，从考虑信息化时代发展需要，设置电子信息站牌、为智能化系统的引入预留接口。

配合绿化景观对各路段现有街头绿地绿化根据不同情况采取不同措施：增加街头小品，如城市雕塑、城市家具等，以提升街道空间美感及文化品位。干将路户外广告现状是设置过多，有些广告位置设置不合适，并且遮挡有些导向标识，产生相互干扰。整治策略一是做"减法"，减少路灯灯杆广告和落地灯箱广告，二是与整体景观环境相结合，体现特色。古城区段体现江南水乡粉墙黛瓦的感觉，广告色彩主要选用"淡、素、雅"风格，观前街区段由于是繁华的商业中心，为迎合商业氛围可选用吸引眼球的色彩组合。例如阊胥路段位于石路商圈，又是轨道线的换乘处，该路段广告设置应体现"亮、跳、艳"的特点，市政府北广场区域（馨泓路—银泰路段）不得设置任何广告。

城市家具等环境设施的现状，干将路沿线环境设施种类多、样式多、数量多，缺乏统一设计和布局。整治的重点和策略在于对干将路沿线的城市家具等环境设施进行全面的提升，梳理现有的城市家具等环境设施，对不符合设置要求的予以拆除更换。结合断面改造，重点对全线的市政杆线与市政箱体进行综合整治，合并相关设施、统一设施位置及形式。

城市家具类的果壳箱、公交候车亭、路灯、信息亭、电话亭、邮政信箱等，需要系统设计，合理布局。对于市政杆线、市政箱体、公厕等市政设施类，需合并杆线、箱体，合理优化位置的布局，避免干扰人行通道空间造成不合理侵占。景观小品与城市雕塑是点缀城市景观环境的，应选用适当的形态、主题和体量。

标识系统的现状，各标识系统基本满足使用要求，但各部门在设置标志系统时缺乏统筹安排，系统性不足，部分标志存在着相互遮挡等问题。整治重点与策略为，干将路沿线标识系统应重点对交通指示牌和旅游标识进行整合设置，避免相互遮挡。配合地铁的开通，设置指引行人乘坐地铁站方向的导向标识。导向标识系统主要分类为，信息指示、交通指示，以及特殊指示等类型，并且在具体的标识色彩形态等设计元素方面呈现苏州地方文化特色。

综合对现状环境的调查分析及治理原则，目的就是打造一条体现传统文化与现代文明相结合的文化走廊；建成体现苏州地方特点的城市景观中轴。结合轨道交通强化干将路公交职能，调整道路断面增强道路通行能力，同时提升干将路园林化的环境品质，实现改善交通与提升城市形象的共赢（图5）。

	内容	前提要求	交通空间（街道）	设计原则
城市家具（一）	果壳箱	标准化	生活必需品，垃圾分类系统	加入传统元素，简洁大气的风格
	公交站台	人文街道形象标志	候车功能休息功能	地方文化性，时代性，趣味性，节能性，安全性
	自行车存放架	人文街道形象标志	存放功能	地方文化性，时代性，节能性
	车挡	人文街道形象标志	隔离功能	地方文化性，时代性，趣味性，安全性
	座椅	标准化，系列化城市形象标志	休息功能	地方文化性，简洁，街道形象
	电话亭/信息亭	标准化，系列化城市形象标志	生活信息服务	城市文化性，简洁便捷性，街道形象
	报刊亭	标准化，系列化城市形象标志	生活信息服务	城市文化性，街道形象

图 5　城市家具分类之一

4 设计定位与执行

苏州素有"上有天堂，下有苏杭"的美名，她的美在于传统与现代的完美结合。我们的设计思想延续"守与望"的理念，来回首传统放眼现代，在重构传统元素的同时融入当代科技，为干将路增添新的活力。

最终设计定位要点落实于：

（1）以人为本：以人的需要为核心，充分考虑民众的需求和喜好，强调人性化设计，避免单纯从功能出发，贯彻通用设计原则，要重视使用者的心理需求。

（2）以能为源：以绿色设计节能可持续设计为根本，使用清洁能源代替传统能源，意图引导和传扬低碳环保的生活方式。

（3）以文为基：了解苏州与干将路的历史文化传承和人文资源，提炼能够运用于设计的传统文化要素加以融合成视觉具象化形态。

设计理念：苏州城可以用两字来概括；"守"，即继承、呵护与巩固；"望"，是祈盼、融合和创造。

在设计中我们提取并重构传统元素，融入当代材料与技术，汇集传统与现代的审美情趣和文化；苏州之所以能够在各种外来文化的流畅中依旧保持自己的精神品格和生活方式，都与吴越精神的传承密不可分；文化的生命力赋予我们深厚的文脉禀赋，也让我们承担了一份传承历史的重责；苏州人文精神衍化在城市风貌和建筑形态上的守与望，它衍化在市民态度和生活方式上的守与望，据此我们在设计中进一步深化"守与望"这一理念。

我们以品牌思维意识进行了 Logo 设计，形态来源于古典的漏窗，使用冰纹与"干将"二字巧妙的融合，以此将城市家具设计系统化，并将赋予干将路独有的新文化形象与品牌形象（图 6）。

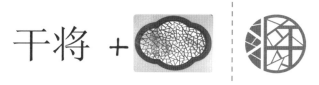

图 6　Logo 设计创意

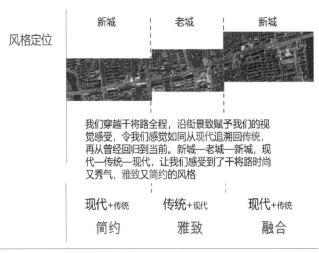

图 7 风格定位

在设计方案风格定位时，设定了"简约"和"雅致"，两种风格方案（图7）：

"简"：

简约之色彩：色彩主色调以单纯的黑灰白为主，寓意"粉墙黛瓦"，加上木质色彩的点缀，使之简约而有韵味；

简约之形式：提取漏窗六边形元素，从整体形态到细部设计都有运用，贯穿于各个产品的造型，重视产品比例协调，造型简洁，多用直线棱边，给人以简约硬朗的视觉感受；

简约之用材：材料不锈钢烤漆处理，柔和的纹理质感，不张扬，适度地简化了产品内含元素，松木应用比较广泛，耐腐蚀，造价适中，亦凸显简约的内涵。

"雅"：

雅致的色彩：色彩主色调偏暖，给人以温馨的感觉，提高明度，给人以明快雅致的感受。

雅致的形式：细部的简洁文案能够精巧点缀主体，在造型上给人以精致的感觉。通过在整体简洁的风格之中重复性地使用同一精巧又贴心的细节纹样，从而给人一种睿智而不张扬的雅致之感。

雅致的用材：金属与木质的搭配，既张力又温馨，既清雅又平易近人。

方案一，该方案的设计灵感源于苏州园林漏窗与苏州民居的粉墙黛瓦风格。通过现代手法加以提炼创新，参考苏州博物馆的设计风格，遵循贝聿铭"苏而新，中而新"的设计精神，保持自身整体风格的统一的同时，尽可能融入干将路整体规划环境和建筑风格。方案提倡环保、简洁、合理的理念，采用通用和成熟的材料工艺进行表现，便于加工制造和清理维护，具有可实现度高和性价比高的优点。

方案二，该方案以时尚简洁为特色。传统文化既要传承又必须提升创新，此方案的设计特点就是运用时尚的手法将视觉与功能糅合于一体。城市家具是市民与城市接触的直接方式，所以城市家具设计应考虑与人的亲切感。城市家具因为长时间暴露在室外使用，所以设计应考虑便于维修和更新。传统元素的现代处理，城市家具与人的亲近，模块化的处理，以及方便更换维修，此为该方案的三个设计出发点（图8）。

图8 方案一和方案二

经过多轮不同相关部门的汇报评估，修改，再评估再修改，最后在市府工作会议上直接向市长市委领导进行汇报，获批执行。最终实行的方案，实际是对几个方案进行了综合调整，在具体施工时市容局相关部门根据具体情况又作了调整，因此，方案的执行实现率约在百分之八十左右，此外，各责任执行管理部门及施工方根据自身的工艺、管理、习惯等种种情况都会对方案的执行以及施工质量产生影响。自干将路工程项目完成以后，来自各方面的反馈，获得市政府领导的肯定，市民反响不错，为城市空间景观带来崭新气象。因此，在后续人民路的整治工程项目启动时又获得苏州市发出的参与人民路设计的邀请（图9、图10）。

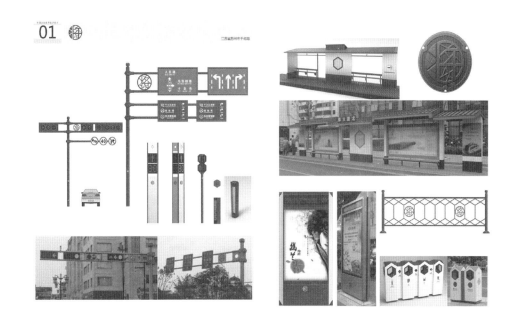

图9 方案实施示意图一

苏州干将路整治工程-环境与街具设计
市政箱体 井盖

图 10 方案实施示意图二

图片来源:

图 1、图 2: 苏州市规划设计研究院

图 3～图 10: 作者自绘

参考文献:

[1] 苏州市人民政府 . 苏州市市政设施管理条例 [EB/OL](2010-03-01), 2012-11-30.

https://www.suzhou.gov.cn/szsrmzf/csgljgz/201211/XJ9CR0JV8SSCW53XKQX79K7N5POFNVST.shtml.

[2] 同济大学 . 苏州市干将路整治工程环境与街具设计 [G].2011.

[3] 苏州市规划设计研究院 . 苏州市干将路综合整治技术导则 [G].2010.

[4] 朱钟炎，于文汇 . 城市标识导向系统规划与设计 [M] . 北京: 中国建筑工业出版社，2015.

浅谈触觉在城市家具设计中的应用研究
On the Application of Tactile Sense in Urban Furniture Design

赵珊 / Zhao Shan

（郑州轻工业大学易斯顿美术学院，河南郑州，451450）

（Eastern International Art College, Henan Zhengzhou , 451450）

摘要：

　　城市空间如果不与人的行为发生关系，便不具备任何现实意义，因为它只是一种功能的载体。人处在多种感觉体验的动态环境中，触觉感受作为感知的重要途径，增强了体验的过程性，升华了人与城市家具设施之间的互动。人的感觉系统因生理刺激对材料作出的反映，人的知觉系统从材料表面特征获得的信息，人们在使用城市家具的时候避免不了与物的接触，在整个的使用和接触过程中，触觉感知起到了极为重要的信息传递作用。人的感觉系统通过接触城市家具的材质表面，对材质表面特征作出生理和心理的反映，是通过感觉器官对物体产生的综合印象。

Abstract：

　　If urban space is not related to human behavior, it will not have any practical significance, because it is only a carrier of function. When people come into contact with and use urban furniture, they hope to give themselves a free, safe, comfortable, equal, and harmonious physical and mental relationship. The human sensory system reflects on materials due to physiological stimuli, and the human perception system obtains information from the surface characteristics of materials. People cannot avoid contact with objects when using urban furniture. Throughout the use and contact process, tactile perception Played a very important role in information transmission. The human sensory system makes a physical and psychological reflection on the surface characteristics of the material by touching the surface of the material of the urban furniture. It is a comprehensive impression of the object through the sensory organs.

关键词： 触觉感知，传递，综合印象

Key words： Tactile perception, Transfer, Comprehensive impression

　　城市家具作为城市中特定环境中的公共服务类产品，既是支持人行为活动的道具，也是城市人文风貌的象征。"家具"二字既体现了它的产品化倾向，也表现了人们的情感倾向。人们希望城市家具能像家里的室内家具那样带给人愉快、温馨、时尚、舒适的享受。所以人们在接触和使用城市家具的时候，希望能给予自己一个自由、安全、舒适、平等以及和谐的身心关系。正如扬·盖尔所言，对使用活动的需要产生一定影响的触觉作为人类感觉的一种，应当是设计的一个先决条件[1]。

　　人们在用听觉、视觉、嗅觉获取信息时都可与对象保持一定距离，而触觉的感知却

只能零距离的接触。在李格尔的知觉理论中，触觉的作用得到了重视。他指出，"眼睛是人们获取外部信息时使用最多的感觉器官，但是视觉传递的只是色彩的刺激，展现的是纷繁世界混乱的形式。"

1 触觉感知特征

城市家具的主要功能是为大众服务，人们在使用公共设施的时候大多数情况下要和设施产品产生肢体接触，通过肢体感官来感知物体材料的各种特性。

1.1 触觉感知真实性

人们通过和城市家具的接触和使用来了解设施的形态、质感、功能性以及安全性，通过真实的触摸感觉对被使用的物体产生更加具体的感知，对整个产品的具体形态和材质的质感有全方位的体验。

产品形态造型作为辨识产品信息的第一要素，他能使人们通过视觉感知对物体产生第一印象。产品形态是信息的载体，是设计师向外界传达设计思想理念的最直接有效的途径，也是人们了解和接触产品的开端。

"盲人摸象"这个成语本来是寓意看事情片面，鼠目寸光的人。但是从另一个角度来看，肤觉也是我们感知事物形态的一种方式。在盲人的世界，触觉是感知一切事物形态的媒介，通过肤觉感知来判断物体的形态、质感与属性。从某个角度来看，配合触觉的感知，能使人们对物体的感知和认识更加的具体和完善，包括感觉体验和心理体验。

1.2 质感的触觉感知

人们通过皮肤和材质的接触来感知材料的表面特性，通过运用合适的材料，可以提高人们在使用城市家具过程中的舒适感，还可以运用材质独特地表面触感特性传达正确的操作语意，引导人们正确操作。如人们接触到光滑的金属、陶瓷、塑料等表面材质会有心理的愉悦感，对一些较为粗糙、尖锐的表面会产生不悦和排斥感。针对不同的人体接触部位，会有不同的材质质感体验需求。比如公共健身器材上的手握把手部位会用柔软防滑的橡胶材料，让人们在使用设施过程中更加舒适和有安全感。

在设计当中，触屏技术和软体界面渐渐成为设计师的宠儿，更多的人机互动通过软件技术达到更好的使用效果，我们经常看到在城市家具的设计中慢慢忽略了人与产品之间的肤觉接触，设施的本体构造，渐渐遵循传统的材质形态，逐渐成为落后的产物。

1.3 触觉感知的过程性

"过程"事实上是一个相对的概念，两点之间的直线是过程，两点之间的任意曲线亦是过程 [2]。触觉的过程性是一个相对的概念，相对视觉感受事物的短瞬性，利用触觉去感受物体的各个属性可以让人有更长时间去体味，而且感受的信息更加的真实具体。

例如我们在公园中的公共座椅，是人们相对接触面积较大和使用时间相对较长的城市家具设施，座椅的形态造型与身体形态相贴合，材质表面触感温和舒适会使人们在整个使用过程中有亲切和享受的体验过程。在使用城市家具设施的过程中，拥有较高的舒适性也让人的心灵感受城市就像自己的家一样的温馨与舒适。

1.4 触觉感知的互动性

人们通过五官的感知系统视、听、嗅、味来接收外界信息，但是这几种感官只是单方面的感知物体属性，但是却不能对物体作出反应或引起物体作用的变化。而触觉不仅能单独的感知物体给予我们个别属性的信息，还能通过人们的触觉感知动作反应形成整个使用过程的互动性。

例如：上海"每当星空变换时"的装置艺术展中，当人们触摸到一个随着音乐不断变换色彩的动感装置上，根据人手触摸的位置和温度感觉变换不同的颜色并且慢慢晕染开来。触摸与反馈的感应形成了双向互动。

所以在城市家具的设计当中，多注意人使用时的参与性，注重人与物的双向互动，达到设计的生动全面，更加人性化。

2 影响城市家具触觉感知设计要素

人们在接触城市家具，使用设施的时候，都希望过程中能给予自己一个自由、安全、舒适、平等以及和谐的身心关系。

2.1 安全需求

城市家具作为一个服务于大众的公共型设施，主要用于在公共场所满足人们的使用要求。在使用过程中要满足大众的生理和心理的需求，安全性就是非常重要的组成部分。

2.2 材料舒适度

任何产品都是通过各种材料组合而成的，材料是人类用于制造何种器具的物质，所有的物质都可以成为材料。我们在生活中接触到的材料大多可以分为天然材料和人工材料两种。

根据天气温度的变化，城市家具中运用的材质也会根据室外环境温度的变化而变化，例如金属材质吸冷吸热都很快，所以一般用金属材质制作的公共座椅在夏天太阳暴晒后会非常的烫，很多时候人们会放弃坐金属的公共座椅而选择树下阴凉处的石台，会比较凉爽。所以一些比较温和的材质例如木头或者塑料等材质在公共座椅设计中会是比较好的选择。

人们在使用城市家具的时候，都会和设施有接触面，所以人们对物体的触压感也是决定设施舒适与否的关键。在城市家具中有很多针对儿童的娱乐设施设计，为了满足儿童对设施安全感和适快感的需求，一般在选择城市家具的材质的时候，儿童的娱乐设施大多采用软泡沫、橡胶、塑料、木头等温和的软性材料，儿童在娱乐接触把玩的时候会对材质有一种亲肤感，同时也会有安全的感觉。

2.3 材质选择要素

2.3.1 温度适宜的材料

人的触感中，温度感是十分敏锐的。在给婴儿的食物，总是要反复测试适宜的温度，以达到最佳的食用温度；成人在碰到很热的东西的时候会马上躲开，说明人对温度的敏感性十分高，对温度的舒适感要求很高，影响着我们的肤觉感知。材质的温度主要来源于材质对周围温度的感应。材质不同，对周围环境的冷热感应也不同，不同的材质有不同的感热特性。

2.3.2 软硬适宜的材料

由于材料的坚硬程度不同，可将材料按照硬度的标准分为硬性材质和软性材质。我们经常接触到的硬性材料主要有金属、石材、水泥等；软性材质主要包括植物、沙土、水、塑料以及纺织物品等。在设计城市家具时，如果是在使用中产生活动状态，而且涉及安全性的时候，为了增加肤觉感受的舒适度，我们更倾向于使用软性材料作为城市家具与人的接触面。对于人们喜欢触摸的材质调查，70%以上的人都喜欢触摸到软性的材质，儿童对于软性材质的喜好甚至达到了90%以上。

2.3.3 防滑的材质

人们在使用城市家具的时候，很多时候是会有对设施的操作界面，在操作界面的使用上，针对某一个方向用力，在界面材质的选择中，就要根据实际情况对操作界面选择相应合适的材质，增加界面的摩擦力，达到防滑的作用。

2.3.4 增加动态的触感体验

"动觉"的产生来于人体肌肉、骨骼的机械运动。人们在城市家具的使用体验中，动感的形态触感能勾起很多人对物体触感的联想，特别是在儿童的活动设施中，这种仿真动态的设计理念利用十分广泛。如儿童在海洋球的娱乐设施的使用中，仿佛畅游于海洋中，这样的流动的触感给人们带来很特别的心理感受。

2.4 互动性的关注

研究表明，作为设计者要想引起人与产品的互动，就应该通过物体工作过程中的变化来引导、改变人的行为活动，继而再通过人的行为参与来改变物体的活动状态，最终形成人与产品的互动。例如现在很多商场中会有钢琴形态的互动踩踏地板设计，人们踩在不同的琴键上面，会有不同的音节发出声音，并有灯光闪烁，给人以声音、视觉和动感多形式的互动体验。

这是一个沟通的时代，也是需要互动的时代。通过现代科技的支持，人和物的交互的方式也日新月异，越来越丰富，城市家具的设计中适宜的使用交互形式，能提升更优化更丰富的使用体验。

2.5 触感的信息回馈

人们在使用某些器具的时候，给出某些动作和讯息，需要物体给予一些回馈，让人感觉已经完成了这项操作。例如电梯的按钮，在按压开关键或楼层键的时候，需要有触感反弹的操作反馈，同时还需要有灯光和声效的配合，会让人们的使用体验更加完善，特别是在一些特殊的使用场合和对于特殊人群，如盲人使用者。

3 触觉感知在城市家具设计中的价值体现

3.1 满足生理需求的价值

城市家具作为一个服务性的公共设施，设计的初衷是为了满足人们的使用需求，但是设计师在设计的时候往往只从人机工程学的角度出发，满足人们最基本的生理舒适的需求，而忽略了人们真正的需求。例如现在在各个生活社区中出现的捐赠闲置衣物为主要功能的公共捐赠箱，设施的设计制造者大多只是考虑到了如何能容纳更多的衣物储存量，而忽略了捐衣投入口的尺度设计和收衣物的工作人员取衣和分类的便捷性。外观的设计中只注重了设施上文字的醒目性，却忽略了设施的美观性。很多时候城市家具的设计成为了城市景观组成的一个部分，一个配角，但是真正人性化的设计理念经常会被忽略。人们坐在座椅上的舒适性，公共厕所的气味清新等等都是设计者应该满足使用者生理上最基本的需求。

近年来，科技发展越来越快，新技术的开发和运用也不断开始关注人们生理需求为主的意识和心理所产生的意念反馈。与触觉有关的生理需求在城市家具设计中的运用，越来越受到设计界人士的关注。正如黑川雅之所说的："在 21 世纪里，我们应该多加重视的仍然是人类感官作用的原始特点。因为依靠生理感官的作用，才是回归到了设计的真正感觉。"[3]

例如现在感温面料越来越多的运用到城市家具的设计当中，在人们坐在座椅上的时候，体温的作用让与身体接触的面料产生颜色的变化，人们在起身的时候在座椅上会留下自己身体接触面的印记，趣味触感变化的设计，给人们在使用城市家具的过程中增添了很多的趣味性。

3.2 实现共用性功能的价值

美国残疾人就业委员会主席 Task Force："在这个社会中，我们被称为有障碍者。实际上，是一些不良的设计使我们有了障碍。如果我们找不到门牌号，那是号码太不显眼；如果我上不了楼，那是楼梯挡了我的道。"

共用性设计不是无障碍设计，也不是辅助类产品设计，它在为健全人带来方便设计的同时，让特殊群体（如残疾人）也可以自然、无压力地使用产品，消除使用时的生理和心理的障碍。例如街道十字路口的红绿灯设计，在人行灯亮时，路灯的小人是动态走路的状态显示，随着时间的计时变化，小人的步伐会越来越快，给人们潜意识中加快了步伐。在灯光变化的同时，还有一个声音的提示，音频的节奏跟着灯要变化的时间变得越来越急促，这个声音本来是设计师用来提醒盲人人行道街灯变化的时间，但是在真正的使用中，正常人群也同样在使用。在整个设施的使用中，人们没有人察觉这些细小的设计是专门为特殊人群所准备的，同样和弱势人群共同使用，这样就减轻了残疾人在公共场所被视为特殊人群的心理压力。

4 研究结论

本文从触觉感知的角度出发，通过多个案例的调研与分析，特别针对现有城市家具服务性设施的设计过分依赖视觉感知的现象，对于人们其他感觉特点特别是对于触觉感知的忽略现象进行分析和探索，对老年人和残疾人群体使用城市家具触感的强化和针对性设计。

通过分析与总结，我们在触觉感知对城市家具设计的影响方面提炼归纳出具有参考价值的参考体系。触觉感知的设计参考元素的加入，可以增添人们使用城市家具时的真实性、过程性和双向互动性，对满足人们生理和心理双方面的需求能够起到很有价值的帮助作用。

根据人们活动种类的增加，城市家具种类和功能也在不断地健全和完善，把触觉作为设计考虑的重要元素之一，对设计全面人性化的提升有很大的帮助作用。

5 未来设计思维的转变与展望

设计在慢慢发展的同时，已经不再是只注重物的单方面设计，而是一种理念和人性本质思想的结合。

随着社会科技的不断发展，人们对于设计所给予的功能与服务的要求越来越高。通过对触觉感知的各方面深入的研究，一个好的城市家具设计想满足人们各方面感官的要求，路途很长。

人们对未来城市家具服务设施的研究和思考从未停止过，单一、苍白、没有生命力的城市设施已经不能满足人们日益上升的品位和需求。人们需要有生命力和灵魂的设计作品、真正关怀人的本质需求的服务设施，让人们更好地融入城市的环境中，和城市进行交流和对话，在城市中就像在自己的家中一样。

参考文献：

[1]（丹麦）扬·盖尔.交往与空间 [M].何人可，译.北京：中国建筑工业出版社，2002：67."了解人类的知觉及其感知的方式以及感知的范围，对于各种形式户外空间和建筑布局的规划设计来说都是一个重要的先决条件。"

[2] 腾守尧.艺术社会学描述 [M].上海：上海人民美术出版社，1987：183~195.

[3]（日）黑川雅之等.世纪设计提案——设计的未来考古学 [M].王超鹰，译.上海：上海人民美术出版社，2003：203.

[4] 鲍诗度，王淮梁.城市家具系统设计 [M].北京：中国建筑工业出版社，2006.

[5] 沈政，林庶芝.生理心理学仁 [M].北京：北京大学出版社，2007.

[6]（美）托马斯·L·贝纳特.感觉世界—感觉和知觉导论 [M].旦明，译.北京：科学出版社，1983：129.

[7]（芬）尤哈·帕拉斯马.感官性极少主义 [M].焦怡雪，译.北京：中国建筑工业出版社，2002：191.

[8] 张耀翔.感觉、情绪及其它 [M].上海：上海人民出版社，1986：1.

[9]Juhani Pallasmaa. The Eyes Of The Skin：Architecture And Senses[M]. Great Britain: Wiley-Academy, 2005: 10~15.

[10] 丁玉兰.人机工程学田 [M].北京：北京理工大学出版社，2001.

[11] 王展.产品设计触觉语义研究 [C].2006 年中国机械工程学会年会暨中国工程院机械与运载工程学部首届年会论文集，2006.

城市家具系统评价与认证研究
——以连云港市为例

Research on Evaluation and Certification of Urban Furniture
——Taking Lianyungang City as an Example

顾正 / Gu Zheng，高慧珍 / Gao Huizhen

（方圆标志认证集团江苏有限公司，南京，210000）

（ China Quality Mark Certification Group Jiangsu Co., Ltd., Nanjing, 210000 ）

摘要：

随着经济社会的高速发展，我国的城市化进程进入高质量发展阶段，城市家具作为是城市管理和城市服务的重要载体与工具备受关注。本文以连云港市为例，对城市家具系统评价与认证实施进行初步研究，为推动城市家具标准化以及城市家具品质的提升提供技术保障。

Abstract：

With the rapid development of economy and society, China's urbanization has entered a stage of high-quality development. As an important carrier and tool of urban management and urban services, urban furniture has attracted much attention. This article takes Lianyungang City as an example to conduct preliminary research on the evaluation and certification of urban furniture, and provides technical support for promoting the standardization of urban furniture and the improvement of the quality of urban furniture.

关键词： 城市家具，评价，认证，高质量发展

Key words： Urban furniture, Evaluation, Certification, High-quality development

城市家具一词来源于欧美，是指置于城市街道的环境公共设施，是城市街头特有的景物。如电线杆、路灯柱、书报摊、公共电话亭、长椅、巴士候车亭、垃圾箱等设施，包括公共艺术等，是城市公共空间中所建设的基础装备装置的总称。随着经济社会的高速发展，我国的城市化进程进入高质量发展阶段，高品质城市环境建设成为广大市民的迫切诉求和相关政府部门关注的热点。城市家具建设与城市环境、城市景观、城市文化及特色的营造休戚相关，是城市管理和城市服务的重要载体与工具[1]。

国内对于城市家具的研究起步相对较晚，到21世纪才备受重视。2015年12月，中央城市工作会议的召开，对新时期的城市工作做了全面部署，明确提出要在"建设"与"管理"两端着力，转变城市发展方式，完善城市治理体系，提高城市治理能力，着力解决城市病等突出问题，不断提升城市环境质量、人民生活质量、城市竞争力，建设

和谐宜居、富有活力、各具特色的现代化城市，是我国城镇化迈入品质化发展时期的重要里程碑 [2]。在 2015 年 12 月 31 日中共中央国务院发布的《关于深入推进城市执法体制改革改进城市管理工作的指导意见》第十八条中，"城市家具"正式确立为中国城市建设管理的重要内容。随后，全国各地逐步开展起城市环境整治与品质建设提升的行动，城市家具逐步成为城市品质化提升和精细化管理的重要角色。

江苏省根据省内各地市城市建设的工作实际，为高质量地解决城市环境整治和品质提升方面存在的问题，江苏省住房与城乡建设厅委托东华大学环境艺术设计研究院鲍诗度教授及其团队开展以城市街道精细化建设为课题的研究工作。经过近两年时间的撰写，《江苏省城市街道空间精细化设计建设——城市家具建设指南》于 2018 年 11 月发布。同时，鲍诗度教授及其团队进行了《城市家具系统规划指南》《城市家具系统设计指南》《城市家具单体设计指南》《城市家具布点设计指南》《城市家具系统建设指南》《城市家具系统维护与管养指南》中国标准化协会六项团体标准的编制，这些城市家具标准化文件编制，是以"系统性思维"为核心指导思想，技术层面涵盖建设管理、规划设计、实施养护各阶段的基本标准，建立了一个新的城市家具行业标准体系，针对碎片化、无关联分散在各专业中的各类城市家具进行了系统性归类整合，在名词术语、系统分类、技术规则等对中国城市家具制定了系统性标准。同时指出建立与城市家具系列标准相配套的认证和评价体系，是实施城市家具标准化的基础，更是推动城市家具品质可持续的保障性措施 [1]。

杨敏和冀晓东在其文章中也论证了实施认证对城市家具行业发展的必要性，并将城市家具行业认证和评价对象分为五类，即城市家具系统建设管理和建设效果、城市家具系统设计单位、城市家具产品生产单位及其产品、城市家具施工单位、城市家具维护单位 / 管养单位 [3]。本文所探讨的则是城市家具系统建设管理和建设效果的认证评价，以连云港市城市家具系统建设认证为例，介绍其评价认证实施内容。

1 标准与认证

城市家具系统建设，是落实以人为本、实现人民群众美好生活愿望、增进民生福祉的需要；是提高城市建设水平、管理水平、服务水平，提升城市品质的需要。

各项工作质量提升的必由之路都是标准化工作先行，标准用来规定怎么做和做成什么样，而实现高质量的城市家具建设，必须以标准为基础，从城市家具系统规划、建设到投用后的后期管养，从城市家具产品的设计到产品质量控制，都需要以标准作规范，通过标准的制定与应用，达到规范的城市家具系统建设和运营，引领城市家具系统建设和相关产业发展，推动建立最佳的城市建设、管理秩序。

认证与评价活动可以促进标准的贯彻落实，认证与评价是以标准为准则来判定工作结果是否符合标准规定要求以及是否能够持续符合标准要求。为了使城市家具系统建设标准更好地落地，开展认证和评价可以作为一个有力的抓手。

2 连云港市城市家具系统建设情况

随着连云港市建设的快速发展，规模快速扩张，城市的建设和管理逐步暴露出了一些通病，在城市家具系统建设管理中存在多头管理、多种规范、各自为政等现象，造成了道路功能不完善、整体不协调、特色不明显、管理不规范等问题。为解决这些通病，2012 年连云港市全面启动城市家具系统建设，连云港市是中国最早进行城市家具系统性建设的城市，也是中国城市家具最成功的系统性设计应用范例。

连云港市对城市家具系统建设制定标准、明确标准、落实标准，从而做到精细化实施，主要包括：一、统一设计，制定标准。围绕"标准化、人文化、特色化"的设计理念，委托东华大学对城市家具项目进行了全面的系统设计，保障整体风格协调、功能完善、标准一致，同时彰显地域特色，为不同的城市家具生产厂商提供了统一的执行标准。二、样板先行，明确标准。样板示范段的建设，在完善设计方案的同时，统一了各实施主体的思想，明确了建设标准，为落实"标准"奠定了良好的基础。三、全程控制，落实标准。城市家具实施中按类别分属十多个施工队伍，为保证施工效果和质量，连云港市建设局牵头进行全过程技术指导，保障"标准"落实。在实践基础上，连云港市编制了《连云港市市区城市建设导则》《城市（街道）家具实施监督细则》《连云港市城市家具图集》等文件，构建了连云港市城市家具系统建设和实施的一套标准体系[4]。

经过多年努力，截至 2018 年，连云港市主城区城市家具标准化建设已达 700 多公里，城市家具标准化覆盖率达到 80% 以上，改变了以往城市各类设施建设杂乱无章、参差不齐的落后状况，城市家具标准化建设初具规模，位于全国城市的前列，对于提升城市环境质量、人民生活质量，具有极强的现实意义和社会意义，其做法在其他城市也得到了广泛的应用和推广。

3 城市家具系统认证和评价制度的设计路线

城市家具行业认证和评价是通过具有独立性和专业性的第三方机构所进行的符合性评定和公示性证明活动，确定或证实材料、产品、服务、安装、过程和结合符合城市家具相关标准和技术规范的要求。

2018 年，受连云港市住房和城乡建设局的邀请，方圆标志认证集团有限公司（以下简称方圆集团）依据《江苏省城市街道空间精细化设计建设——城市家具建设指南》（以下简称《城市家具建设指南》）、连云港市现行有效的城市家具标准化文件，方圆集团编制了《城市家具系统建设评价规范》以此作为对连云港市城市家具系统建设效果进行整体评价的工作依据。

3.1 评价模式选择

连云港市城市家具系统建设认证和评价借鉴了服务认证的模式，RB/T 301-2016《合格评定服务认证技术通则》中指出，建立服务认证模式基于 ISO/IEC 17067:2013 给出的认证模式，并考虑服务要求和服务管理要求的特点，包括但不限于：

a）服务特性检验或检测（统称测评），包括公开的和神秘顾客（暗访）两种；

b）顾客调查（功能感知）；

c）既往服务足迹检测（验证感知）；

d）服务设计审核；

e）服务管理审核，以及它们的组合。

结合方圆集团服务认证实践，参考服务认证评价模式，围绕《城市家具建设指南》等评价依据，最终确定采用管理评价＋现场效果评价＋公众测评相结合的方式进行，并以评分的形式表示最终评价结果。其中，管理评价包含服务管理审核和服务设计审核，现场效果评价即是指服务特性公开测评，公众测评即指顾客调查。

3.2 评价指标的设计

连云港市城市家具建设认证评价内容主要是根据《城市家具建设指南》等评价依据来确定。其中，管理评价应包括如下内容：

a）总体建设情况评价；

b）是否有明确的建设方针；

c）是否制定了建设目标；

d）是否建立统筹管理运行机制；

e）已纳入城市规划体系中，并按规划中要求实施；

f）制定了城市家具专项规划，及相应的建设计划及方案；

g）明确了项目实施前的招投标管理流程；

h）项目施工过程中有明确的施工管理要求；

i）有明确的项目验收流程和标准。

按照《城市家具建设指南》要求，现场效果评价内容涵盖 6 大系统中的 33 类设施，而且现场效果评价时除对每个系统单独进行评价外，还需对系统间组合的总体效果进行评价。因此，现场效果评价包含了现场总体评价以及公共服务设施、公共交通服务设施、交通管理设施、路面铺装设施、信息服务设施、照明设施等 6 大系统的具体评价。

公众测评的内容应有针对性、覆盖城市家具建设的 6 大系统。公众测评通常基于测评效果和测评成本的考虑。调查内容不应过多，调查时间控制在 5-10 分钟。而且调查对象应为城市长期居住的居民，为确保抽样合理性，调查对象年龄范围应涵盖老、中、青三个年龄段。样本量至少应在 30 个以上。

在本文 3.1 中也提到以评分的形式表示最终评价结果。城市家具建设评价总分为 100 分，由管理评价、现场总体评价、6 大系统单项及公众测评等四个模块构成，评价量化指标由三级指标构成，其中三级指标未具体评价内容，并通过德尔菲法对一级、二级指标权重进行赋值。具体评价指标及其权重如图 1 所示。

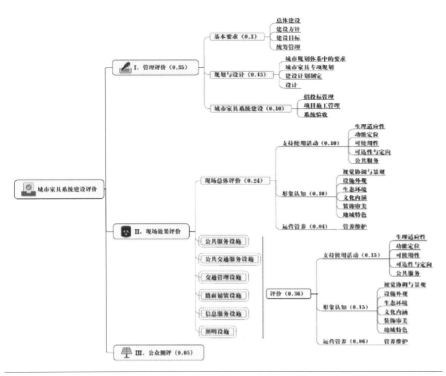

图 1　连云港市城市家具建设认证评价指标体系

4 评价实施

方圆集团评价组通过现场实地观察、公众调查、文件调阅、记录检查、与受评价单位的相关人员进行交流等方式，了解城市家具系统建设方针、目标，统筹管理、规划与设计、招标、施工管理及项目验收等活动情况，对公共服务设施、公共交通服务设施、交通管理设施、路面铺装设施、信息服务设施、照明设施的功能定位、使用性、视觉、外观、文化内涵、地域特色、管养服务等情况进行了现场评价，并随机选择 30 名市民对城市家具系统建设的情况进行公众测评，了解市民对项目的直观感受，结合文件审查的情况进行了总体评价。

5 评价结论与应用

经方圆集团评价组评价，连云港市城市家具系统建设项目优化了城市环境的公共设施系统，完善了城市的服务功能，提升了城市的地域感和可认知感，协调了人与城市环境，提供了舒适和谐的空间形态和布局，在提高城市生活质量，构建健康、舒适、便捷、高效的户外生活方面起到了积极的作用，项目建设基本符合《城市家具建设指南》的要求，方圆集团为其颁发了我国首张城市家具系统评价证书。同时，为促进连云港市城市家具建设的持续改进，评价组从建立协调机制、完善相关规范、城市家具设施的多杆合一、维护管养等方面提出了相应的改进建议。比如，连云港市连云区海滨大道、西大堤、海棠路部分路段主、次干道沿路杆件较多，杆件功能较为单一，所占空间较大，一定程度上影响了道路的美观，同时浪费了资源，提高了城市建设成本。对于此类情况，建议尽快实施一杆多用，在充分使用专业设备的基础上，考虑将交通标志牌、信号灯杆、监控杆及路名信息杆、指示信息杆等进行合杆，以降低占地空间，进一步提高杆件使用效率，提升城市整体市容市貌，降低城市建设成本等具体可行的建议措施。

在现场评价过程中与各相关部门进行了广泛地讨论，达成共识，与城市建设主管部门、建设管养单位充分沟通，得到认同。

通过连云港城市家具系统评价项目的实施，方圆集团与华东大学及城市家具系统设计单位进行了技术交流和理论探讨，形成了具有城市家具特色的评价指标。

6 结语

随着我国进入高质量发展阶段，城市建设也由高速、粗放的发展模式转为精细化、规范化建设的时代。城市家具不仅是基础设施，更是城市服务设施和文化的载体。城市家具理论体系的建立、应用实践、标准体系的形成以及相配套的认证和评价体系这四个要素共同构成了城市家具学科的闭环式发展路径，城市家具建设的认证评价为推动城市家具标准化以及城市家具质量和品质的提升提供了技术保障。作为全国开创性工作，方圆集团对连云港市城市家具系统建设认证评价的实施，展示了连云港城市家具系统建设成果，宣传了连云港市的城市建设管理特色，为全国城市家具系统建设树立了工作标杆，对于促进连云港市城市家具系统建设成果的保持和持续改进，提升国家城市家具系统建设工作质量具有重大意义。

图片来源：

图 1：作者自绘

参考文献：

[1] 鲍诗度 . 从中国城市家具理论研究到标准化建设简述 [C]. 郑州：中国标准化协会 ,2019:481-488.

[2] 王艺蒙，林澄昀 . 中国城市品质化建设的问题与对策研究——《城市家具建设指南》的研究背景及价值意义 [J]. 装饰 ,2019(07):24-28.

[3] 杨敏，冀晓东 . 中国城市家具标准与认证体系研究 [J]. 装饰 ,2019(07):29-31.

[4] 宋树德，孙志伟 . 连云港市城市家具系统建设 [J]. 装饰 ,2019(07):20-23.

浅谈中国城市家具设计与城市精神关系
On the Relationship between Urban Furniture Design and Urban Spirit in China

杨杰 / Yang Jie

（浙江汇氏环境艺术有限公司，杭州，202001）

（Zhejiang Huishi Environmental Art Co., Ltd., Hangzhou, 202001）

摘要：

　　从城市精神的角度出发，对如何设计中国特色城市家具提出新思路，结合城市家具设计案例，简要说明城市精神对城市家具设计的重要影响，探索城市家具设计新方向，突出城市整体形象，彰显城市特色，美化城市景观环境。

Abstract：

From the perspective of urban spirit, put forward new ideas on how to design stree furniturecity with Chinese characteristics, combine stree furniturecity design cases, briefly explain the important influence of urban spirit on stree furniturecity design, explore new directions for stree furniturecity design, and highlight the overall image of the city. Highlight the characteristics of the city and beautify the urban landscape environment.

关键词：中国特色，城市家具，城市文化，城市精神，设计

Key words：Chinese characteristic, Stree furniturecity, Urban culture, City spirit, Design

　　党的十九大报告指出：中国特色社会主义进入了新时代，我国社会的主要矛盾已经转化为人民日益增长的美好生活需要和不平衡不充分发展之间的矛盾，过去城市规划部门把大量的设计资源，都集中在主体建筑、市政基础设施、绿化等上面，而极大的忽略富含中国城市精神的城市家具系列化的产品设计，故本文从城市精神的角度探讨城市家具设计的新思路，从城市文化脉络与发现城市精神的真相方面论述城市家具设计的新策略，从而积极探索出一条适合于中国特色的城市家具之路。

1 中国城市家具设计的现状

1.1 中国城市家具的设计整体水平低，起步晚

中国城市家具的设计，整体力量相对薄弱，设计界把大量的设计资源用在了景观设计、工业设计、平面设计、动画设计、插画设计等领域，对于城市家具设计方面的投入，

基本由企业的自主研发设计为主，而由于企业自身的设计力量与设计理念等方面的不足，受成本制约，过于关注生产制作，缺乏外观设计能力，造成产品同质化，缺乏个性，严重影响中国城市家具发展。

1.2 城市家具品质低下，结构不合理，造型不美观

受市场化及设计水平的影响，城市家具的设计由于前期的设计规划没有做到位，导致生产时，结构深化不合理，缺乏有效的设计检验标准，对于什么是真正的好，没有整体概念，盲目追求短期市场效益，导致产品品质低下，结构不合理。

1.3 城市家具文化附加价值低，产品造型生搬硬套

过去的城市家具设计，过多的关注产品的功能方面的需求，对产品文化附加价值、城市精神内涵等方面的研究不足，为了设计而设计，把中国传统的建筑，器物等造型强行嫁接到城市家具上，对美感把握不足，不管他合不合适，只要看起来"有文化"就行。

1.4 盲目西化，城市家具设计缺乏对本民族的城市精神梳理

西方的普世价值与东方的世界观有着文化理念上的差异，西方是由游牧文化发展起来的文明，而东方则是在农耕文明的基础上发展起来的，中国经历了40多年的改革开放，探索出了一条中国特色的发展之路，取得了辉煌的成果，提出文化自信，在城市建设的过程中，有一批坚持原创的城市家具设计者，但更多是借鉴，或者照搬西方的城市家具外观设计，设计从业者，缺少深入研究中国特色城市精神，并结合城市精神而整体设计城市家具，只管好看，不管适不适合，也不管与当地文化有没有关联性，注重产品的外表，却忽略了产品的精神内涵。

1.5 城市家具的话语权由相关领导主导，设计话语权相对弱小

城市家具的设计，不是规划设计师说了算，这是相当大程度的体制问题，由于相关领导主导，一定程度上带有自己的喜好与个人判断，过于求稳定，求和谐，抑制了个性化的发展，导致街道没有自己的特色，千街一面。

1.6 城市家具涉及面广，设计力量分散，缺乏整体规划设计

城市家具涉及面非常广，包含了公共休闲服务设施、交通服务设施、公共卫生服务设施、信息服务设施、美化丰富空间设施等五大类，涉及产品种类多，很难做到一家企业同时把所有的产品都一起生产，而由于城市家具的设计需要一定的整体规划性，那么如何资源整合成为城市家具行业急需解决的问题。

2 中国城市家具设计与城市精神的关系

2.1 城市精神是什么?

城市精神是一座城市的灵魂,是一种文明素养和道德理想的综合反映,是一种意志品格与文化特色的精确提炼,是一种生活信念与人生境界的高度升华,是城市市民认同的精神价值与共同追求。城市精神综合凝聚了一座城市的历史传统、精神积淀、社会风气、价值观念以及市民素质等诸多因素。

2.2 设计塑造富含城市精神的城市家具意义

一个城市,并非仅有建筑物构成,它还需要建设很多配套的城市家具来满足人们日常城市生活的需求,而一个城市区别于另外一个城市的重要地方在于它有自己的优美故事,自己的厚重历史,自己的城市精神,当一个城市不满足普通的物质繁荣成就,而意识到城市本身应该承担的历史责任时,就说明他们有了自己的城市精神。

如何提炼并准确的展示出这些独特的城市精神及其背后的故事,成为诸多城市家具设计师的目标和理想。随着城市家具设计概念的兴起,城市的街道也发展成了展示文化的重要窗口,城市家具在满足人们使用的同时,也成了宣传文化的重要载体,这些城市家具的设计,除了需满足功能方面的需要外,还需要赋予其文化层面的东西,引导市民对价值观、伦理规范、思维方式等有一个正确的认识,使市民对整座城市更加具有归属感,这将是城市家具设计的意义之所在。

2.3 设计塑造富含城市精神的城市家具对城市的影响

2.3.1 对塑造城市品牌形象的影响

整体系列化的城市家具设计,对打造城市品牌形象有着深远的影响,小到一个公共座椅、一个垃圾桶、一个井盖、一片护栏,大到一座公交站台、一条特色的景观风情大道,如果每个独立的城市家具个体都深深地打上了这座城的烙印,那么这样的城市家具无疑是内外兼顾的。外在的形象美,只能吸引人们的目光,内在的精神美,才能真正留住人心,所以打造富含城市精神的城市家具设计,必将成为当地城市品牌形象的一张靓丽名片。

2.3.2 对城市文化宣传的影响

全球化的今天,各城市之间的交流日益密切,经济发展,选择节假日旅游,也成为许多人的生活方式,各种交流的频繁,对城市发展,带来的是机遇。通过规划设计,可以形成富有当地特色文化的系列化城市家具,给人当地文化的整体形象,让人们能够深深地记得住这座城市的精神,如钱江世纪城以潮水文化设计的整体城市家具,宣传和弘扬了萧山的"奔竞不息、勇立潮头"精神;萧山靖江以航空为元素设计的整体城市家具,体现了航空城的飞行元素,与杭州萧山国际机场发展定位相辅相成。

2.3.3 对市民交往方式,情感沟通的影响

整洁舒适的环境,精致而有内涵的城市家具,会吸引市民前来闲逛,在一个舒适的

环境下，有利于人们情感沟通交流，人们休憩玩耍，享受城市家具带来的愉快，给市民情感沟通的提供舒适环境，也会对市民城市生活，交往方式带来新的影响。

2.3.4 对城市交通、行人感官体验的影响

城市交通组织规划和人行慢行系统的设计与市民的日常生活息息相关，通过不同种类的城市家具合理搭配使用，既能改善交通压力，也能提高人们对街道的感官体验，吸引商业目光，对城市发展产生深远影响。

3 如何设计塑造富含城市精神的城市家具

3.1 各个城市从自身实际出发，打造富有特色、属于自己的城市家具

城市应根据自身的经济基础、文化脉络、街道状况、商业分布情况、市民出行习惯、风俗民情等实际情况，整体综合考虑城市家具的设计及设施的布点情况，运用差异化的定位策略，针对城市家具定位进行专项设计，统一合理规划，打造富有特色、属于自己的城市家具。

3.2 梳理城市文化脉络，传说，故事，打造特色成家具

习总书记多次强调："要让居民看见山，望得见水，记得住乡愁。"这是对城市特色的要求，没有特色，就没有乡愁。城市文化脉络有许多，我们城市家具的设计，应抓住最主要的文化，以人们耳熟能详的传说、故事为切入点，着重展示核心城市精品历史文化、记忆脉络、特色民俗，顺应时代要求，城市文化脉络与城市家具设计结合，才能赋予城市家具品格和特色，才能让中国的城市家具行业迈入新篇章。

3.3 提取最能表现一个城市的元素符号，加以概括凝练

城市元素符号是将城市核心文化，通过梳理与提取，以简单准确、生动形象的视觉语言，加以表达与概括，以达到弘扬城市精神，向人们宣传城市形象的目的，他需要高度的概括凝练，在不同的城市家具设计中运用所提取的城市符号，那么这座城市的城市家具必将赋予城市精神内涵。

3.4 根据城市的风貌设计与之对应的城市家具

每个城市里都具有不同的城市风貌，例如：历史文化风貌、都市活力风貌、滨湖（海）生态风貌、魅力新城风貌区、山水融合风貌等，每个城市风貌区景观特色，景观设计风格均不一样，所以需要在设计时根据城市的风貌设计与之对应的城市家具。

3.5 提升城市家具品质

随着城市的精细化管理，越来越对品质精良，精致大气，美观耐用的城市家具有很高的定位与要求，城市家具大多数都放置在环境相对复杂的室外，对耐候性，耐高温性

有一定的要求，那么设计上需要先进的设计理念，同时也需要科学合理的制作工艺，防腐性能优越的材质配套制作，全面提升城市家具品质，更需要建立科学严谨的质量监测机制与标准，为高品质城市家具保驾护航。

3.6 整体色彩要求

王京红在《城市色彩：表述城市精神》中提到城市色彩能够表述城市精神中国的色彩观是哲学的，城市色彩的"根"就在中国，明、清两代的北京城就是最好的例证。所以，城市色彩在塑造中国形象、表述中国的城市精神方面有极大优势。那作为城市街道的重要设施——城市家具，也需要在色彩上进行深入的思考研究，首先城市色彩理论上主色调需要与城市中 75% 以上比例的主导色相统一，辅助色占 20%，点缀色占 5%，整体以稳中色系为主，其次城市色彩中的固定色彩与流动色彩直接关系到城市家具的色彩选择，要保证城市家具的色彩与完整的城市整体色彩相互和谐统一。

4 结语

斯宾格勒说："将一座城市和一座乡村区别开来的不是它的范围和尺度，而是它与生俱来的城市精神。"列宁说："城市是人类精神文化活动的中心"。一座城的城市家具设计，既要在美学上给人以简约、大气、精致的感受，同时也需要在城市精神上充分的挖掘当地文化，展示当地特色，这样整体设计打造出的城市家具才能形神兼备，内外兼修。而多个城市都致力于打造自己的城市家具，那么整个中国的城市家具行业将会百花齐放，注重创新设计理念，从而改变中国城市发展千城一面、千街一面的状态。

参考文献：

[1] 梁伟，李菡丹，王碧清. 城市精神，为城市塑造灵魂 [J]. 中华儿女,2018(14).

[2] 鲍宗豪. 城市精神文化论 [J]. 学术月刊,2006(01):19-26.

[3] 周研. 浅析城市公共空间中的"城市家具"[J]. 吉林建筑工程学院学报,2011(06):58-60.

[4] 皮永生. 城市家具的地域性设计 [J]. 装饰,2006(8):94.

[5] 毛颖. 城市家具的色彩设计研究 [D]. 重庆：重庆大学,2009.

关于城市街道人行道铺装设计的思考
Thoughts on the Pavement Design of Urban Street Sidewalks

沈丹妮 / Shen Danni

（上海柒合城市家具发展有限公司，上海，200051）

（Shanghai QiHe Urban Furniture Development Co., Ltd., Shanghai, 200051）

摘要：

　　近期，习近平总书记指出"城市管理应该像绣花一样精细"，为城市的管理提出了新的要求和新的标准。我国是典型的发展中国家，发展中国家的城市化问题尤其突出。我国正处于并将长期处于城市化进程中，而交通问题是城市病的主要问题之一，特别是人行道不通畅问题亟须解决。其中人行道铺装是人行道设计的重要内容，目前存在以下五点问题：铺装受力程度低，铺装尺寸不统一；铺装模数混乱，比例不协调；铺装色彩与环境不协调；材料渗水性差，施工工艺差。以系统思维指导人行道铺装设计，遵循因地制宜、以人为本、系统设计的设计原则，统筹兼顾五大设计要素：功能、尺寸、比例、色彩、材料。整体考虑人行道铺装与人行道红线到建筑边界铺装、建筑台阶、井盖、杆体箱体底部衔接关系以及与建筑外立面、植物的色彩搭配关系。最终达到人行道畅通、平坦、稳静的步行要求，符合国家城市精细化建设的要求。

Abstract:

Recently, General Secretary Xi Jinping pointed out that "urban management should be as fine as embroidery", which puts forward new requirements and new standards for urban management. China is a typical developing country, and the problem of urbanization in developing countries is particularly prominent. China is in and will be in the process of urbanization for a long time, and the traffic problem is one of the main problems of urban diseases, especially the problem of unobstructed sidewalks needs to be solved urgently. Among them, sidewalk pavement is an important part of sidewalk design. at present, there are the following five problems: the stress degree of pavement is low, the size of pavement is not uniform; the modulus of pavement is chaotic and the proportion is not coordinated; the color of pavement is not coordinated with the environment; the water permeability of materials is poor and the construction technology is poor. The sidewalk pavement design is guided by systematic thinking, following the design principles of adapting measures to local conditions, people-oriented and system design, taking into account five major design elements: function, size, proportion, color and materials. Overall consider the connection between the sidewalk pavement and the sidewalk red line to the building boundary pavement, building steps, manhole covers, the bottom of the bar box, as well as the color matching relationship with the building facade and plants. Finally, it meets the requirements of smooth, flat and quiet walking on the sidewalk, which meets the requirements of the fine construction of the national city.

关键词： 街道，人行道铺装，系统设计

Key words: Street, Pedestrian paving, System design

　　城市病是世界城市化发展中普遍存在的问题，尤其发展中国家，我国是世界上人口最多的国家，城市建设日新月异，随之也出现种种问题。城市病尤其突出的是交通问题，主要表现为交通拥堵。现在以机动车为主导的路权优先原则已经不适合现代人居环境的

发展,还路于人,把路权优先于人是当今时代的必然发展。交通拥堵必将会影响城市社会、经济和人居环境的可持续发展,成为阻碍发展的"城市牛皮癣"。对于人们来说,交通拥挤对人最直接的影响是增加人们出行安全隐患、通行时间成本,并且降低生活质量和幸福感。解决城市病,治理城市交通拥堵问题迫在眉睫,首当其冲。

人行道不通畅是交通拥堵的重要表现,具体表现为以下四点:无人行道问题,人行道窄小问题,底商台阶、市政杆件箱体、硬质隔离及不合理停车占用人行道问题,人行道铺装问题。人行道铺装问题表现为以下六点:(1)铺装受力程度低,长期碾压易破损(图1);(2)铺装尺寸不统一,大小不一(图2);(3)铺装模数混乱,比例不协调(图3);(4)铺装色彩与环境不协调,违背环境美学(图4);(5)材料渗水性差,雨雪天气容易积水积雪,尤其特大暴雨极易内涝;(6)施工工艺差,材料切割不平整;铺设拼缝过大、不整齐(图5)。导致这些问题的根本原因是缺乏系统思维,缺乏对规划、设计、建设等过程的统筹把控。

图1 铺装受力程度低,长期碾压易破损

图2 铺装尺寸不统一,大小不一

图3 铺装模数混乱,比例不协调

图4 铺装色彩与环境不协调,违背环境美学

图5 施工工艺差 材料切割不平整
铺设拼缝过大、不整齐

"道"在辞海里面第一注释为"道路"[1]；"街"为"城市大道"意思，可包括"市街、街衢、大街小巷"[2]；"铺"为"铺设"意思。故"城市街道"可定义为城市的大街小巷[3]；"人行道"定义为专供行人通行的道路；"人行道铺装"定义为专供行人通行的道路铺设。人行道铺装范围以实际施工来说，是路缘石到市政道路红线之内范围。系统设计就是强调全局观，统一谋划，从宏观出发并协同局部特性，以求整体协调统一的最佳设计。用系统思想指导人行道铺装设计，符合国家对精细化城市建设要求。

人行道铺装应遵循因地制宜、以人为本、系统设计的设计原则。因地制宜是对当地自然环境和社会环境以及地域文化的尊重，原则上可就近取材，如选取当地出产的材料、植栽当地常用植被，可以达到花小钱办大事，同时弘扬和传承地域特色文化的效果。以人为本是把人民的需求作为根本设计目标，精准设计，真正达到为民服务，造福于民的效果。移除人行道一切障碍物，保证人行道畅通、平坦、舒适是以人为本设计原则的体现。系统设计在宏观上应整体考虑人行道铺装与城市街道要素的关系，把控一定区域内的人行道铺装的整体风格、尺寸、模数、色彩、材料等。精细处理好人行道铺装与人行道红线到建筑边界铺装、建筑台阶、人行道井盖、杆体底部衔接关系以及与建筑外立面、植物的色彩搭配关系。处理好整体与局部的关系，局部与细节的关系，视觉空间赏心悦目，注重艺术的美感。

人行道铺装的设计目标是畅通、平坦、稳静。畅通是人行道铺装设计的最基本目标，体现了人行道铺装设计要素中的功能要素。人行道铺装畅通的实现需要与多方面协调，移除人行道多余障碍。现存的障碍主要包括底商台阶、市政杆件箱体、硬质隔离及不合理停车占用，阻碍人行道畅通。只有多方协调，统筹谋划，才能清除人行道多余障碍。建议底商台阶能退则退，不能退则改；市政杆件箱体进行多杆合一、多箱合一；取消硬质隔离，采用树穴连通方式；取消不合理停车并合理布置停车位。平坦是人行道铺装设计的必备目标，与材料、施工要素密切相关。材料的受力受压程度会影响人行道使用时间、更换时间和维修成本，施工的好坏会直接影响人行道的美观以及人们使用人行道时步行的脚感。稳静是人行道铺装设计的重要目标，具体体现在人行道铺装尺寸、形式、色彩要素上。和谐适宜的尺寸比例、简单实用的模数、平稳舒适的色彩将为人行道铺装设计锦上添花，营造和谐的人居环境。

人行道铺装应考虑以下六点设计要素：

第一，功能要素。人行道铺装应具备通行、受力、透水功能三个基本功能。通行功能的最大效益体现是人行道障碍物清除后，减少铺装与障碍物（底商台阶、杆件箱体、护栏等）底部衔接，减少铺装切割，便于施工。人行道铺装受力功能和铺装材料的厚度有关，一般厚度越大，抗压受力越强，建议选取 50 毫米以上厚度的人行道铺装，在非机动车停车碾压后不宜破损。人行道铺装透水功能与材料的选取有关，一般常用花岗石和透水砖，花岗石质地坚硬，抗压性能好，但透水性能较差；透水砖透水性好，受力性较弱，建议人行道选取厚度较大的透水砖。

第二，尺寸要素。由于施工技术、工人素质、工期限制，建议采用 300 毫米以上大砖，减少施工铺设误差。一般人行道铺设尺寸只选取一种，铺设单一，可借鉴发达国家人行道铺装，可选取三到五种规格，统一模数进行错拼，增加变化和韵律感，形成铺装艺术化，给城市街道增添活力（图6、图7）。

图 6 德国汉堡市人行道铺装一　　　　　图 7 德国汉堡市人行道铺装二

第三，形式要素。人行道铺装形式多种多样，一般按铺装方向分为横铺和竖铺，横铺代表铺装方向与人行道平行，竖铺代表与人行道垂直铺设。建议采用竖铺，减小施工对齐误差。一般按铺装错位分为对齐铺、人字铺与工字铺。对齐铺少用，行人步行中会心理感觉呆板，人字铺适用于人行道直线段范围，工字铺适合路口转弯半径区域，并且适合铺装模数较少，具有减少切割、节省材料、铺设整齐美观的优点。如遇砖块规格较多并错拼，路口转弯半径区域，可借鉴上海《市政道路建设及整治工程全要素技术规定》自成体系的铺设方式，即"以两侧道路直线段起止点的连线为基准线，砖的铺设方向与其一致"。盲道砖建议设置在靠近树池一侧，距树池600毫米，遇人行道极窄处可特别处理。

第四，色彩要素。色彩心理学在人行道铺装上具有指导作用。在城市街道空间内，是由横向的地面铺装、竖向的建筑立面都是作为街道背景存在。因此地面铺装作为城市街道空间的配角，色彩不建议太跳跃，以灰色系为主，视觉感受上沉稳（图8、图9）。

图 8 荷兰阿姆斯特丹市人行道铺装一　　　　图 9 荷兰阿姆斯特丹市人行道铺装二

第五，材料要素。人行道铺装应采用透水材料，建议陶瓷透水砖。陶瓷透水砖是一种绿色环保材料，用工业废料做原料生产，而且可重复利用，破碎后可再次烧制成砖。其强度高，受力强；表面粗糙、孔隙大，透水性好，防滑性能好。盲道材料应与铺装材料一致。树池收边石建议使用花岗石，尺寸应与人行道铺装模数匹配；颜色应以灰色系为主；铺设时应与人行道铺装平齐（图10）。

图 10 我院郑州市二七区"三路一园"项目人行道铺装

第六，施工要素。施工前应该对施工队统一培训施工要求，传达统一设计思想。铺设时砖块间隙应均匀，表面平整不应松动，接缝宽度均匀，整平层宜采用中粗砂，嵌缝沙应采用细砂。

人行道铺装还应系统考虑城市街道与其他要素的关系。城市街道改造转变粗放型建设管理方式，精细化建设。第一，人行道铺装与人行道红线到建筑边界铺装关系。人行道红线与红线到建筑边界之间需要明确界限，可以用宽 100 ~ 125 毫米收边石区分区域，使人行道视觉效果统一延伸（图 11）。第二，人行道铺装与建筑台阶衔接关系。一般人行道红线与建筑边界重合时候，此类人行道一般较狭窄，小于 2 米。建议清除多余台阶，扩宽人行道后再进行人行道铺装铺设。对占用人行道的台阶能退则退，人行道极其窄小处，可以选用台阶内退方式，保证公共空间舒适性（图 12）。如遇到因地下室与防空洞所建的底商台阶，不能内退的可以景观结合，设计成景观节点，再铺设铺装（图 13）。第三，人行道铺装与人行道井盖衔接关系。人行道井盖现今多采用隐形井盖，尺寸 500 毫米 ×500 毫米到 1000 毫米

图 11 上海世纪大道人行道铺装

图 12 上海街道底商台阶内退处理

图 13 上海淮海路人行道底商台阶与景观结合

×1000毫米，但是欠缺考虑铺装之间与隐形井盖直接尺寸的模数关系，隐形井盖经常置于两个铺装之间，导致内部铺装多次切割，影响施工效果。铺装模数应与井盖模数可整除，则井盖设置可与铺装拼缝对齐（图14）。第四，人行道铺装与杆体底部衔接关系。

杆体设立时候底部经常被忽略，以水泥修补，与整体铺装不协调。杆体底部可采取与隐形井盖一样的原理，外罩不锈钢外套，水平嵌于铺装中，与铺装保持齐平，不影响铺装整体美观性（图15）。第五，人行道铺装与建筑外立面色彩搭配关系。人行道铺装与建筑外立面均属于城市街道要素的背景。应该互相呼应，色调统一，统一退后（图16）。第六，人行道铺装与植物色彩搭配关系。人行道植物应因地制宜选取当地植物作为主要的造景素材，花小钱办大事，容易养活，管养维护成本低。

图14 上海71路公交车候车处
人行道铺装与隐形井盖模数关系

图15 上海世纪大道人行道铺装
与杆体底部衔接关系

图16 日本横滨人行道铺装
与建筑外立面色彩搭配关系

综上所述，以系统论为指导，整体规划设计精细化可解决城市化进程带来的许多城市诟病，包括交通拥堵中人行道不通的问题。人行道铺装是城市街道人行道设计的重要内容。人行道铺装应遵循因地制宜、以人为本、整体规划的设计原则，并且兼顾六大设计要素：功能、尺寸、形式、比例、色彩、材料。整体考虑人行道铺装与人行道红线到建筑边界铺装、建筑台阶、隐形井盖、杆体箱体底部衔接关系以及与建筑外立面、植物的色彩搭配关系，达到人行道畅通、平坦、稳静的步行要求，呼应精细化城市建设，促进精细化的城市管理。

图片来源：

图 1～图 5、图 10、图 11、图 14、图 15：作者自摄

图 6～图 9、图 12、图 13、图 16：东华大学环境艺术设计研究院

参考文献：

[1] 夏征农，陈至立．辞海（第六版）[M]．上海：上海辞书出版社，2009：408．

[2] 夏征农，陈至立．辞海（第六版）[M]．上海：上海辞书出版社，2009：1106．

[3] 夏征农，陈至立．辞海（第六版）[M]．上海：上海辞书出版社，2009：1753．

[4] 钱学森．论系统工程：新世纪版 [M].上海交通大学出版社，2007．

浅析城市人行道挡车桩设计
Analysis on the Design of Sidewalk Bollards in City

张瑶 / Zhang Yao

（上海柒合城市家具发展有限公司，上海，200051）

（Shanghai QiHe Urban Furniture Development Co., Ltd., Shanghai, 200051）

摘要：

　　人行道上的挡车桩作为一种隔离阻挡的公共设施之一，其目的在于保证行人安全。但是由于挡车桩的规格、材质、尺度以及布置安装位置等规划设计的不足，也存在着一定的安全隐患。结合优秀案例"对症下药"解决现状问题是必要的、迫切的。在此基础上，将挡车桩优化设计，智能化与艺术化设计使其功能性、安全性、美观性能够更好地融合提升也是未来城市发展的要求和趋势。

Abstract：

　　As one of the public facilities for isolation and blocking, the bollards on the sidewalk aims to ensure the safety of pedestrians. However, due to the insufficient planning and design of the specification, material, scale, layout and installation position of the retaining pile, there are also some potential safety hazards. It is necessary and urgent to solve the current problems by combining excellent cases. On this basis, the optimization design, intelligent and artistic design of the retaining pile can better integrate and improve its functionality, safety and aesthetics, which is also the requirement and trend of urban development in the future.

关键词： 城市，挡车桩，行人安全，优化设计

Key words： City, Bollard, Pedestrian safety, Optimal design

　　随着中国经济快速发展，城市化进程加速，城市街道网大面积迅速铺开，道路的划分也越来越明确，但只是平面标线划分区域来规范人的行为是远远不够的，人行道上混行以及车辆随意停放的情况依旧十分普遍，除了占用人行空间外还严重威胁到了行人的安全，碰撞擦伤事件时有发生。

　　此时挡车桩的设置变得十分重要，它让城市更加有秩序感，其合理的设计与点位布置会促进城市活动有序高效的运行，但是如果缺乏合理设计布点则会适得其反成为通行的阻碍。那么，如何解决路障现有问题？如何使挡车桩的作用得到最优的发挥？本文对于城市人行道挡车桩的现存问题以及解决对策和优化设计进行了分析总结。

1 挡车桩功能

挡车桩的主要功能就是阻隔、阻拦的作用。而其功能又分为：阻断、阻拦、半阻断阻拦、引导等。并且根据现场环境和阻拦对象的不同，可以采取多种阻隔手段。

人行道挡车桩的功能主要是阻拦，其目的在于：

（1）在路口或齐平的路段阻拦机动车和非机动车占用人行道空间；

（2）在人行道与小区／单位出入口的交叉空间阻拦出入车辆侵占人行道；

（3）人行道上的特殊区域划分（如：停车场、机非共板路面、非公共空间等）。

2 城市人行道挡车桩的现状问题

由于城市化进程飞速的发展，而公共设施的设计与布点规划更新得不及时，已经陈旧，对城市发展与居民的生活产生了不良影响甚至成了一种阻碍。

城市家具的设计与发展在国内近几年才开始得到重视，很多方面还需要细细思考与研究。作为城市家具重要成员——挡车桩，人们仅仅是考虑到了它的功能是阻隔拦截，对于它的尺寸规格和点位布置缺乏思考；再因为其体量小易被忽视，所以在其外形、材质和色彩上也存在很大的缺陷。而这种不起眼的缺陷对人们生活的负面影响越来越严重。

以下针对挡车桩现存的问题进行了整理总结：

2.1 尺度问题

（1）挡车桩高度过矮，行人不易察觉，容易绊倒发生事故；

（2）挡车桩体量过大，占用空间较多，视觉效果差。

2.2 材质问题

（1）水泥类的重质材质，搬运不方便，塑性差；

（2）金属类挡车桩维护不当易腐蚀；

（3）轻质材质的选择不当起不到阻隔的作用。

2.3 样式色彩问题

（1）部分挡车桩设计的样式或色彩的应用追求特殊化，导致挡车桩作用弱化，甚至适得其反；

（2）同条道路或者通片区域的样式色彩不统一。

2.4 设计与布点问题：

（1）挡车桩设计缺乏美感，结构单一，缺乏灵活性；

（2）没有因地制宜做设计，而是固化照搬照抄；

（3）布点位置有待考究，已经废弃的挡车桩没有及时清理；

（4）挡车桩间距不合理，没有统一布置原则；

（5）缺乏系统维护管理。

总结来说，设计不是个体的设计，要融合周边环境、人群、氛围等众多要素；要结合其他公共设施系统设计，要服从于整体，融入环境当中；要与时俱进，紧跟时代的脚步。现如今城市家具逐渐走进人们的视野并得到重视，对于城市家具的设计，除了要考虑其功能性，也要考虑到人性化、美观化、节能环保以及可持续发展。

3 现状问题解决对策

随着城市经济的发展，人们对生活品质的要求越来越高。科技的进步，带来许多新型材料的出现与运用，同时，设计师也开始注重色彩搭配与艺术化设计。在设计中应将功能性与艺术性很好的结合在一起，并且因地制宜，使设计与周边环境更加融合，才能让当地居民更容易接受。设计也要符合大众审美要求。

与居民生活出行接触最多的人行道挡车桩的设计也开始得到重视，通过不断地尝试与更新，现状的问题也有了应对策略及案例。

3.1 设计要从整体出发

城市的发展与更新最明显的就是街道空间的日新月异的变化，然而我们越来越发现，好的街道空间设计是结合了其周边的整体环境进行设计的，也就是"U"形空间的设计，在该空间中任何一个个体都要融于整体，否则就显得格格不入，使街道空间变得凌乱和支离破碎。当然，也不能只关心整体的设计而忽略细节艺术化处理。而艺术化细节的体现在街道大环境空间中城市家具的设计和布置中显得格外重要，它在保证"U"形空间的大体面（如：建筑立面、地面铺装、景观等）在色彩、造型、设计元素等保持整体的基础上起到了很好的协调与点缀的作用。而挡车桩作为城市家具中的一员，除了要起到城市家具在大环境中的作用以外，在城市家具这个小的整体中保证系统性设计的同时也要具有自己的特色，如整体色彩保持一致，点缀色有所区分；在设计元素保持一致的基础上，细部样式有所区别（图1）。

图1 意大利街边城市家具

3.2 设计要以人为本

合理的城市家具设计与布局能够给人一种关怀与贴心的感受。就与行人接触最密切的人行道挡车桩而言，它以人为本的人性化设计，除了能够使其功能最大化的发挥，更能体现其核心价值。设计为人，设计师应该身临其境的以使用者的身份去思考该如何使设计更好地服务于人。

满足人们日益增长的生活功能需求，对于设计师来说也是一种提升与设计思维的转变，为了能够更好地服务于人，设计师的思考方式已经由单纯的色彩、造型、材质等外在设计转为在保证造型美观的同时如何优化挡车桩的使用功能。如图2则是在保证挡车桩的设计融于整体的同时优化了其使用功能，红色点缀色除了丰富街道色彩还提示了这几个头顶红的挡车桩可以灵活拆卸，在人流量骤增或者紧急情况下可以拆卸下来，保障通行。

图 2 意大利步行街口

3.3 设计要与时俱进

城市经济的发展推动着科学技术的迅速发展，而人们的生活也受到了影响发生着翻天覆地的变化，变得越来越现代化和信息化，智能科技地融入改变了人们的生活方式与生活节奏。智能城市家具的产生与发展已成为趋势。现有的智能候车亭、智能导视牌、智能停车位、无人售货机……使人们的生活越来越便捷。

人行道挡车桩的智能化设计可以更好地保护行人的安全，主要涉及智能警告、智能拦截以及自动移位等功能。其大大地节约了人力物力，也更好地保障了行人的安全。通过物联网平台，将各个智能化城市家具整合和管理，互相协调工作，是未来发展的大趋势。

3.4 设计要因地制宜

很多时候街道空间并不需要整套的城市家具，而是因需而设。人行道挡车桩也是如此，现在街道空间能够起到隔离作用的除了硬质设施外，景观也能够起到隔离的作用，如人行道边的移动花箱、树穴连池、花坛绿化带等。景观作为城市空间必不可少的一部分，在设置城市家具的过程中应该以景观环境为主，当人行道上的景观隔离设置合理，长势好，并起到了很好的隔离作用，那就没必要再设置人行道挡车桩了，否则只会增添阻碍、浪费资源，甚至威胁到行人的通行安全。

城市家具的设计要符合当地的文化特色与气候环境。这决定了城市家具的造型、色彩与材质的选择。而挡车桩的造型、色彩、材质、规格和布点也要因地制宜。如：同城市的路边人行道挡车桩与商业步行街的挡车桩是有区别的。市政道路的人行道挡车桩注重的是造型精简、颜色低调、严格布点、材质要与其他城市家具统一；而商业步行街的人行道挡车桩则自由得多了，造型可以根据步行街的主题氛围进行趣味设计，色彩也可以大胆应用，布点的疏密和位置在不妨碍到行人活动的前提下也可以特殊化。

设计的因地制宜也是展现地方特色文化的一种方法，任何时候"独具特色"都是大家普遍倾向的，它体现了不可复制性和独特性，也保证了文化多样性和城市多样性。

3.5 设计要艺术化

如今的城市家具作为公共空间不可缺少的一部分，已经不仅是作为公共设施服务于人，而且逐渐成为街道必不可少的装饰品。独具特色艺术气息的城市家具往往比可以摆放的艺术小品更能吸引人群的注意力，也更能传播特色艺术文化，因为城市家具与人们之间存在适用于被使用的互动行为，可以说城市家具无处不在，而艺术品则具有一定的局限性。所以将城市家具艺术化设计是未来发展的趋势所在。

将人行道挡车桩艺术化设计，可以柔化其使用功能（即：隔离、阻隔的作用）给人带来的疏远、严肃及冰冷感。除了常用的在色彩、造型和材质上做艺术化处理，还可以结合现代科技，如警示灯光艺术化处理、警示提示音艺术化处理。在使其功能有所提升的同时又使其艺术化设计更加适应人们的生活。

城市家具艺术化设计同时也体现了人们生活品位的提高以及促进了高品质街区的形成，从一开始的只关注功能性，到后来的对其美观性的要求，这一变化体现了城市居民生活状态和生活方式的转变与提升。

虽然每个城市的发展程度不同，不能做到艺术化与科技相结合，但其独有的文化特色和居民的生活方式，也是一种独特的民俗风情，是一个城市独家故事，将其加以运用应用到随处可见的城市家具设计中，尤其是密切接触的人行道挡车桩设计中，需要设计者读懂这个城市的故事，然后进行展现，引起当地市民的认同感，激发了人们对家乡的热爱，这便是将其艺术化设计的意义所在。

4 结语

总结来说，中国人行道挡车桩现存颇多问题，而解决这些问题的方法就是需要与时俱进的去重新考虑城市家具的系统化设计，虽然此次主要讨论的是人行道挡车桩的问题与解决对策，但是要想彻底解决问题，根源则在于将城市家具进行整体化、系统化设计，个体不能脱离整体，解决问题也要先整体后局部，只有大的关系整理顺了，局部的问题也就迎刃而解。

要想彻底解决问题，设计是一方面，后期的养护监管也是必不可少的，任何时候都需要建管结合。虽然智能科技地融入，使挡车桩能够智能化去监管、警示行人，保障行人的安全，但是仍然需要人员去配合管理和随时养护智能化挡车桩。与此同时，人们不能光被动地去监管，而要制定完善的制度和规则，约束行人自主管理自己的行为。

说到底，挡车桩这些约束设施就是为了规范行人的行为而存在，当人们的素养与道德品质达到了一定高度，能够做到自我管理自我约束，不再越界、违规，而这些约束设施也就没必要存在了。所以，所有问题的根源则在于人，人好了，一切都好了。

图片来源：

图 1、图 2：鲍诗度拍摄

参考文献：

[1] 李敏 . 城市车挡设计研究 [J]. 华中建筑，2014(01).

[2] 李志国 . 城市家具设计的现状分析 [J]. 陕西林业科技，2007(01).

[3] 鲍诗度 . 城市家具系统设计 [M]. 北京：中国建筑工业出版社，2006.

[4] 张秋梅 . 城市街道家具与城市公共空间 [J]. 城市问题，2014.

浅析山西省交城县新开路美丽街道综合整治项目设计

Analysis on the Design of the Comprehensive Renovation Project of Xinkai Road in Jiaocheng County, Shanxi Province

徐晴晴 / Xu Qingqing

（上海柒合城市家具发展有限公司，上海，200051）

(Shanghai QiHe Urban Furniture Development Co., Ltd., Shanghai, 200051)

摘要：

　　本文旨在以山西交城县新开路美丽街道综合整治项目为例，从新开路美丽街道综合整治的背景研究入手，发掘其存在的现状问题，深入研究如何更好地让街道景观发挥其更大的使用价值，构建稳定的公共空间并融入城市环境中。结合这些问题，在现有街道的基础上，将新开路打造成生活、文化、景观为主的休闲街区，真正满足周围群众的需求。

Abstract:

　　This paper aims to take the comprehensive renovation project of xinkailu beautiful street in Jiaocheng County, Shanxi Province as an example, start with the background research of the comprehensive renovation of xinkailu beautiful street, explore its current situation and problems, and deeply study how to better let the street landscape play its greater use value, build a stable public space and integrate it into the urban environment. Combined with these problems, on the basis of the existing streets, Xinkai road will be built into a leisure block focusing on life, culture and landscape to truly meet the needs of the surrounding people.

关键词： 城市环境，景观，街道，整治

Key words： Urban environment, Scenery, Street, Renovation

1 项目的研究背景

　　交城县属于山西省吕梁市的下辖县，太原市的"郊县"，吕梁市的"门户"，地处山西省中部，吕梁山东麓，太原盆地西部边缘，县城东屏太原，西峙吕梁，是吕梁的东大门，具有双重门户区位优势。中国公路主干线 307 国道绕城而过，大运高速、夏汾高速公路交汇于此，太中银铁路穿境而过。交城县文化底蕴深厚，交城莲花落、交城杂则等具有浓郁的地方特色。

　　新开路作为城市的主干道，是一条南北走向的道路，北起北环路，南至南环路，全长 2.14 千米，与重点保护街区东关街相交，两侧以住宅（老旧）小区、公共建筑、生

活设施等为主，沿路有多处小型景观空间，是集生活、文化、景观三位一体的休闲街区。

2 项目的现状问题及解决策略

新开路的建筑立面、公共设施、道路三行以及停车系统皆缺乏统一的规划与设计（图1～图4）。

图 1 新开路街道一

图 2 新开路街道二

图 3 新开路街道三

图 4 新开路街景

考虑到新开路已存在或者新出现的问题，可实行以下四大解决策略：一是整治建筑立面，店招店面更新，建筑台阶景观化处理；二是景观节点提升，沿街行道树条件允许的做树池连穴，现有围墙、围挡结合当地特色统一规划设计；三是沿街两块景观绿地进行提升设计，完善公共设施；四是以提升街道功能品质整体设计为目的，系统布局各类设施，强化环境要素控制，体现山西交城地方特色，更好地指导推动交城县的城市风貌建设。

3 项目的改造原则与具体措施

以提升街道功能品质整体设计为目的，系统布局各类设施，强化环境要素控制，体现山西交城地方特色，更好地指导推动交城县的城市风貌建设，打造宜居、舒适、休闲的街道空间，应遵循三大原则：

一是坚持统筹规划、因地制宜的原则，在规划的指导下，以现状为基础，处理好局部与整体、现状与未来的关系；

二是在充分考虑城区规划的基础上，研究道路建设标准，充分考虑城区道路网规划，注重与路网规划相协调，使道路网布局更加合理、完善；

三是项目的设计充分体现经济性原则，合理利用现状地形条件，尽可能减少填、挖方量。

对新开路进行品质提升改造，将促进专项规划的实施，适应市场经济发展及城市可持续发展的需要，为城市居民提供良好的生产和生活交通条件，因此，实施的具体措施有：

（1）道路三行：包括人行道、非机动车道与机动车道，道路是城市有机更新的重要切入点，改造前部分路段的车道与非机动车道混行，存在安全隐患，此次设计贯通三行系统，独立非机动车道，标示明确，彩浆封层，拟定临时停车位，供车辆停车，交通标线重新划分。

（2）建筑立面：改造前，建筑立面墙体破损较为严重，无亮点，此次设计根据街道街区的特点，提升沿街第一排建筑可视面整体外装饰及围墙外饰改造，打造有亮点、有特色的建筑立面，体现交城的文化性、特色性、现代性、地域性。

（3）街道景观：主要从公共空间优化、绿化提升、亮化色彩以及艺术品装饰等方面入手，景观整体系统规划与设计，可以更好地打造城市特色，提升城市整体品位。

（4）城市家具：改造前交城城市家具的现状是不系统、无特色，整体色彩不统一，缺少合理化布置，与整体环境不配套。此次系统化城市家具设计增加了自行车起动助力装置、人行护栏、挡车桩、花箱、废物箱以及标识导向等，推动生态文明建设，走生态优先绿色发展之路。

4 项目的改造成果

4.1 城市公园

此次规划在城区内布局多条绿化廊道，形成城市公园向城区的有机渗透，打造绿色宜居城区。结合城区步行系统，适当布置口袋公园，使城区更具活力感和休闲感。以提升街道整体的功能品质为目的，系统地布局各类街道设施，强化环境要素的控制，体现山西交城的地方特色，更好地指导并推动交城县的城市风貌建设。街道上的景观更加注重公共活动空间的优化、景观绿化的提升、夜间照明亮化的更新、艺术品的点缀等。

4.2 东关街入口

作为交城县特色的古玩市场，千年古县看交城，旧时繁荣看东关，其入口传承着老街的古文化，此次设计增加了交城县地图地雕、地方特色牌坊门头、老街小广场、文化景观墙、景观绿化以及树池座凳等，突出了交城县的文化性、特色性、地域性（图5）。

图 5 东关街入口效果图

4.3 建筑立面

根据街道街区的特点，对沿街第一排整体建筑可视面及围墙外装饰进行改造，统一色彩，统一材质，打造有特色的建筑立面景观。

4.4 街道景观

提升道路绿化整体水平，包括隔离带绿化、人行道树木以及人行道花箱等。街道的绿化工作，作为城市街道景观中重要的一个环节，同时也是城市建设重要的一部分，应发挥其重要的作用，美化人民赖以生存的城市，同时，它也是反映城市风貌和城市建设的重要标志之一。道路绿化可以起到分隔车道与人行道的作用，对道路两旁的行道树进行保护性修剪，有利于行车安全，在绿化品种和立面空间上的进行双重提升，打造独有的新开路道路绿化特色。

4.5 道路路面

本次设计只涉及路面的先铣刨再重铺，道路使用原有路基。考虑本工程属于改造道路工程，从交通车辆组成分析，同时考虑到交通量诱增因素、道路建成后的正常运营养护、行车舒适性、施工期要求短等因素，本次设计推荐在主干路采用 SBS 改性沥青混凝土。

（1）机动车道沥青混凝土路面结构，全路面铣刨 4 厘米，面层重新铺装 4 厘米，重铺层采用 SBS 细粒式改性沥青混凝土；

（2）非机动车道增加彩色罩面，在原有沥青混凝土路面上加铺彩色罩面，彩色罩面结构体系是基于水性环氧树脂做表面固结材料的彩色抗滑面层铺装结构；

（3）人行道，人行道拆除原有人行道砖，重新加铺；

（4）路缘石道路全线均采用花岗岩侧石，其中中央分隔带侧石尺寸为 99.8 厘米 ×35 厘米 ×15 厘米。

4.6 城市家具

挡车桩、果皮箱、节点行人座椅、城市综合信息牌以及树池树箅等城市家具部分，合理配置，符合使用的相关规范，便于后期维护。通过科学、系统的方案实施与管理把控，发挥城市家具系统建设的优势，保证建设实施的科学、规范、有序，达到提升城市整体环境品质的建设目标。[1]

5 结语

道路景观是视觉的艺术，视觉不仅使我们能够认识外界物体的大小，而且可以判断物体的形状、颜色、位置和运动情况以及在道路上的活动等。[2] 山西省交城县新开路美丽街道综合整治项目，不仅能够改善交城县的基础设施水平，为加快交城县北部区域建设注入新的活力、促进沿线经济的发展，而且还能够改善道路沿线居民的出行条件和所在地交通环境、为周围片区提供规范的、优良的配套服务。提高沿线土地的开发价值，加强道路周边环境与中心地带的联系，发展第三产业，有效带动城区产业的发展，扩大整体市场，提升土地利用价值。

图片来源：

图 1～图 4：东华大学环境艺术设计研究院

图 5：作者自绘

参考文献：

[1] 鲍诗度等 . 城市家具建设指南 [M]. 北京：中国建筑工业出版社，2019.

[2] 欧亚丽 . 夏万爽 . 城市景观设计 [M]. 北京：人民邮电出版社，2017.

[3] 鲍诗度 . 中国环境艺术设计 [M]. 北京：中国建筑工业出版社，2015.

[4] 鲍诗度 . 王淮梁 . 黄更 . 城市公共艺术景观 [M]. 北京 . 中国建筑工业出版社，2006.

[5] 文增 . 林春水 . 城市街道景观设计 [M]. 北京：高等教育出版社，2008.

[6] 冯信群 . 公共环境设施设计 [M]. 上海；东华大学出版社，2006.

[7] 陈干辉 . 地域文化与城市设计 [J]. 北京规划建设，2001.

[8] 曾勇 . 林波 . 城市街道家具规划设计的影响因素分析现状 [J]. 山西建筑，2008.

[9] 王健 . 徐华 . 城市道路灯具设计的景观性研究初探 [J]. 智能建筑与城市信息，2007.

[10] 尹思谨 . 城市色彩景观的规划与设计 [J]. 世界建筑，2003.

基于体验视角下的城市家具设计研究
——以公共座椅为例
Research on Urban Furniture Based on the Perspective of Experience
——In the Case of Public Seats

王秋雯 / Wang Qiuwen

（东华大学环境艺术设计研究院，上海，200051）

（ Donghua University Environmental Art & Design Research Institute, Shanghai, 200051 ）

摘要：

现如今，在国内传统的城市家具认知中，更多的还是设施设备概念，然而随着现代社会的信息化发展与技术的不断进步，人们对城市家具的功能需求已经远远超过了传统的设施设备概念，以城市家具公共座椅为例，可从三个方面进行提升，丰富人们对城市家具的体验，形成创新性、艺术化以及智慧化的公共座椅。

体验视角下的城市家具公共座椅建设，考虑了必要的城市服务功能，而且满足人们感官及精神上的需求，体验视角基于文化、历史、生活方式、人的行为，考虑系统规划、统筹设计、丰富的体验感，形成更完善的公共座椅系统的设计与设置。

本文以公共座椅为城市家具研究主体，系统化地从专业角度设计，充分与体验结合，兼顾城市家具中的施工、规划、布点等，在有经验的项目实施下，改善公共座椅单一的功能，解决多专业协同的问题，对城市环境建设产生非凡的意义。传统的城市家具意义上，更多的是设施设备概念，然而随着现代社会的发展与不断进步，人们对城市家具的需求已经远远超过了它们存在于城市的现状与传统笼统的概念，城市家具由此诞生。

Abstract：

Nowadays, in the domestic traditional cognition of urban furniture, more is the concept of facilities and equipment. However, with the development of information technology in modern society and the continuous progress of technology, people's functional requirements for urban furniture have far exceeded the concept of traditional facilities and equipment. Therefore, taking urban furniture seats as an example, we can improve them from three aspects: innovative, artistic and intelligent seats.

Urban furniture from the perspective of experience considers the necessary urban service functions, and meets the richness of people's senses and spirit. The perspective of experience is based on culture, history, lifestyle and human behavior. The setting of a more complete public seat system needs to consider system planning, overall design and rich experience.

This paper takes public seats as the main body of urban furniture research, systematically designs from a professional point of view, fully combines with experience, takes into account urban furniture construction, planning and distribution, etc. on the basis of experienced implementation and operation, it can improve the single function, solve the problem of multi professional collaboration, and have special significance in the construction of urban environment.

关键词： 城市家具，体验，公共座椅

Key words： Urban furniture, Experience, Public Seats

1 研究意义与背景

1.1 设计基于体验视角的意义

体验是人们对于环境中所存在的物体而言的,是认知方式的一种。体验形式不仅仅是从装饰、合适的尺寸、色彩、元素形式等方面,也是多维的,比如感知空间上的展示顺序,以及功能上的变化、规划,都可以营造出丰富的体验感。体验,这是环境与人产生链接的重要环节,是设计中必不可少的所要考虑的因素。

体验视角可以引导城市更新,注重体验性的城市家具,是优化城市家具的转型方法。人类的生存空间逐渐从庞大的社群走向社区单元,城市家具也应得到与时俱进的精细化设计与布局。体验研究可以从感官出发,继而从生理层面上升到心理的感触。研究与心理学科、工业产品类学科、社会学等多学科出现重叠交叉部分,其之间的链接与融合方法促使体验的形成与完善。

人的体验选择是多重形式的,人们往往注重的是其舒适程度,其次再进行对外观造型的考量。因此适度原则非常重要,这也基于设计对人体工学的合理运用。当城市家具考虑到与人相互融洽的关系时,必会将体验感作为设计以及部署的出发点。21世纪的国内,社会越来越注重设计的人性化,交互式的城市家具出现。如果城市家具的设计缺乏体验感的考虑,是不够全面的。

1.2 总体研究背景

近些年来,在城市更新项目中,公共座椅作为城市家具的其中一个分类,它的设置已经逐步增多,它展示了街道良好的形象,同时也为人们停留和休息做出考虑。城市家具已经不再是一个基础性设施设备的概念,它是一个全新的定义,是城市化建设中的新议题。城市家具细分很多设计环节以及很多系统分类,它与城市的相互结合也是近些年人们所探讨的话题。城市家具以与城市风格统一、与环境协调为目的,它的发展,也是环境设计学科专业迎合精细化发展的教育目标。它承载着城市功能,为市民生活提供了便捷。

2 公共座椅作为体验式城市家具的重要典范

2.1 公共座椅体验式的发展方向

家具的概念是城市设施以更加人性化的设计为出发点,城市家具的本质即更好地为人们的出行、生活、体验、审美做出适应性的设计。

体验式公共座椅作为城市家具项目实施中的重要典范,可以提高城市更新工程中创新的程度、决策者的决策能力、提高大众的审美,从而充分地进行精细化建设。这样的更新实施了最新的技术,给城市带来了良性的循环。

公共座椅作为城市街道中必不可少的元素,是城市家具的代表,它是公共生活服务的主要设施,满足人们对城市服务系统的集体需求,公共座椅提供了休息、等待、阅读、互动等功能，与公共空间环境相融，同时也可作为城市文化的象征。

时下的智慧城市家具通过数字技术改善了服务城市的方式，交互设计也是现如今常用的一种实现体验的设计手段，带有数媒的各种体验设计也可以运用到城市家具座椅的设计中来，促进城市的发展品质，丰富市民的文化生活，同时彰显了科技的力量。

2.2 城市家具公共座椅的设计实践

托马斯·亚历山大·赫斯维克（Thomas Heatherwick）设计的公共座椅——转转椅（图1），采用了全周期的设计把控方式，从艺术家手稿到实验模拟与3D打印技术的投入，再到城市试点投放，以测试其功能性及公众体验感，最后以他后期的电视采访、演讲、书籍，形成作品烙印，延续作品精神层面的体验。它的生产和创作过程（图2）融合了先进技术与人体工程学理念，设计出发点融入了体验角度，对称式旋转和摇摆，带来多样的体验方式。

图1 转转椅　　　　　　　　　　图2 转转椅生产过程

另外一个国际优秀案例实施于美国纽约时代广场，于尔根·迈尔（Juergen Mayer）与纽约时代广场艺术联盟联袂打造了一组公共座椅，XXX TIMES SQUARE WITH LOVE 座椅原型借鉴了百老汇和第七大道的"X"形交叉口，集休闲、时尚、共享、交互、阅读等功能为一体（图3），其作品具有一定的创新性以及艺术性，丰富了人们在商业区的体验感。

图3 XXX TIMES SQUARE WITH LOVE 座椅

体验最初的实现方式是具体的物质产品，给予人们直观的感受。触发人们感受的产品，可以通过感官以及影响人们行为方式为出发点进行设计规划。注重体验的产品是有温度的、人性化的，并且有市场的。这一组公共座椅正是改变了人们在公共场所的停留方式与社交活动，为广大人民群众提供了便捷性，因此体验视角下城市家具公共座椅的受众更广，具有现实意义。

3 体验型城市家具公共座椅建设

3.1 体验型公共座椅与环境的系统性结合原则

城市家具的更新是近年来城市更新中的常见项目，城市家具也成为各个城市街道、公园、绿地等地常见的建设内容。城市家具融入环境、融入社会生活，要全面考虑，因地制宜，以及创新性、艺术化以及智慧化。

如今，结合人们的体验观感，公共座椅不仅有美化城市的作用，同时，赋予一定的信息导视及知识导览等其他功能也是十分必要的。

设计与环境的系统化结合是科学的，它可以产生最优方案。设计师、工程师、城市管理者需不断地探索，才能总结出一定的规律。

公共座椅的丰富与多样的体验方式也可以给公众带来一定的教育意义，也使得艺术更好地融入城市，静态及动态的体验感也让城市家具帮助人们回归生活。

3.2 公共座椅设计与体验相互作用关系

人们在街道行走时，有时会因为公共座椅布置的位置未经过规划、不合适的设置间距导致人们丧失对城市的良好体验。在体验感营造之前，设计师会根据专业的行为研究，来模拟实验，进行最舒适的规划布局，在不合理的设置区域清除累赘或者多余的城市设施，进行合理的城市家具座椅规划。布点这也是近些年来，人们关注到的设计问题，也是考量设计团队统筹解决问题的能力。在城市家具公共座椅空间布局上应该保持通透的体验感，在垂直空间上避免不必要的遮挡关系，影响人们的视线，阻隔人们的通行，以及阻碍人们获取有效的信息。同时，公共座椅的规划位置也应注重城市家具限制、集中、标准设置区和城市设施带这些区域的不同，并且与人的心理及行为研究充分结合。

整个体验视角的公共座椅在最大程度上呼应城市设计风格，回归到城市家具公共座椅本身的材料、造型，以及每个平面、界面上的设计，在环境中协调又不失变化，在体验感受上，不失技术性与前瞻性思考。

依托城市家具公共座椅的设计转型，人们在城市中的呈现实现了多变有序、丰富统一的体验感，人们的使用及体验反馈也是城市精细化建设过程中的改善方向。

公共座椅的设计首先要考虑人的需求、人的感受。人的五感细分为形、声、闻、味、触，是作用于人的五种感觉器官：视觉、听觉、嗅觉、味觉、触觉。在改造项目工程中，有些在城市家具中运用了微核心技术，纳米香味技术融入材料；有些设计了便于操作的智慧化控制界面，对人们的行为方式产生不同以往的影响。这种信息传播过程包含载体的发出，人的接纳与理解，它与人类的思维及行为方式产生密切的关系。这种城市家具的实现在社会运转中起着细微却不可缺少的积极作用。

体验型的座椅系统，为了更好地适应视觉感受，依据色彩地理上的学术研究[1]，色彩上要形成与城市配套的体系，设计上要突出它的整洁与环保性，经研究，可以提取城市及地区的主色调，在此基调中合理地增设与城市相呼应的点缀色。在城市建设案例中，在无序的城市色彩中应及时归纳，提取以及简化城市色彩，在提炼城市主次色彩的过程中，也应该考虑到用户的体验感，比如喧嚣的城市大部分适合以灰为主色调的座椅体系，以减少颜色对人们视觉的负荷，如果设置具有鲜艳色彩的公共座椅，需注重设置的合理性，以及地方色彩的遵循习惯。同时，公共座椅的色彩也需根据环境色彩的明度、纯度、亮度变化，进行主次颜色合理搭配。

3.3 公共座椅设计与体验相互作用关系

3.3.1 郑州市管城区公共座椅

设计遵循郑州市管城区当地的风貌，提取具有特色的造型元素、管城色彩。解决突出的问题，例如现状城市家具公共座椅并不承载任何文化历史内涵，现状座椅缺项以及布设位置不当，现状城市家具系列设施不配套、款式各异等。

因此，城市家具的设计系统性地提取了当地商代城墙、商代青铜器纹理，结合现代景观折线的元素，进行元素符号的概括和演变，形成最终的设计符号，运用于公共座椅之中（图4），在其侧面有与其他城市家具呼应的元素符号，另外采用防腐木与铝是考虑到室外环境因素，这样的设计手法呈现出社会性、历史性、文化性、创新性、环境性、艺术性等，把管城风貌在细枝末节中展现。设计充分考虑受众的体验感，保证了环境中城市家具公共座椅的设置数量与设置位置的合理性，一步一景，把人的体验摆在首位。

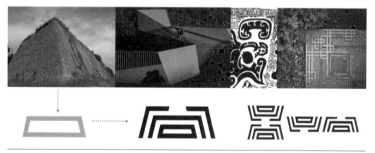

图 4　郑州市管城区公共座椅元素提取

公共座椅设计方案（图5）符合行业标准及各个规范，采用了合理的尺寸与独特的管城风格，既满足了群众审美需求，也美化了郑州市管城区的街景，最终实现了落地实施。

图 5　郑州市管城区公共座椅元素提取

3.3.2 郑州市金水区公共座椅

金水区街道城市家具的现状问题包含色彩样式杂乱不一、设置不合理、缺少文化、科技、艺术的体现等。为了达到街道由道路向美丽街区的转换，在城市家具设计的过程中考虑创新性、艺术化以及智慧化，注重服务功能的提升以及与环境的协调性。

金水区是因春秋战国时期的金水河流的经辖区而得名，因此提取了水元素运用于城市家具中，如位于政七街黄河路西南角的口袋公园水韵园，其公共座椅结合此地水利社区文化，以增添市民生活乐趣为目的，设计了含互动预留的流线型座椅（图6），充分考虑人们的休闲活动，在座椅上设置预留了下棋区、饮茶区及其他功能体验区。并且设计了多种排列组合方式，以配合整个区域的场地平面流线型动线（图7），使公共座椅与环境互相协调（图8）。

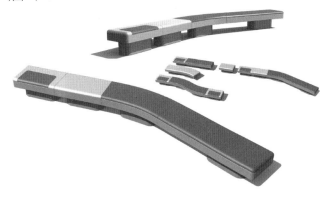

图 6 郑州市金水区水韵园的流线型公共座椅

图 7 郑州市金水区水韵园平面布置图

图 8 郑州市金水区水韵园公共座椅设计效果图

此外，在标准路段公共座椅的落地方案中（图9），金水区中心城区各个街道布置了色彩、材质、造型相近统一的系列公共座椅及其他城市家具（图10），在公共座椅的设计界面上融合了金水历史、艺术、文化标识，让人们在日常与街道接触的过程中，感受并体验到金水区城市家具独特的文化。

图 9 郑州市金水区标准段公共座椅落地方案

图 10 系统化设计城市家具具体实践中分类

3.3.3 上海市长宁区公共座椅设计策略

为了实现上海长宁区精准、精细、精美的打造要求，策划了无处不在的艺术家座椅方案，对长宁区公共座椅的定位为独特多样、精彩丰富、创新长宁，从人民城市人民建、激发老百姓参与为出发点，结合长宁区的历史、文化、艺术缔造精品。长宁区的座椅系统存在如下问题，整体缺乏体验感的考究、座椅规划无系统、座椅布设缺统筹、座椅设计一般化。

为了改善现状，满足公众对公共座椅更好的体验需求，于是把公共座椅的位置规划贯穿于绿地公园、主要街道、商业区前端、上海城市总体规划（2017～2035年）中的经济发展带、文化聚集带、景观休闲带以及其他公共市容环境内。座椅设计系统性地分为六大类，有艺术家个性类、儿童创意类、奇特造型类、长宁历史类、时尚文化类、简约组合类，充分考虑人们的体验感，形成长宁区特色座椅体系。

设计选取布设时尚文化类座椅（图11）于凯旋路中山公园附近，充分考虑在长距离路段中人们的行为习惯以及体验感，增设公共座椅为人们的休息、等待、停留提供了方便，根据路段特色，也同时考虑公共座椅的艺术性、公共性、系统性、标识性、创新性与带给人们的有效信息、视觉感受等。以及打造设计了华阳路万航渡路交接处，中山公园附近的一个艺术家个性类座椅点位示范（图12），展现了公共座椅的个性化、展示性、系统性、有出处的特征，方案也注重公共环境的协同改善，融于周边环境，并着眼于人的需求，具有设计感的造型和因地制宜的材质带来美感和触觉上的体验。

图 11 凯旋路中山公园公共座椅改造前后　　　图 12 阳路万航渡路公共座椅改造前后

上海市长宁区公共座椅的打造旨在塑造特色长宁，它作为长宁区独创、独有的设计与特色，展现了公共座椅的特色化、简洁化、利民化、创新化等，为打造宜居环境、建设美丽街区城市家具做出示范。

3.3.4 上海市松江区公共座椅设计策略

林荫新路坐落于松江区上海佘山国家旅游区内，在品质点亮城市·家门口的蝶变"社区秀"松江重要节点提升项目中，林荫新路公共座椅与整个场地设计元素统一，运用自然元素，采用了云朵造型作为城市家具公共座椅设计元素，这是一种多功能的弹簧座椅（图 13）；其底座一端固定安装配电箱，坐垫内设有电子灯管。它解决了现有的公园多为硬质座椅，以一种压力传感实现灯光功能，同时也体现了节能环保。为人们带来了便利、触感及视觉的体验，同时赋予了功能性，也使得公园内的环境变得更加和谐、有趣（图 14）。

图 13 一种多功能的弹簧座椅　　　　　图 14 林荫新路公共座椅设计

3.3.5 西安浐灞区公共座椅设计策略

西安浐灞区生态区公共座椅系统，从结构上考虑了环卫储物、降耗节能、休闲服务等功能（图 15）。根据环境的特殊性设计座椅，设计造型提取了生态区建筑元素强化了城市形象，对形态进行线性的设计，运用可大范围实施的中性色，和容易维护的材质，座椅侧面设置 USB 充电孔，接触面设计

图 15 西安浐灞区生态区公共座椅

了太阳能能源板。多功能的设计考虑到使用人群的多样性，智慧化的应用给予人们强烈的体验感。

公共座椅形成一定的模数化，可以进行批量以及大方面投入实施，形成城市家具公共座椅的设置区域。

4 未来基于体验的公共艺术座椅在城市中应用展望

基于社会发展需求，城市建设更新方面的研究，是亘古不变的话题，城市家具的创新、更新与设计更是经久不衰的演绎。体验的研究视角赋予城市家具公共座椅新的生命，突破城市家具的局限性，赋予城市家具更多的内涵与文化价值，使得公共座椅被赋予更多的社会功能，当然，公共座椅的精细化要与系统设计、生产、合理的施工、布置布点、试点的运行、后期管养等环环相扣。实施中也会出现实践方面的问题，需要积极的应对。

体验视角下的城市家具公共座椅研究我们可以总结出几点：

首先，体验的视角有别于传统的研究形式，它使得城市家具公共座椅具有区别于基础设施的优势，城市家具的体验塑造是从实践当中来，再到实践当中去，这是不断完善的过程。认知、实践应用、总结是其研究的方法论，当代的城市家具应是人性化、系统性、节能生态化与创新文化性的延展。

其次，体验视角是一个关联性的举措，是设计特征与人的对接，是创新的依据。这使得设计手法会空前繁荣，也是对智慧城市的响应。这种体验性好的城市家具公共座椅同时也会解决信息传递、环境协调、附加增值与吸引力提升的城市现实问题，是人们可以依靠的城市家具。

最后，城市家具的复兴可促进城市的更新，它是对未来的思考，是新的探索，也是维系城市环境系统化建设的规律方法。以城市家具中的基础性建设单项为基础，扩展成为一个基于体验感较为完善的城市家具体系，加以完善的管理维护，让城市家具成为城市文化与发展运作的载体。

图片来源：

图1～图3：网络

图4～图15：东华大学环境设计研究院

参考文献：

[1] 宋建明. 色彩设计在法国：法国著名色彩设计大师让·菲力普·郎科罗的研究、教学与社会实践 [M]. 俞玉华译. 上海：上海人民美术出版社,1999.

[2] 鲍诗度. 从中国城市家具理论研究到标准化建设简述 [C]. 郑州：中国标准化协会,2019:481-488.

[3] 汤新星,潘正斌. 基于触觉体验视角下的现代公共空间设计研究 [J]. 湖南包装,2008（05）.

[4]（英）彼得·霍尔. 文明中的城市 [M]. 王志章,译. 北京：商务印书馆,2016.

城市更新背景下的文化存续
——以郑州市中国银行行长宿舍楼修缮为例
Cultural Continuity and Protection in the Context of Renewal
——Taking the Renovation of the Dormitory Building of the President of the Bank of China in Zhengzhou as an Example

张颖 / Zhang Ying

（上海柒合城市家具发展有限公司，上海，200051）

（ Shanghai QiHe Urban Furniture Development Co., Ltd., Shanghai, 200051 ）

摘要：

建筑有自己的语言，以其特殊的方式记录故事、留存文化。本文以郑州市金水区纬五路花园路上的中国银行为研究对象，对其历史沿革及改造过程进行了梳理，通过对历史建筑的修缮与保护，总结在当下城市更新背景中对历史建筑保护传承和功能活化的启示与运用。

Abstract：

Architecture has its own language, which records stories and preserves culture in its own special way. Taking the Bank of China on the Garden Road, Weiwu Road, Jinshui District, Zhengzhou City as the research object, this paper sorted out its historical evolution and transformation process. Through the repair and protection of historical buildings, it summarizes the enlightenment and application for the protection, inheritance and function activation of historical buildings in the current urban renewal background.

关键词： 历史建筑，修缮，保护，文化，城市更新

Key words： Historic buildings, Repair, Protection, Culture, Urban renewal

　　建筑是记录地方历史文化和情感记忆的载体，是一座城市变迁的见证者。郑州市"十四五"明确表示，实施城市更新行动，加强老建筑、老设施、老厂房、老街道的历史文化保护，延续郑州城市文脉，捡起历史文化"碎片"，打造具有中原特色的街巷、街坊，使历史厚重和时代脉动紧密结合起来。[1] 通过对郑州市金水区纬五路花园路的中国银行进行重新修缮和保护建筑工作，严格执行历史建筑相关保护规划要求，帮助落实遗存建筑的评估与传承，科学的对历史建筑进行保护与利用，实现功能置换与文化赋能的城市更新建设工作。

1 中国银行行长宿舍楼的今生前世

据当地档案馆资料记载，位于郑州市金水区纬五路花园路路口的中国银行，曾在 1955 年作为中国银行行长宿舍楼，后因成立中国银行分行使该宿舍楼转为办公属性，并使用至今。该址区域面积约 812 平方米，处于城市核心道路交汇区域，人流聚集，区位优势明显。

图 1 纬五路"飞机楼"

与中国银行行长宿舍楼紧密相邻的"飞机楼"主体建于 1954 年（图 1），原址为人民银行河南省分行办公楼，从 20 世纪 50 年代到 70 年代，河南省会从开封迁至郑州后一直作为当地著名地标，2011 年被列为郑州市优秀近现代建筑和河南省不可移动文物之一（图 2）。因建筑形态俯视呈"士"形，故被称为"飞机楼"。建筑风格受苏联建筑风格影响，属于中西完美结合的建筑艺术，是郑州市早期金融类办公建筑的典型代表，在漫长的岁月长河中见证了郑州金融业的发展历史（图 3）。

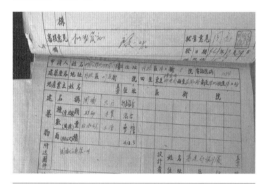

图 2 1955 年行长宿舍楼审查意见手稿文件

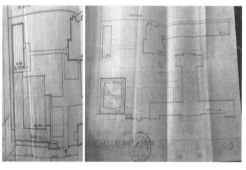

图 3 1955 年行长宿舍楼审查意见手稿文件

经过多年的风雨沧桑，建筑现状的保存不容乐观，建筑主体出现诸多基础设施老化的问题，如外墙立面出现了严重破损，管道、地基台遭到腐蚀，原装木质窗棂、青砖也受不同程度的侵蚀（图 4）。建筑原始风貌缺乏保护，整体环境品质较差，沿街街道空间功能性单一，活力极度匮乏，缺少可供市民活动的公共空间和街道必要的公共服务设施，功能性与舒适性不能满足当下社会需求，且不符合城市的整体定位以及城市整体风貌、地方特色的发展，亟待整治梳理。

图 4 "金融博物馆"建筑主体 改造前现状

2 修旧如旧 保护为主

城市建筑承载着历史和文化的长久积淀，也凝缩着智慧的演变和科技的发展，基于国内外优秀历史建筑保护修缮的相关研究文献，围绕城市更新以人为本的核心思想，对郑州市中国银行行长楼进行实地调研和历史档案搜集，以历史建筑保存的主体形态作为主要依据，总结出郑州市历史建筑适地性的改造策略和原则。

历史建筑修缮不仅以修复为主要目的，通过小规模、渐进式进行有机更新，尊重建筑的原始性和历史性，对原中国银行行长楼的修缮保护工作秉持"修旧如旧"和"保护为主"的设计原则，实施保护性修缮和功能性修复的设计循序渐进理念，通过还原历史风貌，将建筑艺术风貌和城市公共空间有机融合，最大限度的保留原建筑的历史信息，帮助历史文脉的延续，有效推动城市更新发展工作。

建筑外立面修缮尊重历史风貌，在外观上，原行长楼建筑沿用"飞机楼"原有的基本形态和材质，完整保留基座台、屋檐檐口、主楼烟囱、台阶及门窗等元素和符号；在材料上，主要采用仿青砖和水泥砂浆装饰构件，对一层破损处恢复原有青砖、二层保留原有青砖；在色彩上，色彩沿用"飞机楼"的青灰色系（图5）。通过沿袭主体"飞机楼"的建筑现有元素，选用原材料、原工艺等，保持原建筑风格特色，还原该历史时期的建造工艺、空间特色、历史风貌，修旧如旧，还原遗址（图6）。给整栋建筑渲染了浓郁的历史气息，历史记忆存留于更新后的建筑空间中，一定程度上传承了历史文脉，凸显了该建筑的历史价值，有效地使之成为城市旧记忆里的新名片。

图 5 "飞机楼"建筑主体

图 6 "飞机楼"基座

3 激活空间 文化传承

文化是城市的灵魂，更是城市赖以延续和发展的根基。随着人们生活水平的日益提高，对精神生活的需求也不断提高，以往的建筑和城市格局已满足不了人们精神文化需求和活动需求。通过建立城市与市民之间的联系，加强城市建设更新与街道空间的有机结合，创造公众参与型的公共空间。

曾经的中国银行承载着历史文化记忆，现将赋予建筑新的功能，命名为郑州市金融博物馆，由一个功能单一的办公场所转变为一座现代化文化艺术博物馆。从建筑空间功能出发，变换其使用功能，实现对原有建筑空间的动态保存，留住历史记忆，延续其生命意义与价值，充分发挥历史文化街区和历史建筑的使用价值，更好地融入当地人的生活之中。

历史建筑通常作为一个地方的文化脊梁和空间骨架，带动周边环境有机融合，兼容并蓄。通过中国钱币的演变史展示郑州银根文化，金融博物馆入口处采用艺术化铺砖来完善历史建筑修缮的整体性，添加新元素、新材料，传统与现代的有机结合强化了街区的历史底蕴（图7），让建筑的文化性及纪念性在城市空间中得以体现，使其成为特定的文化区域，让老建筑焕发新的活力与魅力。

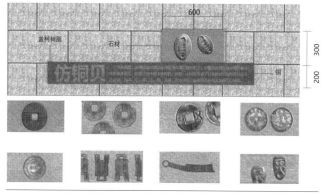

图7　中国钱币演变史

城市更新的内涵是推动城市结构优化、功能完善和品质提升，转变城市开发建设的方式。激活金融博物馆旁的遗余空间，为市民提供休憩、活动的公共绿地，结合了现代城市生活服务需求，完善了人性化公共服务设施，打造了文化展示相结合的特色化、人文化公共空间"盈园"节点（图8）。在《园冶》中所提到"巧于因借、精在体宜"的设计策略，一种兼具美好愿景和活力激发的园林策略，在"盈园"得到充分体现。植物配置上做到四季皆有景，配有人性化、舒适性观景座椅，使之原本功能缺乏、空间结构封闭的街角进行更新转型，提高城市文化归属和城市品质，充分考虑群众感受，注重品质提升，成为具有活力的口袋公园和让不同人群驻足的空间。

图8　郑州市纬五路金融博物馆 盈园景观效果图

城市发展为人民，城市更新工作需结合当地政府和相关管理部门的引导推动工作，做好城市宣传管理工作，鼓励城市主体多方共同参与，塑造友好型慢行空间，做到以人为本，创造宜人的城市街道景观。

4 总结

优秀的建筑不仅需满足当代生活的需求，反映时代的特征，同时尊重建筑与城市的历史与记忆，传承地域气质与人文情感。建筑有自己的语言，以其特殊的方式记录故事、留存文化。它反映了这座城市的时代变迁，能够唤起市民对过去的记忆，通过此次修缮，挖掘建筑最美、最有价值的元素，对斑驳的青砖、基座台、屋檐檐口进行还原与再现，中国银行的建筑风貌不仅得到保留与延续，同时与其金融博物馆的新身份有机融合，其文化性、舒适性在统一交融的基调上产生新与旧的碰撞，实现人与城市之间的对话。结合郑州地域特点，体现城市性格，在和谐中追求丰富性，塑造多元融合的整体形象，充分实现新与旧的空间中外在形态与内在赋予的精神相统一（图9）。市民可漫步金水区支路背街街区，寻找郑州金融业发展的痕迹，重拾具有代表性的郑州记忆。

图 9　郑州市纬五路金融博物馆效果图

图片来源：

图 1：网络

图 2～图 4：作者自摄

图 7～图 9：东华大学环境艺术设计研究院

参考文献：

[1] 中共郑州市委关于制定郑州市国民经济和社会发展第十四个五年规划和二〇三五年远景目标的建议 [R]. 郑州市人民政府，2021.

[2] 于今 . "城市更新"首次写入总理政府工作报告意义重大 [EB/OL]. 中国青年网，2021.

[3] 王建国，李晓江，王富海，等 . 城市设计与城市双修 [J]. 建筑学报，2018(04)：21-24.

[4] 山崎亮，马嘉，金静 . 城市更新与公众参与 [J]. 风景园林，2021，28(9)：19-23.

[5] 瞿燕，韩瑨玚 . 浅谈既有建筑改造与更新 [J]. 广西城镇建设，2019(01)：11-23.

浅谈物联网视角下的城市家具智慧化设计
A Discussion on Intelligent Design of Urban Furniture from the Perspective of Internet of Things

史朦 / Shi Meng

（东华大学环境艺术设计研究院，上海，200051）

（ Donghua University Environmental Art & Design Research Institute, Shanghai, 200051 ）

摘要：

物联网的飞速发展和数字化的普及，对城市的发展起着潜移默化的影响，5G 技术的诞生为物联网与为智慧城市建设提供新力量。城市家具作为城市公共基础设施的重要组成必将面临智慧化发展的趋势，本文致力于探讨 5G 技术对城市家具设计思路的影响与革新，着重归纳总结传统城市家具向智慧型城市家具转型的未来发展趋势。

Abstract：

The rapid development of the Internet of things and the popularization of digitalization exert a subtle influence on the development of cities. The birth of 5G technology provides a new force for the Internet of things and the construction of smart cities. As an important part of urban public infrastructure, urban furniture is bound to face the trend of intelligent development. This paper is devoted to discussing the influence and innovation of 5G technology on urban furniture design, and mainly summarizes the future development trend of the transformation from traditional urban furniture to intelligent urban furniture.

关键词： 城市家具，物联网，智慧化，5G

Key words： Urban furniture, Internet of things, Smart, 5G

1 物联网与城市家具设计

物联网是新一代信息技术的重要组成部分，是将各种信息传感设备与互联网结合起来而形成的一个巨大网络，可以实现在任何时间、任何地点，人、机、物的信息交换和通信。2019 年 6 月 6 日，工业和信息化部正式向中国移动、中国联通、中国电信和中国广电发布了四张 5G 商用牌照，这意味着国内正式迈进 5G 时代，物联网时代迎来改写与发展。

物联网是智慧城市建设的重要技术支持和生产要素，得益于 5G 强大的数据负载处理能力，越来越多的传感器进入城市基础设施，集成各种智能系统，不断达成通信交互，实现真正互联智慧城市的愿景。城市家具作为与市民生活密切相关的重要基础设施承载着用户多样化的需求，随着信息技术在日常生活中的广泛应用，人们早已习惯信息化生活，对城市家具信息化程度也有一定的要求。5G 的诞生极大推进了信息化数据技术更新，在技术层面支撑着传统城市家具朝智慧化城市家具的转型，完善民众对城市家具日渐提高的需求。因此，城市家具智慧化设计是适应新时代发展的必然趋势，适应智慧城市建设发展要求，完善智慧城市基础设施建设，使智慧城市建设获得好的发展。

2 物联网技术对城市家具的影响

城市家具是置于城市街道的环境公共设施，有公共服务、公共交通、交通管理、公共照明、信息服务、路面铺装六大系统分类，注重设施实用功能完善与视觉风格统一，旨在给人们生活带来便利与提升城市街道品质。智慧城市家具通过互联网技术、大数据技术等先进信息技术的支持，感知城市中的人、物和环境等，旨在使城市中的各类信息都能够实现互联互通，从而使人们的生活能够变得更加便捷、人与环境能够更加和谐地相处，并在节约资源的基础上促进城市的可持续发展。

物联网技术提升城市家具精确化管理。运用物联网技术，充分整合、挖掘、利用信息技术与信息资源，城市家具管理部门可以实现信息化、图像化、全方位的科学管理，完成对城市各个领域的精确化管理，对城市资源的集约化利用，充分解决对城市家具日常管理与设施维护的问题。在城市管理方面可以实现交通流量、违章事故、信息发布等智能交通；市政设施监管、智慧路灯等智能城管；安全监控、一键报警、视频分析等智能安防；手机、电动车充电、电子查询等便民服务功能；空气质量、环境气候监测系统等环保功能。

物联网技术完善城市家具交互功能，提升服务体验。传统城市家具主要围绕安全适用、尺度适宜、功能完善、彰显特色等原则开展设计，面对时下信息化发展的需求，在城市家具设计中融入智能交互服务。现实生活中，越来越多的城市家具开始结合数字化、自动化、智能化和信息化技术，带有传感器的感应路灯；安装有触摸交互屏的智能信息查询候车亭；基于互联网的相关数字平台与二维码应用的无人管理公共厕所、共享单车等新型城市家具潮涌而来。智能交互设计是提升人们使用体验的最佳手段，但目前城市家具服务体验的设计理念还未普及，相应结合智能化技术的智慧城市家具也比较少。在城市家具创新设计过程中，需要充分考虑人们的信息化、智能化需求，将交互体验和共享服务等理念融入设计中，更好地满足智慧城市中城市家具体系建设的要求，通过智能化互动手段和信息化人机界面，整合各种公共资源，主动应对城市公众生活的信息化需求，为城市居民提供功能全面、信息丰富、来源广泛的现代化数据咨询，建构主动服务型的智能城市家具体系。

3 智慧化城市家具的设计趋势

3.1 集约型

集约型的城市家具是指对城市家具的智能化改造以提升其城市服务水平，例如在路灯、窨井盖、垃圾桶、候车亭等设施上增加感应器，一方面作为城市动态数据的收集使用，另一方面也可以提升设施自身的服务功能和管理水平。一体化是指同类或相近功能的城市家具整合在同一设施上，以提升其整体的利用率和服务体验。未来城市家具必定是集多种使用功能于一体的"智慧"设施，传统意义上的单一功能、布局分散、独立成体系的城市家具势必随着技术的进步和需求的增长而被以集约整合、共享服务、互换模块等理念为导向的新型城市家具所取代。

例如在路灯上整合一键报警和电动车充电功能，使原本单独设置的城市家具能集中在一起，发挥其最大功效。这种一体化的整合目前是固定状态的，未来也可能是动态调整的，例如无人机与路灯的整合形成的类似机器人化的城市家具，这也可以被认作是另一种形式上的城市装备。未来在街面层次的城市家具需要按照紧凑、集约和美学的原则，对路灯、座椅、花坛、垃圾桶等设施进行集中有机整合、统一布局，采用多杆合一、多箱合一的理念对其进行整合设计，紧凑性的设计、集约化的布置、一体化的视觉处理和有效控制城市家具数量和规模占人行道的比重等措施方法就势在必行，在保证道路基本功能优先的前提下，智能集约化地改造街道空间，智慧一体化地整合城市家具。

3.2 交互共享型

智慧化城市家具发展中，共享、交互是传统城市家具转型的有效途径之一。城市家具公共服务属性代表着它一定是"共享"的，在共享经济模式的刺激和带动下，这种"共享"特征将进一步强化。共享型城市家具是指其本身功能复合、空间分享，在智慧化引导下，还与市民的日常生活产生更多交集互动。在了解人们的潜在需求和基于自身优势的基础上，城市家具设计从服务、多功能、与人互动、便捷性等方面入手，探寻与共享模式之间的联系，努力寻找与共享产品的异同点、取长补短进行产品设计、技术与商业模式的创新，走出一条独特的共享城市家具之路。

法国建筑师马克·奥雷尔设计的 Osmose Bus Stop 巴黎"未来巴士站"（图 1）RATP 改造公共汽车和地铁站计划的一部分，作为公交车站它早已超越其原有功能，并为当地居民提供额外的智慧服务与共享服务，与人群产生交互互动。这个巴士站位于昼夜公交线路的十字路口，它不仅仅是一个专用于公共汽车的等候区，同时也是一个智慧化的生活空间。日常生活中最常见到的公交车候车亭功能单一，当公交车候车亭开始启动共享模式，在交通系统非运作的时间段，候车亭开启新功能，承载了更多的服务功能（图 2）。如交互式触摸屏可以让人们在地图上浏览该区域，查看实时巴士到达信息，购买活动门票，并提供借阅图书、电动自行车自助充电、手机充电、无线 wifi

图 1 巴黎"未来巴士站"街景

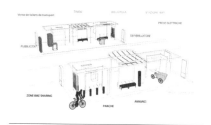

图 2 公交车站空间功能共享概念

等休闲功能，提升其作为公共设施的价值（图3）。

图3 巴黎"未来巴士站"

东耶路撒冷地区为了改善城市空间空洞枯燥的艺术状态，在瓦莱罗广场设置了四朵花（图4）。事实上，这是一种交互式城市家具，设计师尝试着用艺术的方式去装点城市空间。花朵能回应环境与行人展开互动，当有行人经过时，装有传感器的巨大花朵被充满空气，慢慢打开，为行人遮挡阳光；当行人离开时，花朵又会缓缓收起。有轨电车驶近时，花朵会发出信号提醒人们快速上车。夜晚花朵又变成有趣的景观灯。四朵红花的出现使广场的四周都能受到它的感染，数字花朵激活了人们的生活热情，创造了人与城市家具良好的互动，嘈杂的环境也因此变得更具个性和活力，城市街道空间也因此具有了新的视觉感官特征。

图4 瓦莱罗广场的花卉伞灯城市家具

3.3 智能型

在普通城市家具基础上，将智能传感器、视频监测识别、物联网与人工智能等信息技术有效融入，利用视觉、听觉、触觉甚至嗅觉等感觉器官的功能感知和人机交互理念进行城市家具的设计，从而使城市家具智能化。智能型城市家具是在智慧城市环境下，物联化、信息化、智能化的具体体现。不仅具有传统城市家具的所有功能，更兼具无线网络通信、信息数据采集、设备自动化，提供全方位的信息和人机交互功能，如智能垃坂桶、智能路灯、智慧灯杆等。

英国莫顿市试点使用了智能垃圾箱（Bigbelly太阳能垃圾桶），这款太阳能垃圾箱具有垃圾压缩功能，可压缩和存储箱体5倍的垃圾，能源完全取自太阳能。当垃圾箱容量达到85%时，系统会发送短信或电子邮件来通知相关人员进行排空。莫顿市一般垃圾箱平时需清理两次垃圾，而使用该垃圾箱后，控制台收到垃圾箱满的提示后才会出车进行清理，并且只需清理一次。不仅减少了垃圾车的燃料消耗，也能降低运输途中的碳排放（图5）。

图5 Bigbelly 太阳能垃圾桶

3.4 可移动型

具有高级智慧的人工智能、机器人化的城市家具这种新设施已突破了城市家具固定不动的特征，具有一定的城市装备的属性。典型的案例有机器人垃圾桶、机器人物流车。

传统的垃圾桶都固定于地面，但机器人垃圾桶却能随意移动。DustBot公司研制的名为"DustCart"垃圾收集机器人是个装有轮子的垃圾桶，借助平衡车底座保持平衡。它能够自我导航，自主移动于城市的街头巷尾。人们可借助手机APP来召唤垃圾桶，它会借助GPS全球定位系统、三角测量系统和无线网络计算出最佳行进路线，自动导航到你所在的位置。装有摄像头等视频识别设备和传感器的垃圾收集机器人会扫描周围的环境，识别行人、自行车等移动物体，快速计算他们的行进线路并通过改变行进线路的方式避开障碍物。机器人借助传感器感知、障碍规避、语音识别等系统、实时获取道路环境数据以及安全控制中心的后台监视操作和危机干预，完成机器人的自主智能控制（图6）。

图6 垃圾收集机器人

4 结论

物联网作为一个新兴技术，城市家具通过与其新技术的有机结合，在科技发展日新月异的未来，必定将在社会的各个角落发挥巨大的作用。本文通过调研，对城市家具结合物联网技术的设计趋势进行归纳，浅显地总结出物联网对城市家具设计的影响与发展方向。如何能使城市家具在有效结合信息技术的同时又能够满足城市居民、政府、环境等多方面的需求，作为城市公共服务体系的重要组成部分，既表现出其自身的审美价值，又能通过智能化、智慧化的改造更加直观地体现城市风情展现城市气质，这将是城市家具设计未来研究的重要研究课题。

图片来源：

图 1～图 6：网络

参考文献：

[1] 郭建民 .5G 在物联网中的作用和对新技术的需求 [J]. 网络安全技术与应用 ,2020(03):74-75.

[2] 周波 . 基于未来智慧城市愿景的城市家具设计研究 [D]. 杭州：中国美术学院 ,2019.

[3] 姜艳 . 物联网的发展趋势及应用前景 [J]. 企业改革与管理 ,2017(22):48.

[4] 张宇 , 阮雪灵 , 闫幸 . 我国智慧城市发展存在的问题及应对策略研究 [J]. 中国管理信息化 ,2020,23(02):187-189.

[5] 李敏勇 , 刘建文 . 文化传达视角下的城市公共家具探究 [J]. 美与时代（城市版）,2017(6):58-59.

[6] 匡富春 . 城市家具的内涵及其功能性分析 [J]. 包装工程 , 2013(16):39-42.

浅谈情感化设计理念下的城市家具设计
Talking about Urban Furniture Design under the Concept of Emotional Design

李雪婷 / Li Xueting

（东华大学环境艺术设计研究院，上海，200051）
(Donghua University Environmental Art & Design Research Institute, Shanghai, 200051)

摘要：

　　社会和科技的不断进步使得人们的生活方式发生巨大转变，同时也衍生出了人们对于周围生活环境新的期待和需求。"城市家具"并不能简单理解为城市中具有功能性的公共设施，更重要的是其在被使用过程中产生的文化的传递和情感的交流。本文通过探讨城市家具的情感化设计，探究其设计的方式方法，进而使人、城市家具、城市空间三者更加紧密地结合在一起，为人类创造一个更加舒适、和谐的城市环境。

Abstract：

The continuous progress of society and science and technology has made a huge change in people's lifestyles, and at the same time, it has also generated new expectations and needs for the surrounding living environment. "Urban furniture" cannot be simply understood as a functional public facility in a city, but more importantly, the cultural transfer and emotional exchange that it produces during its use. This article discusses the emotional design of urban furniture and explores its design methods, so that people, urban furniture, and urban space are more closely combined to create a more comfortable and harmonious urban environment for human beings.

关键词： 城市家具，情感化设计，情感

Key words： Urban furniture, Emotional design, Emotional

　　城市家具作为人与城市空间的一个重要联系点在城市建设中有着举足轻重的作用。随着城市的发展，城市家具的建设也在不断地进步。当然，目前我国在城市家具的设计上还处于探索阶段，很多问题还没有得到有效的解决。那么如何设计出更好的城市家具，城市家具设计未来的发展趋势是什么，这是设计者们目前需要重点思考和探讨的问题。

1 研究背景

1.1 生活品质升级带动环境需求多元化

　　经济的发展和社会的进步带来了人们物质需求的基本满足，同时，深刻的社会变革使得人们的价值观念也在无形之中发生转变，人们开始追求更高的生活品质和更人性化

的、自由、舒适的生活。在我们现在所处的时代，物质需求已经不是主导需求，精神和情感需求才是人们现在所迫切需要的。

1.2 市场竞争激烈，人们的生活压力增大

2020 年是我国全面建设小康社会的收官之年，伴随这一大事件的不仅仅是人民物质生活水平的极大提升，还有激烈的市场竞争和人们精神压力和生活压力的日益增大。在很多媒体报道中我们不难看到，现代社会中，抑郁症等心理疾病出现的比率在极具上升，社会问题也层出不穷。根据对诸多案例的归纳、总结以及学者们的研究中可以发现，目前的环境已经不能够满足人们的生活和精神需求，我们的生存环境需要进一步改善和提升。

1.3 旅游品质需求与公共设施滞后的矛盾显露

在我们物质生活水平得到充分满足后，精神需求增多，旅游业也越来越发达。越来越多的人选择去不同的城市甚至不同的国家感受不一样的文化氛围。作为城市中与人们日常"互动"的公共设施，城市家具的作用无疑是举足轻重的。品质低下的城市家具不但不能代表一个城市的形象，还会破坏城市的整体形象，给旅游者和甚至是当地的常住居民带来不好的环境体验。

2 城市家具

城市家具是指在城市中置于户外的各种环境设施，其目的是服务市民、美化城市环境。根据其用途可以分为信息设施、交通设施、道路照明设施、安全设施、服务设施和艺术景观设施等几大类。"城市家具"的概念在近几年兴起，其温暖、亲切，引导人们对身边存在的事物进行重新审视，并对其存在意义再次进行思考和把握。

城市家具是城市景观中重要的一部分，它深刻地影响着当代城市发展、公共服务、社会生活与文化更新，成为展现一个国家、城市综合发展理念与水平的标志。尽管它们体量不大，但与公众生活和城市景观之间的联系十分密切。有了城市家具的加持，城市魅力、城市环境、城市形象都能够获得极大提升。它的设计研究具有庞大且复杂的特点，需要以城市大环境为基础，着眼于整体，合理地将其所在空间的独特元素融入设计中，从而把最具深刻内涵的城市记忆带给人们，呈现出城市家具设计与环境的协调、对人文的关怀以及对城市形象的塑造这样"四位一体"的和谐氛围。

3 国内城市家具设计的现状和存在的问题

我国城市家具设计目前还处于探索阶段，有很多地方还存在缺陷与不足，需要设计师们去思考和完善。

3.1 设计千篇一律，毫无特色

目前我国大多城市家具设计千篇一律，缺乏自身特色，人们并不能对其产生共鸣，无法产生情感上的寄托和发自内心的热爱。

3.2 缺乏与人、环境之间的联系

城市家具与人、城市空间是一个密不可分的整体。在它的设计中，系统性和整体性至关重要。任何城市家具都不是独立存在的，它除了自身的使用价值外，它与城市和其他部分都是一个整体。与周围环境格格不入的城市家具会破坏城市的整体形象并且也难以引起人们的情感共鸣（图1）。

图1 山西大同护城河步行街一角

1999年，国际建协第20届世界建筑师大会通过的《北京宪章》中第三条和第七条都提到了"整体的环境艺术"。设计既要存在共性，又要存在个性，要具有服务和体验的特性。要让城市里的人群参与到设施当中去。城市家具设计的研究学者鲍诗度教授也在诸多著作中提到过系统设计的概念。我们现在所生存的环境是一个大的环境系统，城市空间、建筑、景观等在设计中都是需要保持系统性、整体性，并且每个设计的部分在自身设计的过程当中也需要联系周围的空间和环境来思考与设计[①]。城市家具设计也是一样，现在的城市家具设计往往忽视了其和使用环境是否和谐，不能与使用者们建立长久的感情纽带。

3.3 缺乏对设计细节的把控和对设计品质的追求

国内的很多设计，不仅仅是城市家具设计，都存在着设计细节不到位，设计品质不过关这样的问题。

3.4 设计关注点没有更多地放在"人"身上

由于目前设计师们对于城市家具如何能够满足人性化需求提出的见解大多是基于环境而言的，很少能够做到以"人"为出发点进行研究设计，因此这些研究成果缺乏从"人"的角度出发展开城市家具设计的深入探讨。

4 情感化设计的概念及发展趋势

情感化设计主要是通过抓取用户注意力并诱发其情绪反应，从而提高用户执行特定行为的可能性。简单来说，情感化设计就是借助某种方式去刺激用户，让用户情感上产生波动。通过设计产品的功能、产品的某些操作行为或者产品本身的某种气质，产生情绪上的唤醒和认同，最终使用户对产品产生某种认知，在他心目中形成独特的定位[②]。

情感化设计更多强调的是心理感受和情感体验，成功的情感化设计能够让使用者在使用时感受到情绪有益的波动，舒畅心情，提升幸福指数。

情感化设计的"前身"是感性工学。日本广岛大学工学部的研究人员将感性分析运用在工学研究领域。1970年，日本住宅设计的研究人员开始着眼于居住者的情绪来进行设计，思考和研究如何具体满足居住者的感性需求，这一新技术在当时被称为"情绪工学"。韩国则将其称之为"感性工学"，并且开设有"感性工学学会"等相关研究组织。1988年第10届国际人机工学会议上正式提出"感性工学"这个专业名词。

2005年《情感化设计》出版，其作者为全球著名的认知心理学家、美国的工业设计师诺曼。他在书中从人类的本能、行为和反思三个不同的设计维度对情感化设计展开了全面而系统的阐述，认为设计应该将研究重点从"物"的身上转移到"人"的身上，设计的基本出发点应该是基于用户的心理需求和心理感受，让用户以自身现有的心理习惯为选择依据，出于自身意愿接纳设计产品，而不是只在意设计产品的表现形式，忽略用户的使用感受[③]。人类的情绪具有驱动和监察等作用，在快乐、悲伤、愤怒、恐惧和厌恶这五种人类最基本的情绪之中，只有快乐具有正面积极性，正是如此，设计师会通过设计作品使用户产生各种像兴奋、快乐、悲伤等的情感体验，从而实现对用户认知、判断和行为的影响和干预。

5 城市家具情感化设计的必要性

人们对情感的追求从本质上来讲就是对精神的追求。现代社会正在飞速发展，随之而来的是人们生活方式、思维方式、交往方式等的巨大转变，并且对滋润精神文明的需求也是日益增加。

情感是人们与生俱来的一种需求，是人类生存不可或缺的一部分，也是对人类生存有利的重要组成部分。人们会对周围事物所产生的情感会转化成一种情绪，折射到生活的方方面面。它小到对个人生活的影响，例如在情绪产生后对个人事情的理解与处理，对家庭氛围的改变；大到对国家和社会的影响，例如不同的人产生的不同情绪契合或是矛盾，而后进行一系列连锁反应，对国家、社会的稳定与和谐等。情绪虽然是感性的产物，但它本身也具有一定的可控性，有外界干预和自我调节的可能性。情感本身就是一种能量，设计师只要在设计中加以运用，对个人情感进行有益的调节和干预，就能够使作品更富有亲切性和感染力，更好地与使用者在情感层面沟通与交流，让使用者的情绪得到有效的调节。随着"体验经济时代"来临，DIY、人机互动等等新的体验形式备受追捧，体验文化成为一种潮流，"情感化"也逐渐成为设计的主要发展趋势之一[④]。从心理学角度来谈，人格的核心就是情感，一件产品、一个空间真正的价值在于满足人们情感需求，带给人们内心愉悦的审美体验。情感化设计是满足产品的审美与功能之外的一种升华产品的设计，是满足用户需求和提升用户体验的关键。在当今体验文化兴盛和移动应用泛滥的时代，只有存在情感化设计的产品才能吸引大众。

城市家具的情感化设计不仅能给人们的生活带来更多的便捷，而且也能够满足人们精神上的需求，让人们在使用的过程中下意识地有一种舒适感、归属感，还有发自内心的舒畅与愉悦，从而把这种感情转化为对生活的热爱，对社会的感恩。城市家具的设计要想赢得使用者的心，注入情感化设计理念是必不可少的一部分。如何能更好地结合情感化与设计是设计师们必须要仔细研究和思考的。

6 城市家具情感化设计的方法探索

6.1 影响城市家具情感化设计的因素

人类情绪的变化十分细微，它来自于生活的方方面面，任何一点小小的变化都可能会波动人们的情绪，影响人们的心情，引发不同的情感。

（1）造型因素

造型是每个空间、每件产品给人以最直观的因素之一。一个好的造型是吸引人们注意力中不可缺少的要素。直线形式的造型往往有着正式、坚毅，冷峻，严肃的意向；而曲线的造型与之相反，它更能给人带来随和、自然、流畅的心理感受。一个好的造型的塑造还可以体现一个城市的历史文化和地域特征，引起居民们的情感共鸣。

（2）色彩因素

色彩在生活中无处不在，它能够影响情感、传递情感。不同的情感能传递不同的情绪。高纯度、高明度的色彩活泼、明亮，让人看了之后充满活力；低纯度、低明度的色彩沉稳、淡雅，给人清新、舒畅的感觉。色彩本身可以传递情感；不同年龄、不同性别和不同文化群体的人对待色彩有不同的情感；不同场所、不同地域都有不同的色彩情感。城市家具的色彩设计应根据所在的自然环境和社会环境因地制宜地设计方能取得人的情感共鸣。设计师 Guto Requena 在设计作品"你能给我一个秘密吗？"（图2、图3）的时候巧妙地运用了色彩对人情感的冲击。他在色彩上通过提取周围移民者们国家中的颜色将其混合进行设计，给人们带来了不一样的视觉体验和心理体验。

图2 作品"你能给我一个秘密吗？"

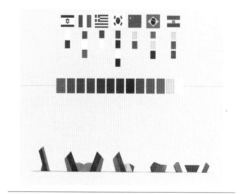

图3 "你能给我一个秘密吗？"作品设计理念

（3）材质因素

材料的选择更多会在视觉和触觉上带给人们与众不同的感受，从而使人们产生不同的情绪。它是城市家具设计思想实现的媒介，是功能、情感体现的载体。一般情况下，质地较为粗糙的材质更能引起人们温暖、朴实、亲切的感受；质地细腻的材质给人以高贵、华丽、活泼、精致的感觉。QCP 项目中的座椅采用了混凝土材质，在材质与造型上都与环境相融合，达到了与众不同的效果（图4）。

图 4　QCP 的项目：透光混凝土座椅

（4）空间尺度因素

空间尺度指的是人们在所处某一空间中活动时，在生理和心理上所能体验到的空间大小。设计时应该把人的需求当作出发点，充分考虑人的生理和心理感受和特殊要求，营造出具有和谐比例尺度的城市公共空间。

（5）空间情境因素

空间情境也是决定设计的关键，它的营造决定了很多设计元素的应用。庄严肃穆的空间场所和休闲娱乐的空间场所需要不同的城市家具设计来传递情感，这些场所内设计也会带给人们不同的心理感受。

（6）交互体验因素

5G 时代到来，智慧城市、体验经济的概念逐渐兴起，体验文化接踵而至，也受到了很多人的好评与喜爱。在这个时代设计师的职责和设计工作的内容发生了很大的变化。我们不能忽视人与产品之间的交互，要把握好这条情感纽带，无情感的设计将会破坏人、物和环境的和谐。前文所提到的设计师 Guto Requena 设计的公共座椅（图2、图3），它除了色彩方面的别出心裁，在交互体验上也出奇制胜。这个作品由 5 个长椅组成，它会邀请路过的人们来分享自己的故事，通过扬声器进行随机录制和播放。正如作品的名字"你能给我一个秘密吗？"一样，它能够很好地建立起人与环境的情感纽带，促进人、物、环境相和谐。

6.2 基本设计方法

结合上文中提出的影响城市家具情感化的设计的外部因素笔者总结出以下四点基本设计方法：

（1）结合城市空间环境，在设计时兼顾其系统性和整体性。

（2）结合城市自然环境和社会环境，满足其设计的目标，升华其设计的作用。

（3）结合城市家具自身设计要求，满足其基本功能性，以及涉及的经济性和合理性。

（4）结合设计心理学、环境心理学相关知识，在满足其功能的基础上研究人们的心理需求与走向，从而引起消费者思想和情感上的共鸣，满足消费者某种心理上的需求。

7 结语

人是"社会存在物"，人的本质是"社会关系的总和"，设计是为人服务的。情感化设计必定是未来设计的一个大的发展趋势，它能够探究使用者的心理，创造人、城市家具、城市空间的和谐关系。

图片来源：

图 1：作者自摄

图 2～图 4：网络

参考文献：

[1] 鲍诗度, 城市家具系统设计 [M]. 北京: 中国建筑工业出版社, 2006.

[2] (美) 唐纳德·A·诺曼. 设计心理学 (3 情感化设计) [M]. 何笑梅, 欧秋杏, 译. 北京: 中信出版社, 2012.

[3] (美) 唐纳德·A·诺曼. 情感化设计 [M]. 付秋芳等, 译. 北京: 电子工业出版社, 2005.

[4] 缪晓宾. 城市家具情感化设计研究 [D]. 云南: 昆明理工大学, 2008.

[5] 毛颖. 城市家具的色彩设计研究 [D]. 重庆: 重庆大学, 2009.

[6] 孙磊. 视知觉训练 [M]. 重庆: 重庆大学出版社, 2013.

浅谈社区公园家具的应用研究
A Discussion on the Application of Community Park Furniture

马雨晴 / Ma Yuqing

（东华大学环境艺术设计研究院，上海，200051）

（Donghua University Environmental Art & Design Research Institute, Shanghai, 200051）

摘要：

　　我国经济迅速发展，人民生活水平不断提高，生活方式也有所改善，增强了休闲健身意识，也更加追求压力缓解和娱乐交往等心理需求。社区公园作为具有就近服务功能的便利性绿地，效用众多，而社区公园家具作为其游憩服务的重要载体，还未能构建完整的体系。通过对上海部分社区公园进行调研，以"社区公园家具"实际使用情况为依据，从人性化角度出发，探讨分析其现状问题，并总结归纳出设计原则，从而更好地为居民服务，彰显整体环境空间品质，全面提升城市形象和居民休闲生活质量。

Abstract：

　　Becasue of China's rapid economic development , the continuous improvement of people's living standards, and people's lifestyle has improved. People enhance the awareness of leisure and fitness, also more to pursue psychological needs such as stress relief and entertainment exchanges. As a convenient green space with nearby service function, community park has many effects, while community park furniture, as an important carrier of its recreation service, has not yet built a complete system. Through the investigation of some community parks in Shanghai, based on the actual use of "community park furniture", this paper discusses and analyzes its current situation from the point of view of humanization, and summarizes the design principles, so as to better serve the residents. highlight the overall environmental space quality, and comprehensively improve the city image and residents' quality of leisure life.

关键词： 社区公园，城市家具，人性化设计

Key words： Community park, Urban furniture, Humanized design

　　在我国城市建设事业不断发展的同时，社区公园建设也应运而生。其可达性高、贴近生活、迈出家门就能接近自然的便利性，成为周边居民休闲游憩和健身的好去处。2016 年，国务院颁布的《全民健身计划（2016—2020 年）》指出：以满足人民群众日益增长的多元化健身需求为出发点和落脚点，统筹建设全民健身场地设施，方便群众就近就便健身。其中，实用且人性化、系统化的社区公园家具作为社区公园中分布广、利用率高、与游憩者接触最为密切的城市家具，是不可或缺的。而这与其他安置在不同场所内的城市家具，如街道或综合性公园绿地等空间的不同之处在于，社区公园家具面向的人群类型较为固定，其设计应从使用人群角度出发，更具针对性。但由于国内对社区

公园的认识与实践还较为欠缺，导致大部分社区公园家具与其他城市家具并无显著区别。只注重形式美，忽视整体的系统性与人性化功能等问题，严重影响了社区公园的使用率。因此，本文就当前社区公园家具存在的主要问题进行调研分析，着眼于人群需求，提出社区公园家具设计的基本原则，打造社区公园新特色。

1 社区公园家具相关概念及分类

1.1 社区公园

本文所指的社区公园，是按照自 2018 年 6 月 1 日起实施的《城市绿地分类标准》（CJJ/T 85-2017）中的定义：用地独立，具有基本的游憩和服务设施，主要为一定社区范围内居民就近开展日常休闲活动服务的绿地，规模宜大于 1 公顷。且文中所讨论的社区公园仅为城市中的社区公园，未涉及农村。

1.2 社区公园家具

目前对于"社区公园家具"一词还没有完整释义。而在《城市家具系统设计》一书中，鲍诗度教授将城市家具定义为：方便人们进行健康、舒适、高效的户外生活而在城市公共空间内设置的一系列相对应于室内家具而言的设施。由此得知，社区公园家具从属于城市家具。

1.3 社区公园家具分类

本文以社区公园家具的功能为依据，大致分为七类：坐卧类、休闲娱乐类、卫生类、照明类、信息标识类、美化观赏类、无障碍类（表 1）。

社区公园家具分类 表 1

社区公园家具分类	举例
坐卧类	椅、亭、桌、廊架等
休闲娱乐类	娱乐器械等
卫生类	垃圾箱、卫生间等
照明类	路灯、景观灯、草坪灯等
信息标识类	指示牌、导向图等
美化观赏类	艺术小品、铺装等
无障碍类	坡道、专用标识等

2 当前社区公园家具存在的问题

由社区公园的定义得知，其主要是为周边居民提供游憩场所。在生活质量和精神追求提高的同时，人们对社区公园家具的要求也越来越高。通过对上海部分社区公园进行调研分析与资料研究后，对国内社区公园家具的现状有了一定了解，发现其设计存在一些普遍性缺陷，并归纳总结为以下四部分。

2.1 无法满足大众行为需求

社区公园空间功能的使用者多为休憩聊天的老年人、玩耍娱乐的儿童和运动健身的中青年，且规模相对于综合类公园来说较小。因此，作为具有服务性质的社区公园家具，更应首先实现使用者迫切需要的功能，但现实情况却问题百出。

如图1所示，社区公园家具中存在大量只具备基本功能的座椅，无靠背设计会使久坐的老年人感到不适，甚至导致腰背受损，本已疲惫的身体会在无形中增加负担；还有一些社区公园（图2），缺乏最基本的儿童游乐设施，孩子只能在景观石上玩耍，且整个场地内也没有用于居民健身的设备，对于无障碍设施的设计意识更是匮乏。此外，还存在缺乏标识导向系统、铺装欠缺规整度和材质不舒适、照明设施不完善、垃圾箱数量不足导致卫生情况堪忧等问题。

图1 上海金杨花园　　　　　　　　　　图2 上海培花公园

2.2 社区公园家具种类单调、布置平庸

笔者在对上海的部分社区公园家具进行比较后发现，其造型样式和设计等都相差无几，过于程式化，缺乏创新性、趣味性、多样性和地域文化特征，忽视了不同层次使用者对家具的个性化需求。其次，家具布置缺乏科学性，一些基础的坐卧类家具布满灰尘且无人问津已是常见现象，因其位置处于太阳直射之下，暴晒导致自身温度高而又没有遮挡物，或是位于人群走动较少的区域、阴暗潮湿处、风力强、易积水的地方等，都是不适于休憩的位置，导致资源浪费；家具位置的设计还有划分人群活动场所的功能，一些家具只供单人使用，忽视了居民对于邻里互动交往的心理；还存在私密性较弱导致使用者缺乏安全感等问题。

2.3 社区公园家具与环境不协调

社区公园家具与社区公园环境是共生的，社区公园环境的好坏体现其家具的价值，社区公园家具的品质也直接影响着整体的环境空间。目前，社区公园家具与环境不协调问题随处可见，二者各自为政，缺乏系统规划管理，存在设计过分强调家具本身等问题。虽达成了建设要求，但与环境空间格格不入，失去了作为社区公园家具的意义。

2.4 轻视社区公园家具的维护与安全度

调研发现，大多社区公园家具都存在维护不及时和安全性较差的问题。且目前国内对其研究尚基本着眼于供需平衡，属于"量"的研究范畴，对于品质的研究相对欠缺[1]。无论是自然或人为原因导致家具损毁而丧失了使用功能，且未得到及时修护，都将造成资源浪费与景观破坏。

如图 3 所示，铺装作为影响活动场所体验感的重要因素，出现了开裂和破损，缺乏美观与安全性。由于基础施工不合格，或铺装材料本身质量较差等原因，经自然因素或人为破坏后更易出现问题；图 4 所示的廊架经过长时间的日晒雨淋已经出现斑驳锈损和表皮开裂的问题，破旧不堪。旁边座椅的椅面凹陷，木料也已经掉色、出现裂痕，椅子侧面的构件断裂，在得不到相应维修养护的情况下，其基本使用功能会逐渐丧失，同样存在安全隐患。而这些问题的根源是设计者和管理者还未达到对其应有的重视程度，且设计水平不高。

图 3 上海泾南公园

图 4 上海培花公园

3 社区公园家具的人性化设计原则

"人"作为社区公园家具的使用者，设计角度都必须由"人"出发，围绕使用社区公园家具的常用群体进行设计，将服务于实际需求作为其设计建设的基本价值观，充分体现人文关怀。针对当前问题，讨论社区公园家具的人性化设计原则，以此来改变人与家具彼此独立的现状。

3.1 满足生理及心理需求原则

在社区公园家具设计中，应考虑到不同的使用者特征，实现公平与共享，满足其心理和生理需求，使其获得参与感和体验感，促进和谐健康的邻里交往。并且通过完善社区公园家具建设亦能加强居民游憩和锻炼活动，促进居民整体健康水平的提升[2]，为社区公园注入活力，提高生活品质。

3.1.1 生理需求

人们对社区公园家具的生理需求体现在功能性上，首先需要分析不同使用者行为习惯和生理特点需求，如对照明类家具的高度和亮度需求，标识系统的设置需求，卫生间的功能布局，无障碍流线设计，各类家具的尺寸、形态、色彩、材质等。在实现功能性，满足舒适健康的前提下，达到经济性与美观度，从而摒弃华而不实导致的浪费现象。

3.1.2 心理需求

（1）私密性原则

私密性以及领域性的需求是人类的一项基本要求。人在进行活动时，会主动性地占据一定的空间且与其他人保持一定的距离，以保证自己的私密性、安全感[3]。因此，需考虑到社区公园家具的布点设计。对于部分安静的场所，希望有私密空间的人群，可将家具安置于围栏遮挡处以分割空间，或利用植物进行围合达到相对封闭，进行多层次布置。

（2）趣味性原则

社区公园家具设计的趣味性可以提升人们的幸福感，满足人们对愉悦生活的追求，促进交往，增强凝聚力与归属感，体现人性化和创新性。调动人们对社区公园家具的使用兴趣可以通过家具的外形、色彩、材质变化、图案等进行表达。如图5、图6所示，趣味的表现形式多种多样，但都兼具了功能性与美观，拉近人与人、人与家具、人与景观的距离。正如斯蒂芬·贝莱所言，趣味是设计产品中最人性化、最直接、最能引起人们兴趣的因素。

图 5 乔森花园（Chausson's Garden，法国）　　图 6 城市家具设计项目"桥梁"（西班牙）

3.2 系统性原则

公共设施≠城市家具，城市家具与公共设施是不同的。城市家具除了具有直接实用功能价值之外，之间要有系统性[4]。

社区公园家具的系统性体现在：与周边环境相协调和家具各部分之间的和谐统一。若未对社区公园效果进行整体性设计，再美观的形式都仅仅是一些杂乱无章的局部。因此，社区公园家具是依附于社区公园其他要素而存在的，与整体环境融为一体，共同体现出艺术效果。设计应综合考虑，与周边建筑、绿化、城市文化及其他家具的形态、色彩、材质、体量等各类要素统一整合。并且，应对社区公园整体进行统一化管理，共同提升居民休闲生活质量，提高城市文化内涵。

3.3 安全性原则

安全性是指社区公园家具在尺度、肌理与细节，尤其在质量方面，应满足人的基本需求。以免给使用者造成安全隐患。对于提升公园服务品质、提高公园到访率和进行伤害预防具有重要作用[2]。提供足够的休憩家具、完备的照明设施、柔软防滑的铺装材料、清晰准确的标识导向系统以及部分家具的无障碍处理等，营造出充满人文关怀、保障安全舒适的户外活动环境。

3.4 可持续发展原则

社区公园作为周边居民的"后花园"，其家具的品质会成为衡量人们游憩体验感的重要标准。在审美认同和现代化体现的同时，也要追求长远利益，关注城市公共环境效益。

社区公园家具的可持续发展，涉及两方面：一是设计施工层面，二是后期的管理维护。在前期的设计施工中，应首先遵循绿色生态、低碳设计等理念，且能经得住自然环境考验，与环境友好相处。其次要尽量采用可再生材料、就地取材、进行无毒无害加工并保障家具舒适度与牢固度，施工前需要了解材质特性，注重结构设计与工艺技术。一些可直接购买的家具应尽可能选择高品质环保材料、注重设计美观性的产品；在后期的管理维护方面，由于家具的使用频率较高，需要保障家具的耐久性与安全性。还可以安排专业人员对社区公园家具进行定期的维护保养，如防腐防潮等，延长使用寿命。若有家具报废，也能做到回收利用，减少资源浪费，实现最大价值。而社区公园家具的可持续，也要依赖周边居民的行为和思想觉悟。社区公园的相关管理者应积极号召居民保护环境和维护设施。让人们意识到，保障家具使用寿命、走好可持续道路、提升城市建设水平是每个公民应尽的义务。

4 结语

社区公园家具展示了整个社区公园、街道甚至整个城市的整体形象，其设计尤为重要。应以人性化、系统化为基本出发点，遵循社区公园家具的设计原则，科学把握系统，为居民打造安全舒适、和谐美好的高品质户外生活，达到整体的优化，对塑造良好的城市形象具有积极作用。

图片来源：

图 1～图 4：作者自摄

图 5、图 6：网络

参考文献：

[1] 于冰沁，谢长坤，杨硕冰，车生泉.上海城市社区公园居民游憩感知满意度与重要性的对应分析 [J].中国园林,2014,30(09):75-78.

[2] 骆天庆，夏良驹.美国社区公园研究前沿及其对中国的借鉴意义——2008—2013 Web of Science 相关研究文献综述 [J].中国园林,2015,31(12):35-39.

[3] 陆煌煌.基于环境行为学的长沙和馨园社区公园景观设计 [D].长沙：中南林业科技大学,2019.

[4] 鲍诗度，史朦.中国城市家具理论研究 [J].装饰,2019(07):12-16.

旧城区生活性街道空间中城市家具的优化策略研究

Study on Optimization Strategy of Urban Furniture in Living Street Space in Old City

魏潇惠 / Wei Xiaohui

（东华大学环境艺术设计研究院，上海，200051）

（Donghua University Environmental Art & Design Research Institute, Shanghai, 200051）

摘要：

随着城市化建设的快速发展，越来越多的人渴望更高标准的居住环境，而一些建成年代较早的老旧社区由于忽视了对街道空间的及时调整，出现街道城市家具匮乏、设施老旧、活力丧失等一系列问题，在生活性街道附近的居民生活质量受到严重影响，因此旧城区街道空间迫切需要改善。本文通过对旧城区生活性街道着手分析，对河南金水区的经八路进行现状调研，梳理出生活性街道空间中城市家具存在的代表性问题并提出优化策略，为营造可持续发展的旧城区街道空间环境而努力。

Abstract：

With the rapid development of urbanization, more and more people are eager for a higher standard of living environment. However, some old communities built earlier in the year neglect the timely adjustment of street space, resulting in a series of problems such as lack of street street furniture, old facilities and loss of vitality. The quality of life of residents near living streets is seriously affected. Therefore, the street space in old urban areas urgently needs to be improved. Based on the analysis of the living streets in the old urban areas, this paper investigates the present situation of Jingba Road in Jinshui District of Henan Province, sorts out the representative problems of street furniture in the living street space, and puts forward optimization strategies, so as to make great efforts to create a sustainable urban street space environment.

关键词： 旧城区，生活性街道，城市家具，优化策略

Key words： Old city district, Living streets, Urban furniture, Optimization strategy

1 研究背景

城市中旧城区的街道空间有着自身独特的城市职能和文化内涵，但是有较多的老旧社区街道存在着拆除重建再开发的可能性，保留现状难以满足居民生活诉求的中间矛盾阶段，所以急需寻找方法来解决这种矛盾。2016 年，《中共中央国务院关于进一步加强城市规划建设管理工作的若干意见》提出"推动发展开放便捷、尺度适宜、配套完善、邻里和谐生活街区"[1]。生活街区是城市开放空间的重要组成部分，而其中与人们息息

相关的生活性街道更是邻里居民公共生活的重要载体，因此小规模地对街道中城市家具的优化更新来改造旧城区的空间环境是提高居民生活质量的有效措施。

2 相关理论

由于城市不同类型的街道在人们日常生活中所承担的作用不同和交通特征等综合因素，对街道类型应进行分类，将城市街道主要划分为交通性街道、生活性街道和其他步行空间[2]。

2.1 生活性街道的概念

生活性街道是城市道路体系中最末端的道路，主要承担着城市各片区内部之间联系的需求。组织构成着上下学、上下班、日常其他出行活动的最后 150 ～ 500 米距离。生活性街道的宽度较窄，一般表现为城市道路体系中的支路和巷路，尺度在 8 ～ 18 米，尺度比较适宜。在城市街道中占比重大，日常生活性较强，是城市街道中数目最多、最易辨识、最易记忆的部分。

2.2 城市家具的概念

"城市家具"的概念最早出现在欧美国家，是从景观设施发展而来的称呼。"城市家具"与"景观设施"相比之下是更富有感情色彩，因为"城市家具"诠释了人们希望把城市比作家一样，希望城市变得越来越美好的美好愿景。不同于景观设施，城市家具包含的范围更广，是体现城市景观特色与文化内涵的重要部分。

近年来许多城市老旧社区更新建设跟不上新时代的城市发展脚步，社区公共建设滞后，而其中城市家具设计就是一块被忽视的空白区。城市家具虽然体积小，但是它在城市中存在的数量庞大，有公共空间必有城市家具，它的设计与完善是城市整体化、人性化与现代化的一个体现，能够帮助人们在城市生活性街道上更加高效有序地进行生产活动。但目前，在城市家具的设计、设置、规划方面还存在一些不足之处，需要在设计策略上进行优化改进。

3 生活性街道中城市家具的现状

公众对城市公共环境的关注度在经济全球化的催化下日益提升，人们希望城市公共环境能够越来越整洁，越来越宜居，越来越满足人们的各种需要。通过对河南郑州市金水区生活性街道经八路的实际情况调查研究，笔者总结出现有的城市家具常见的问题：

3.1 交流休闲性城市家具缺少

由图 1 可见旧城区附近居民在休憩交流的过程中，只能自行携带座椅或者被迫坐在路缘石上，明显感受到这片居民对交流休闲性城市家具的迫切需求。旧城区普遍出现老龄化严重的问题，老年人是街道内的主要活动人员，城市家具是帮助老年人交流沟通的载体，但生活性街道在早期规划时以交通职能为主，所以造成目前街区内普遍缺少互动交流类城市家具的现象。

图1　经八路城市家具现状1

3.2 缺少人性化关怀设计

由图2可见原本畅通的人行道上设置了"U"形挡车杆，反而给过往的行人使用带来不便，缺乏人性化的真实考虑。随着共享经济的来临，大量共享单车涌入城市，在生活性街道中出现了共享单车占用人行道的问题，导致人行空间不通畅、人行空间被挤压占用、道路系统混乱等问题，一些生活性街道最基本的通行功能都没办法实现。

图2　经八路城市家具现状2

3.3 功能冲突，布置不合理

在当今社会大力提倡"公交先行""绿色交通"等措施的背景下，生活性街道中公交候车亭引起了我们的重点关注。由图3中我们看到站台的座椅设置在候车亭背面的位置，因此，容易出现的情况就是，候车人等车的时候不方便观察到公交车的进站情况，容易耽误乘车。候车亭设计和安装时只考虑了满足使用者使用需求的一个"点"，没有考虑到使用者移动线路是否畅通的问题，功能布置十分不合理。

图3　经八路城市家具现状3

3.4 杂乱无序，风格不统一

由图4我们可以看到经八路上的城市家具中，不同功能的各类杆件林立，设计风格杂乱、颜色大小也不统一，视觉上给人的感觉是街道空间被这些繁杂

图4　经八路城市家具现状4

琐碎的架空线和林立的杆件给堵住了，造成了街道空间占用和材料能源的浪费。

4 生活性街道中城市家具的设计策略

4.1 复合功能，提供多样服务

社会进步促使人们对街道家具的功能需求也有所改变，人们对城市家具的设计不单单满足于一种使用功能，而是希冀将几种功能结合在同一城市家具上，大大提高了综合效益。如图 5 所示，美国洛杉矶鲍威尔街的不锈钢坐凳，既可以作为行人驻足休息的座椅，也可以作为骑行者存放自行车的停车架。

因此，鼓励各类城市家具在合理的基础上复合功能且有序设置，可以满足多样化的群体需求，保持有序的街道界面和充足顺畅的通行空间。例如，图 6 是在上海市黄浦区河南中路上的综合杆建设的完成图，该区域内杆件按照"多杆合一"的原则，以道路照明灯杆为载体，同时将通信杆、信号杆、路名杆、电线杆等城市家具的功能一起复合并入同一杆件内，既满足了多种功能的需求，又节省了材料成本，减少了占地面积，也比之前的城市家具美观规范了很多。

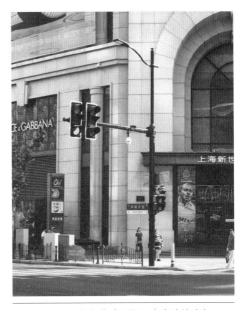

图 5　美国洛杉矶鲍威尔街的不锈钢坐凳　　　　图 6　上海市黄浦区的河南中路综合杆

4.2 注重体验，人性化的关怀

生活性街道是指服务给本地居民日常生活的街道，在规划中应优先考虑人的出行、休憩与交往需求。人性化设计是指在符合人们的物质需求的基础上，强调精神与情感需求的设计 [3]。也就是说该区域内城市家具设计首先考虑的是使用者的心理，只有注重人的体验感受和添加人性化关怀的城市家具，才能更好地为城市服务，从而提升居民对该家具的使用频率。

例如，在图 7 中日本新干线京都站附近的公交车站立柱旁边，盲道笔直，街道中清晰完善的道路系统贴心地为特殊人群提供清晰的指引，体现街道空间对不同居民群体的人性化关怀，居民可以平等且自发地去享受在户外活动的机会，增加了人性化关怀。

4.3 系统布置，遵循整体设计

城市家具系统是由公共照明、公共交通、公共服务、路面铺装、信息服务、交通管理六个部分组成的有机整体[4]，每个系统具有一定的独立性且彼此之间又有联系。将每个系统视为一个大的整体，在数量上、视觉上进行系统布置，建立街道的秩序感，可以解决不同城市家具间各自为政、缺乏系统规划的问题。如图8所示，嘉兴市秀洲区油车港镇城市家具系统设计，分类果皮箱、区域地图指示牌、路名牌、护栏都使用同一设计元素和颜色，整体系统化设计效果十分和谐。

图 7 新干线京都站附近的公交车站

图 8 嘉兴市秀洲区油车港镇城市家具设计

4.4 运用数据，科学集约设置

在旧城区的生活性街道中常住的居民年龄结构丰富，行为活动较为多样，所以如果想要对城市家具进行科学的设置需要数据支撑。政府相关部门可以通过针对社区内居民对旧城区的城市家具的满意度进行发放调查问卷等方式，或通过统计人流量、人流年龄、人流性别、人流聚散点等大数据，科学预估该区域内所需要的城市家具的类型与数量，尽可能减少公共资源浪费。运用大数据可以开展更精准的需求关系，"自下而上"地获取最科学可行的指导方案，满足生活性街道内不同人群的需求。

4.5 挖掘潜力，提升街道活力

传统旧城区的生活性城市街道仅为城市街道使用者提供了机动车与人行通行的条件，但没有为周边居民预留交流活动空间，使得街道仅仅有通行的功能，而少了一些生活体验感。生活性街道上应挖掘一些空白的潜力空间，增加一些交往休闲性的城市家具，使街道产生可扩散的柔性边界，为街道人行空间活动的发生提供更多可能性，情感上带给居民强烈的归属感，吸引周边居民自发性参加街道活动，享受充满活力的街道。

如图9和图10在澳大利亚格伦罗伊的 Morgan Court 街道中，设计师在原本简单朴素的街道两侧增加了曲线且富有造型的休闲座椅，从色彩和功能上吸引更多居民前来使用游玩，同时也为社区内一些活动的开展提供了机会，极大地丰富了街道的生活趣味。

图 9　澳大利亚格伦罗伊的 Morgan Court 街道 1　　　图 10　澳大利亚格伦罗伊的 Morgan Court 街道 2

5 结语

　　生活性街道空间是旧城区居民日常生活中使用最频繁的活动空间，其中城市家具的建设对于人们日常活动产生直接的作用。优秀的城市家具会吸引人们走出家门，参与社区活动。目前，我们国家完全有能力和技术制作出优秀质量的城市家具产品，但在设计和规划的思考上还存在一些不足。未来城市设计师们可以通过五个优化策略从城市家具的设计中找到突破口，帮助旧城区的生活性街道空间恢复昔日的活力。

图片来源：

图 1～图 4、图 6～图 8：东华大学环境艺术设计研究院

图 5、图 9、图 10：网络

参考文献：

[1] 冯永民 . 基于人性化的城市生活性街道空间设计策略研究 [D]. 邯郸：河北工程大学，2017.

[2] 吴志强，李德华 . 城市规划原理（第四版）[M]. 北京：中国建筑工业出版社，2010.

[3] 李敏秀 . 人性化家具设计的思考 [J]. 家具与室内装饰，2011,03：6-9.

[4] 鲍诗度 . 城市家具系统设计 [M]. 北京：中国建筑工业出版社，2006.

城市家具对交通稳静化街道建设的影响研究
A Study on the Impact of Urban Furniture on the Construction of Traffic-quiet Streets

吴婉莹 / Wu Wanying

（东华大学环境艺术设计研究院，上海，200051）

（Donghua University Environmental Art & Design Research Institute, Shanghai, 200051）

摘要：

　　城市的发展过程中，精细化标准化管理是大势所趋。关于"提高城市精治共治法治水平持续改善人居环境"议案报告提到，将着力提升人居环境质量。树立"窄马路、密路网"的城市道路布局理念是完善城市公共服务的要点之一，交通稳静化街道的建设离不开城市家具的存在。本文通过分析城市家具在国内道路中的现状和作用以及分析优秀的交通稳静化的街道建设案例探讨城市家具对城市交通稳静化街道建设的影响。

Abstract：

　　In the process of urban development, refined and standardized management is the general trend. The motion report on "improving the level of fine governance and co-governance in the city and continuously improving the living environment" mentions that efforts will be made to improve the quality of the living environment. Establishing the urban road layout concept of "narrow roads and dense road networks" is one of the key points to improve urban public services. The construction of quiet streets cannot be separated from the existence of urban furniture. This article discusses the impact of urban furniture on the construction of quiet streets in cities by analyzing the status and role of urban furniture in domestic roads, and analyzing excellent street construction examples of traffic stabilization.

关键词： 城市家具，交通稳静化，城市街道设计，影响

Key words： Urban furniture, Traffic calming, Urban street design, Impact

　　随着城市的发展进程逐步加深，高品质的城市建设愈发受到人们的重视。高品质的城市，一定是以人为本的城市。关于"提高城市精治共治法治水平持续改善人居环境"议案报告中要求将着力提升人居环境质量，完善城市公共服务，优化街区路网结构，树立"窄马路、密路网"的城市道路布局理念，加强自行车道和步行道系统建设，倡导绿色出行。街道设计作为城市建设中城市景观的重要组成部分，直接影响着生活在此城市的居民对城市的感受。城市建设中的对于如何做到交通稳静化街道建设来提升城市品质的问题，坚守人行道"以人为本"的设计原则。我国今年出台的多项政策都要求大力发

展步行体系和绿色交通。步行优先，绿色交通，一再强调，已经成为我国城市更新的发展理念。国家新型城镇化规划明确指出发展绿色交通，加强步行和自行车等慢行交通系统建设，国家"十三五"规划也要求推进城市交通低碳发展，实行公共交通和步行交通优先，鼓励绿色出行。供给侧结构性改革的原理也要求营造宜人的城市中心区，满足高端供给需求[1]。交通稳静化是近年来随着人文关怀的思想而兴起的新技术和新理念。交通稳静化的核心理念就是路权回归行人，这和我国城市更新的发展理念"步行优先，绿色交通"是一致的。

城市家具作为城市街头特有的景物，除了体现其自身作为产品的功能性以外，还体现着一个城市的形象，并影响着城市的景观和生态。但我们日常在城市中行走的时候，常遇到由于街道设施设置杂乱无章，甚至有些过度和无序阻碍了人行通道的流通以及人车矛盾加剧等问题。本文就城市家具目前存在的一些问题提出进一步加强城市街道的科学规划、标准化建设和规范化管理，加强交通稳静化街道建设，不断提升城市的整体品质，为群众创造安全的出行环境。

1 交通稳静化概述

交通稳静化 (Traffic Calming) 是城市道路设计中减速技术的总称，又被称为交通宁静化或交通平静化。交通稳静化措施包括规划设计层面和工程设施设计层面。规划设计层面主要是通过用地的混合功能使用，以及提供便捷的自行车和步行设施以减少机动化出行。工程设施设计层面主要依据交通工程学、交通安全工程、人机工程学方法的整合，进行交通流量管制和速度管制。

文献检索发现，在街道设计领域，西方国家的交通稳静化理念提出时间早且相对完善。交通稳静化理念最早起源于 20 世纪 60 年代的荷兰，倡导将街道空间回归行人使用，通过系统的硬设施（如物理措施等）及软设施（如政策"立法"技术标准等）来改变鲁莽驾驶为人性化驾驶行为，降低车辆速度，减少街区穿越性交通，降低机动车对居民生活环境的负效应，来改善社区居住及出行的稳静化环境。在（英）哈斯克劳写的《文明的街道——交通稳静化指南》(Civilised Streets: A Guide to Traffic Calming) 一书中，详细介绍了成熟的交通稳静化方案（减速路拱、减速弯道、窄点），具备了一定的专业性交通稳静化手册的功用。至今，世界各国尤其西欧和北美仍在纷纷尝试交通稳静化的应用。

2 城市家具在街道的现状

城市家具，是置于城市街道的环境公共设施，是城市街头特有的景物。如电线杆、路灯柱、书报摊、公共电话亭、长椅、巴士候车亭、垃圾箱等设施，包括公共艺术等。城市公共环境的必需品，是城市环境精神面貌最直观的展现。[2] 城市家具与环境的共生属性。城市家具是根植于城市环境之中的，环境的好坏决定着城市家具的价值，城市家具的品质直接影响着环境空间品质，好了会相得益彰，坏了会相互抵消。

然而随着城市的建设和快速发展，城市的建设和管理出现一些问题，人行道上各类杂七杂八的设施越来越多，除了交通信号灯、垃圾箱等必备设施外，有些新的需求出现而诞生的，如非机动车停放亭、各类指示牌、充电设施等设施大量增加。这些设施的设置给市民的生活带来了一定程度的便利，但由于一些设施的设置没有章法，管理不到位不规范，导致人行道没能体现为人服务以人为本的属性，处处有堵点，段段不畅通，安全隐患大。

3 城市家具对交通稳静化街道建设的影响

街道是肩负多种社会功能的交通空间，它属于"路"，但又比路承担着更多的社会活动。街道是具有底界面、侧界面和街道设施的具有三维特性的空间。街道的断面形态和尺度首先是由结构性的建筑、基面的形态确定，然后随着城市家具的介入，街道空间的形态和层次就会发生变化，空间尺度也得到调整和收缩，空间愈发丰富起来。随着城市家具它们在空间中的位置及相对关系的调整，街道空间的形态和划分方式也随之发生改变，从而导致空间张力和细分尺度都发生微妙的变化，这也会直接影响到人们在街道上的空间感受及行为方式。

城市家具除了功能上规范道路交通，承载行人在街道的休憩、指引等需求，更是提醒和引导人们守规则的标志。城市家具对人的行为是具有引导性的。也就是说城市家具在城市空间中不仅要承担人们休息、信息的引导，满足人们需求，同时还要提高城市景观、美化城市环境，提高城市人们的生活质量。[3]

3.1 水平速度控制

树木种植或设置路障或加设灯柱等方式可曲折车行道。曲折车行道的本质是改变机动车直线形式轨迹为曲线，可以通过改变人行道形状，也可以增加窄点实现。树木种植主要是采用相对集中的组团式布局，使街道的可视环境变窄，引导机动车减速。树木通过密植方式营造了入口区域的视觉景象，提醒驾驶员即将进入交通稳静街道。

街道小品、综合信息牌和休憩设施往往可以给步行者提供休息与逗留行为的支持，随之引发的交往活动以及吸引来的人流能进一步增加街道的活力与复杂性。街道以这样的形式作局部点缀可以吸引人的关注点从而达到降速的效果。曲折车行道的优点是通过道路形状的变化，提升了街道空间的丰富性，使步行体验更加有趣。

3.2 垂直速度控制

除了上面列举的水平速度控制措施，街道地面的铺砌肌理、减速带、减速台这样的垂直速度控制措施也可以细化或强化空间的效果。例如很多的历史街区街道都采用了统一连续的地面铺装来控制街道空间的整体感，仿古地面，避免使用路缘石，使用"共享空间"的方法，实际使用中的车行边界是依赖机动车与行人之间的空间分配默契，为人们提供漫步、驻留与嬉戏的场所。在空间较宽的路段，还会通过铺砌材质设计或者地面引导线等方式对人车活动进行"软分离"。在重要区域通过铺砌材质的变化和装饰性图案的运用，增强街道空间的美学品位与视觉丰富度，对驾驶员视线有较强的吸引作用，使他们提高注意力。

例如上海外滩的发光斑马线（图1），是中国首套新型行人过街提示系统，发光地砖分布在原斑马线基础上的两侧，颜色变化与行人信号灯颜色同步：绿灯时，发光地砖显示为闪烁的绿色；红灯时，发光地砖则切换为红色。闪烁、醒目的颜色能更好地提示行人，特别是"低头族"。这

图1 上海的发光斑马线

样的城市家具设计引导人的行为，通过产品的色彩、质地甚至是声音等来刺激用户大脑皮层，从而引导用户行为的变化朝着预定的方向改变。能很好地用来引导和警示行人以及过往车辆提前注意避让，防止发生事故，这样的创新智能城市家具的设计也更为人性化。由以往以机动交通的快速化为目标的道路系统设计，转变为更多的关注人的使用。信号灯、指示牌配合政策"立法"技术双管齐下实施交通稳静化。

4 对城市家具在街道稳静化设计中的建议

城市家具对行为的引导可以是积极的也可以是消极的。上一章节列举一些措施是城市家具设置合理化规范化的状态下而达到的交通稳静化，而城市家具的设计与设置不合理，如图2所示，导致乘客出入候车亭受阻。

图2 城市家具设置不合理实际案例

人行道本该强调行人的优先权，而在实际的街道空间中却常出现限制行人的措施，以限制行人的活动范围来保障机动车的顺利通行；而阻车设施的缺失，甚至导致机动车占用人行空间。城市家具的设置应以人行道通行优先，指定非机动车地方区域，贯通非机动车道，清除阻碍物，打通人行道堵点，真正实现畅通，为绿色出行提供保障。

非机动车停车设施指定地点。不管是非机动车还是机动车，停车时不能侵占"通行"，这是原则，还路于民是交通稳静化的原则、政府以人为本的体现。

十字路口交通杆件陈旧，设置随意、无序，建议杆件合杆，架空线入地，合杆是城市设施的趋势，建议能合则合，减少杆件数量，减少视觉污染，逐渐推动城市的有机更新。

城市家具是为人服务而不是让人来适应使用方式，所以城市家具的设计要因地制宜，与周边的环境相结合，与人的行为习惯相结合，以"人本"和"场所性"为出发点，以降低机动化依赖和促进支持各种积极交通方式为目标，落实步行、骑行和交通稳静化，真正体现以人为本。

5 结语

随着我国城市化进程的加快与人们生活水平的提高，以车行为导向的城市化与城市空间的人性化需求的矛盾日益突出。当前中国城市的发展大都是为满足机动车的需求而牺牲行人与非机动车人的路权，但是交通稳静化的设计理念与一般的交通强制性管理措施不一样，充分为道路使用者考虑，为城市道路上的弱势群体而设计，体现"以人为本"的核心思想。一般而言，交通稳静化的推行需因地制宜，逐步试点推进，不宜操之过急，引起人们的反感。实施交通稳静化时间较短的街道，倾向于采用效果直接的交通类强制性限定措施，立法形式配合交通指示设施，长时间降速通行习惯形成后，其稳静化策略再逐渐向引导性的街道环境与景观设计类策略转变。

交通稳静化设计是一项融合道路交通工程学、风景园林艺术学、社会学、心理学等多学科的设计，不仅要站在驾驶者、行人、管理者各不同角度来思量，提高机动车、非机动车和行人等所有用路者的交通安全水平，改善道路交通系统的安全感受，还要将人文关怀的思想和对环境的感受赋予街道的城市家具设计中，充分体现对行人的尊重。这样的街道中城市家具设计就需要以系统化思维为指导思想，以系统设计指导城市家具设计实践，制定系统、完整的城市家具标准，规范管理、设计、施工，迎接城市精细化建设时代[4]。做到城市家具标准化建设，为中国城市家具系统性建设和可持续发展提供保证，促进城市街道交通稳静化的建设发展。

图片来源：

图 1：网络
图 2：东华大学环境艺术设计研究院

参考文献：

[1] 葛天阳 . 步行优先的英国城市中心区更新 [D]. 南京：东南大学 ,2018.
[2] 鲍诗度 . 中国城市家具标准化研究 [M]. 北京：中国建筑工业出版社 , 2019.
[3] 韦贵权 , 张晓宇 . 城市家具对人行为的引导性研究 [J]. 艺术科技 ,2013,26(05):176.
[4] 鲍诗度 , 史朦 . 中国城市家具理论研究 [J]. 装饰 ,2019(07):12-16.

浅析山西交城县收费站入口提升整治设计
Analysis on the Improvement Design of the Entrance of Toll Station in Jiaocheng County, Shanxi Province

张瑶 / Zhang Yao

（上海柒合城市家具发展有限公司，上海，200051）
（ Shanghai QiHe Urban Furniture Development Co., Ltd., Shanghai, 200051 ）

摘要：

　　本文以山西省吕梁市交城县收费站入口为例分析县城主要入口的门户打造与提升的必要性与重要性。从交城县收费站现状情况入手，发现其存在的现状问题，通过前期对交城收费站周边的整体环境深入调研考察，与当地的相关部门及群众进行沟通，深究如何将交城县收费站出入口打造成传统与现代相结合的独具交城特色的"省会城市后花园"入口门户。结合交城县千年发展历程与交城县"四创战略"的相关政策与措施，在交城县收费站入口现有基底上，以因地制宜、以人为本、节约成本、体现特色、传播文化为目的，设计打造交城县——省会城市后花园独有的入口门户。

Abstract：

　　Taking the toll station entrance of Jiaocheng County, Lvliang City, Shanxi Province as an example, this paper analyzes the necessity and importance of building and promoting the portal of the main entrance of the county. Starting from the current situation of Jiaocheng County toll station, we found its existing problems. Through the in-depth investigation and investigation of the overall environment around Jiaocheng toll station in the early stage, we communicated with relevant local departments and people, and studied how to build the entrance and exit of Jiaocheng County toll station into a unique "provincial capital city back garden" entrance portal with the combination of tradition and modernity. Combined with the millennium development process of Jiaocheng County and the relevant policies and measures of Jiaocheng County's "four innovation strategy", on the existing base of the entrance of Jiaocheng County toll station, the unique entrance portal of Jiaocheng County, the provincial capital city's back garden, is designed and built for the purpose of adjusting measures to local conditions, people-oriented, cost saving, reflecting characteristics and spreading culture.

关键词：入口门户，县城，因地制宜，文化特色
Key words：Entrance portal, County town, Suit one's measures to local conditions, Cultural characteristics

1 项目研究背景

　　交城县是一座有着千年历史文化的古城，具有佛、道、儒、民俗等多元文化特质，形成了兼容并蓄的文化特色。在交城县境内拥有蜚声中外的全国重点佛教寺院玄中寺，以山形卦象闻名于世的全国重点文物保护单位卦山天宁寺，国家级自然保护区庞泉沟等。交城县在自然环境与人文环境上都有着独具特色的风格与气息。交城县地处山西省中部，

吕梁山东麓，太原盆地西部边缘，县城东屏太原，西峙吕梁，是吕梁的东大门，具有双重门户区位优势，其距离省会城市太原市区仅 50 公里，是省城太原的后花园。而交城收费站作为交城县唯一出入口，入县即为高速连接线，是进入县城的唯一通道，作为后花园的入口门户重点提升打造。

2 项目现状及问题

作为省会城市后花园入口，通过对收费站周边环境的深度调研与考察，将交城县收费站从（构）建筑物、景观绿化、三行系统及城市家具四个方面进行现状问题的分析与汇总。

2.1 收费站入口形象不佳，识别性差

交城收费站进出口构筑物现状结构良好，但是外表破损陈旧，且缺乏交城特色，作为"交城印象之首"形象不佳，识别性差（图1）。

2.2 周边建筑情况破损严重，影响街道容貌

图1 交城收费站出入口现状

收费站入口两侧建筑多为厂房、公建、二层民居等，民居私宅多被改造为商用，店招店牌大小不一，色彩各异，建筑立面用材杂乱多样，建筑立面的风格与色彩缺乏统一的规划与设计。

2.3 现有围挡、挡墙陈旧破损，无法满足遮挡需求

两侧现有的为了遮挡后面破旧房屋与杂乱空地的临时挡墙已经破损陈旧，局部的景观绿地缺乏层次感且后期养护不到位景观效果差，高速连接线现有的绿化中分带与侧分带植物配置缺乏节奏感，多为常绿的乔灌木，通透性差，颜色单调，容易造成视觉疲劳，街道景观效果差（图2）。

图2 交城收费站两侧围挡现状

2.4 地面标识标线不清，存在安全隐患

收费站入口地面划线不明，在大型车辆过磅的通道车辆聚集严重，ETC通道不明显，收费站入口处的车流量较大且车速较快，在地面标识划线不清且阻隔设施不完善的情况下，存在一定的交通安全隐患（图3、图4）。

图 3 交城收费站航拍现状　　　　　　图 4 交城收费站监控架子现状

2.5 城市家具设计缺乏系统性

城市家具设施方面存在缺失不全，设置不当，功能单一等问题。现有的照明设施缺乏统一的规划设计与布置，照明功能无法完全满足使用需求。相关的标识导向系统不明，对于收费站出入车辆无法提供准确的指向指引。

2.6 功能区域缺乏合理的划分与设计

交城收费站入口未合理划分通行区、短暂停留区、停车等候区，在功能区域划分不清的情况下，随意停放的车辆很容易对进城车辆的通行造成不良影响，下车接人的行人安全问题也有待考虑。

2.7 现状问题总结

交城收费站现状问题主要来源于"建"与"管"两方面：先是"建"，整体缺乏系统的规划与设计，没有结合交城文化与特色，没有做到因地制宜、以人为本地进行设计规划，对于最新的设计理念与政策没有及时进行更新建设，导致现有功能无法满足人们对高质量生活环境的需求；再是"管"，在建成后的维护管养方面不到位，导致现有设施陈旧破损，景观绿化品质差等。

3 项目设计定位、原则、策略及具体措施

3.1 设计定位

本次改造的交城县收费站出入口以"建设生态文明古城，打造交城印象之首"为设计定位。

3.2 设计原则

遵循六大设计原则：因地制宜、以人为本、体现特色、弘扬文化、融入环境、注重生态。

3.3 设计元素提炼

古建筑积淀了三晋大地的优秀文化，承载了丰富的历史信息，见证了山西及交城县的文化传承和历史变迁。建筑断面和缩影以及元素符号的再演绎为设计提供了依据。以交城县千年历史文化的古建筑形态结构为设计元素，通过对山西交城县古建民居的现场调研考察及资料收集，提取特色建筑天际线，形成形态相似的建筑构筑物形态，应用于收费站出入口的构筑物的造型设计上，在景观遮挡构筑物上也应用了同样的设计元素，使整个环境的风格特色保持统一性。

3.4 设计色彩提炼

在设计色彩方面，主要体现交城人文特色以及和谐绿色生态的理念，深度挖掘交城历史文化，提取交城独有的城市色彩。通过对地貌自然环境的不同时节颜色变化的分析，得到从深绿到暖灰过渡的自然环境色彩。通过对当地历史传承建筑的色彩分析，得到从蓝灰色到暖灰过渡的建筑色彩。两者相结合之下，通过对比色彩地理坐标，得到交城的城市色彩是以自然生态、清新质朴、传统文化为主题的一套颜色。交城县收费站周边整体环境提升改造设计会依据所得到的交城县独有的城市色彩进行设计。

3.5 设计手法与策略

采用"一手抓传统，一手抓现代，双手托时尚"的设计手法以及五大设计策略，即：一是打造后花园门户形象，成为交城印象之首；二是提升周边景观绿化及中、侧分隔离带；三是结合交城县古建筑的结构形态提升改造收费站入口的（构）建筑物；四是结合相关道路标线的设计规范和国际案例，对收费站入口的地面进行重新规划划线；五是提取交城县建筑形态元素应用到城市家具设计当中，结合现状需求补充设计、合理设置城市家具。

3.6 实施六个具体措施

3.6.1 对交城收费站外观形象进行提升

在保留原有构造体系不变的前提下，在前后两侧中间三个车道之间增加门廊式造型，以当地传统民居建筑为基础经抽象提炼出建筑语言符号，用于门廊的柱、屋顶、构件等部位，同时与现代钢结构建筑材料相结合。体现传统与现代、时尚的完美展现。体现城市大门的文化底蕴。取消原有建筑的钢架柱外包板，使整体造型更加通透、简约。对色彩进行统一，对新旧钢柱统一刷浅灰色金属漆，屋顶采用深青灰色铝板，原有沿口部分以浅灰色金属隔栅装饰遮盖。整体色彩清新自然，更好地融入城市中。车道上方增加装饰吊顶，强调导示性，丰富建筑的整体感。

3.6.2 结合景观完善功能分区

交城收费站入口两侧现状是临时围挡遮挡了后面的陈旧建筑与荒地，此次我们结合景观绿化在两侧有限的空间内，划分出进深 5 米左右的区域进行景观提升设计，并结合交城县收费站功能需求与场地进行了功能划分，以交城建筑特色构筑物交错放置结合乔灌木起到遮挡作用，在交错间设计了可通行的步道与座椅，打造成了一个可以短暂停留的休憩休闲空间，在构筑物上增加亮化设施，无论是白天还是夜间都能在进入交城县那一刻领略交城县的特色文化（图 5、图 6）。

图 5 交城收费站出入口改造效果图

图 6 交城收费站两侧景观改造效果图

3.6.3 明确地面标识标线划分

现状交城县入口处的地面标识标线模糊不清，但收费站入口处的车流量较大且车速较快，存在严重的交通安全隐患。针对这一问题，结合高速出入口标线设计依据与国际案例，将地面标识标线重新划分，即：①对 ETC 专用车道和大型车辆过磅区地面进行彩浆封层处理，使其更加明确；②明确划分收费站出入口地面的车流导向标线；③明确增设减速标线，设置可移动护栏，保证车辆的安全有序通行；④在有非机动车道的路面进行非机动车道彩浆封层，使三行系统更加分明，指引行人、非机动车和机动车各行其道，保证安全性。

3.6.4 现有绿化植物因地制宜重新配置

对现有中分带及侧分带植物配置进行提升，由原来的常绿植物为主，改为部分替换成樱花、梅花、山杏等花灌木，搭配金叶榆球、金叶女贞及红枫等色叶植物增添街道景观色彩，提升街道环境品质。

3.6.5 建筑立面统一规划与设计，体现一城特色

紧邻收费站入口的交城创谷，建筑立面现状优良，在对立面进行清理后局部增加立体绿化，与省会城市后花园这一定位相呼应。结合交城县建筑特色与通过对自然环境、人文环境的分析解读提炼的城市色彩将周边其余建筑立面根据现状情况分等级提升改造。

3.6.6 周边景观打造整体统一、系统规划

除了对收费站入口周边景观的提升外，在与之相连接的高速连接线中间及最端头也

进行了景观节点的提升打造，路中的马踏飞燕雕塑结合绿化中分带打造成道路端景，将端头与南环路相交的丁字路口的现有绿化进行提升，打造成与交城收费站入口相呼应的"花园屏风"（图7）。

图 7 高速连接线与南环路路口景观提升效果图

4 结语

收费站入口是一城门户同时也是一城对外的初印象的展现，是县城的整体特色、风格与面貌的首要代表。在打造的过程中要兼顾功能性与美观性，是道路交通、建筑立面、景观绿化及公共设施四大专业全方面的整体提升设计。在改造设计中要切实考虑因地制宜、以人为本的设计理念，要考虑空间环境的整体性、系统性、统一性、独特性。

对于交城县收费站入口的提升改造设计，道路交通方面根据相关的规定、规则进行明确合理的划线；建筑立面依据提炼的交城的建筑元素与城市色彩进行统一的规划设计；景观绿化在现有的基础上因地制宜优化提升；公共设施结合现状完善功能性，统一规划与设计。通过结合交城独有的城市元素与城市色彩，将收费站入口全专业进行了统一的规划与设计提升，但同时又展现了交城独有的文化与特色。

图片来源：

图 1～图 4：作者自摄

图 5～图 7：作者自绘

参考文献：

[1]《交城县志》编纂委员会 . 交城县志（1986~2005）[M]. 北京：中华书局，2012.

[2] 朱锐，方宇 . 张掖东南门户概念性城市设计及重点区域实施方案 [Z]. 上海市政工程设计研究总院（集团）有限公司，2018.

[3] 王艳辉，张新艳，袁书琪 . 色彩地理学理论及其在中国的研究进展 [J]. 热带地理，2010.

[4] 秦建中 . 杭州市萧山区城市入城口景观提升设计 [J]. 中华民居（下旬刊），2014(10).

城市家具系统设计方法浅析
——以高邮海潮东路城市家具设计为例

Simply Analyse the System Design Methods of Urban Furniture
——Take the Urban Furniture System Design of Haichao East Road, Gaoyou as an Example

周淼 / Zhou Miao

（东华大学环境艺术设计研究院，上海，200051）

（ Donghua University Environmental Art & Design Research Institute, Shanghai , 200051）

摘要：

随着城市日新月异的进展，城市街道家具在城市环境的组成愈发重要，更是成为一个城市形象的直观体现。不同的历史文化创造不同的城市，不同的城市拥有不一样的文化和情感。城市街道家具设计上由独立的个体向系统化、特色化发展。本文以高邮海朝东路为例，挖掘历史文化，城市特色，建设规划，环境建筑等方面，对城市街道家具进行系统化与特色化设计，使城市街道家具具有个性化，故事性的串联，区别于其他城市形象的记忆点。

Abstract：

With the rapid development of the city, the composition of urban street furniture in the urban environment is becoming more and more important, and it is also an intuitive embodiment of the city image. Different historical cultures create different cities, and different cities have different cultures and emotions. Urban street furniture design from independent individual to systematic, characteristic development. Taking the Chaodong road of Gaoyou sea as an example, this paper explores the aspects of history and culture, urban characteristics, construction planning, environmental architecture, etc. And carries out systematic and characteristic design of urban street furniture, so as to make the urban street furniture have personalized and story series, which is different from the memory points of other urban images.

关键词： 城市家具，系统设计，环境设施

Key words： Urban furniture, System design, Environmental facilities

本文研究的目的在于从高邮海朝东路城市家具设计思路入手，对城市家具的系统化设计进行分析。目前我国的城市家具建设完全不成体系，护栏、路障、灯杆等通过不同厂家直接采购，仅满足基础功能，不具备美感，颜色不统一，没有文化元素体现，城市面貌缺乏地域特色；城市家具布点设置不规范，单体之间摆放设置互相矛盾，没有进行

整体的统筹规划。现有的城市家具缺乏系统，已经不能满足大众对城市建设设计的期望，城市家具应彰显城市的个性与文化特色，凸显城市差异。

1 高邮城市文化特性分析

1.1 设计范围

高邮海朝东路城市家具系统方案设计的设计范围为海潮东路文游中路至海朝东路屏淮路 1.1 公里的主要市政道路。海潮东路整体呈东西向，横向贯穿整个高邮市，跨越运河老城区和城市中心区，途径高邮市市政府，是高邮城区交通规划"一环九横五纵"主干路系统中重要的一横。海潮东路的改造对高邮市的未来发展具有重要意义。

1.2 高邮特色

高邮地处淮河下游，北接宝应，东连兴化，南临江都、邗江、仪征，西隔高邮湖与金湖、天长交界。高邮，是世界遗产城市、国家历史文化名城之一，拥有悠久的历史和丰富的文化遗存，古城传统格局和风貌保持完整，亦是运河遗产城市，拥有众多文物古迹。高邮与其他城市区别最明显的一点，它是中国唯一以邮文化命名的城市。高邮因邮而名、因邮而兴、因邮置县，邮文化贯穿历史到今天，"邮"是高邮最大的特色之一。营造良好的城市生活空间，塑造独特的城市历史景观，打造鲜明的城市文化名片，高邮为实现文化个性踏出了最有力的路径。

1.3 海潮东路现状调研与问题（图 1）

（1）垃圾桶及杆件放置位置影响行人通行；
（2）人行道有较明显的台阶，易引发事故；
（3）路口杆件众多遮挡视线，杂乱无章；
（4）配电箱放置随意杂乱影响市容；
（5）盲道布置有缺陷，有断头无法有效利用；
（6）城市家具布置缺项。

图 1 高邮海朝东路现状图

1.4 海潮东路城市街道家具——设计定位

魅力高邮——让高邮成为文化、智慧、宜居的城市，让街道成为高邮独有的文史展厅。一个完整的城市家具系统建设，要系统化、艺术化、特色化、标准化。致力于打造美好家园，城市家具结合智慧城市建设的理念，城市家具成为城市治理和管理体系的重要组成部分。

1.5 海潮东路城市街道家具——色彩分析

运用色彩地理学分析法，从区域街道环境、优秀历史文化建筑、独有自然环境风貌三个方面分析色彩。结合《江苏省高邮市城市色彩总体规划》，高邮发展愿景与颜色趋势，城市家具色彩与之协调，能与城市融于一体。最终确定高邮城市家具颜色，主色：黛绿色的深灰色系，色号为 RAL 7026；点缀色：浅灰银色的金属色，色号为 RAL 7010。

（1）海潮路街道建筑颜色较为统一，多为浅灰色色系，但形制多样，用地性质多元，充分体现高邮从古到今的城市风貌的特征，温润质朴，结合街道景观绿化，整体环境生机盎然。

（2）通过对高邮的自然环境，包括天、地、水、植物等颜色的提取，总结高邮的基础颜色。高邮是一座因水而生的城市，高邮湖、京杭大运河、东湖湿地，全市境内水系丰富，水是打造高邮色彩的关键之一。

（3）高邮具有七千年的文明史，拥有众多文化古迹和历史文化风貌街区，归纳他们的传统建筑用材颜色，以冷青灰色系为主，砖墙黛瓦，较为古朴厚重。古建筑用材主要为青砖和石材，整体建筑色彩较为硬朗、大气。

（4）城市杆件是城市环境的附属，颜色不应突出，应融于街道环境之中，可选用低饱和色系点缀少面积亮色。城市家具表面处理选用较有光泽的金属漆，增加颗粒感，色彩不沉闷。对于所有外露的金属框架、部件、灯盘表面应采取用镀锌防腐措施，防止生锈，延长城市家具的使用寿命。

1.6 海潮东路城市街道家具——设计元素

海潮东路的设计元素可以从高邮独有的历史文化建筑中提炼。元素来源主要有三点：一是世界文化遗产，具有高邮特色的京杭大运河，从大运河中提取了高邮段的运河的形态做丝印或形态使用，如路灯的造型就是提炼了大运河水的元素；二是历史文化建筑镇国寺塔，镇国寺塔是一座四方形古塔，这在中国仅有两座，选取这一特点，于镇国寺塔提炼了梯形这一元素，主要运用于造型方向，如候车厅的立柱、路障的造型灵感都来源于此，护栏的样式更是参照镇国寺塔的特点；三是高邮城市名片，好事成双在高邮市高邮城市独特的文化Logo，高邮拥有镇国寺塔、净土寺塔两座古塔，高邮

图 2 高邮镇国寺

明清运河故道、京杭大运河两条运河，南门大街、北门大街两条古街，盂城驿、界首驿两座古驿站，盛产高邮双黄鸭蛋，这个具有历史意义的 Logo 也被作为高邮城市家具的Logo，强化高邮城市印象，体现高邮的历史与文化底蕴（图2、图3）。

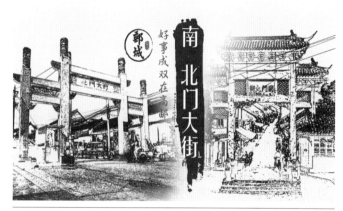

图3 高邮南北门大街

2 系统设计

2.1 设计原则

（1）文化元素协调统一

提取高邮独特的文化符号，重新排列组合设计，重点在于体现高邮历史文化名城的城市特点，对符号进行具体的系统性应用，使符号、色彩、材质、比例、造型等方面既有美学关系又协调统一，在城市家具整体协调统一的条件中，也要确保与城市环境的融合，城市家具既要融于环境，又是环境中的亮点，体现城市形象，彰显高邮的文化魅力。

（2）专业精致的方案

针对高邮城市的现状与未来发展规划，因地制宜。在解决功能问题的基础上，打造舒适、宜居的城市环境。在优化方案的同时，将当地的历史文脉融入设计方案，展示城市特色，将城市家具作为城市的特色形象。

（3）规范合理的布置

根据城市家具的相关规范，对城市家具进行合理布置、规范设置，同时因地制宜，针对新建道路与改造道路不同的道路情况展开实施策略。保证高邮城市家具系统性、完整性与规范性（图4）。

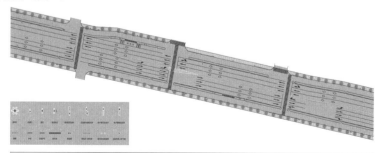

图4 高邮海朝东路市政府路段城市家具布点图

（4）系统的实施与管理

中国城市家具建设需要精细化管理，精细化治理，精细化建设。根据道路的现状制定科学、系统的实施方案，并结合当地实际情况，统筹管理，由项目统管单位进行总牵头，确定设计方案、统一设计要求、协调各职能部门，统一实施，同时编制相关实施导则及管理条例，作为当地城市家具的指导性依据。

2.2 合杆专项

合杆是以路灯杆为基础，集交通、公安、电信等功能搭载一体化的综合杆件。多杆合一分层搭载共分四层：第一层可适用搭载的设备有检修门、舱内设备等设施，高度范围为 0.5 ～ 2.5 米；第二层可适用搭载的设备有路名牌、小型标志标牌、行人信号灯等设施，高度范围为 2.5 ～ 5.5 米；第三层可适用搭载的设备有机动车信号灯、视频监控、指路指示牌、分道指示牌、小型标志牌等设施，高度范围为 5.5 ～ 8 米；第四层可适用搭载的设备有照明灯具、4G/5G/ 物联网基站天线等设备，高度范围为 8 ～ 12 米。

随着科技发展，智能化设备的普及，城市发展迎来 5G 时代，综合杆 5G 集成杆件已经成为国内外城市建设的时代标志。5G 搭载意味着智能网络的全面覆盖，城市将实现智能交通、智能社区化管理。

2.3 方案设计

城市家具系统化设计可分为六大类共 45 项。本次针对高邮的城市家具方案为六大类 19 项，分别为城市照明设施、交通管理设施、公共交通设施、信息服务设施、公共服务设施与路面铺装设施。其中城市照明设施设计包括高（中）杆灯、路灯、步道灯；交通管理设施设计包括交通信号灯综合杆、人行信号灯、交通监控综合杆、交通标志牌综合杆、挡车桩、中央分隔带护栏、人行护栏、绿化护栏、强弱电装饰罩；公共交通设施设计包括候车亭、出租车即上即下牌、非机动车存车架；信息服务设施设计包括智能电子信息牌，路名牌；公共服务设施设计包括废物箱、灭烟器；路面铺装设施设计包括树池树箅。

高邮的城市家具方案传承历史，以传统中国山水画中的黛色为主色，为高邮的城市家具增添人文气息；设计元素使用出自高邮的风貌特征，包括大运河、镇国寺塔等形象元素，体现了城市历史的厚重之感（图 5）。

图 5　高邮海朝东路城市家具系统设计立面示意图

3 未来提升

智慧城市是城市未来发展的趋势，高邮海潮东路城市家具的方案设计更偏重对高邮历史文脉的宣扬，而忽视了高邮的城市建设除了对历史文物的保护与重视，智慧化城市也是高邮发展的规划。使用的便利应该是方案的基础考虑，好的设计应该是能经过时间的考量的，假设一套设施还没有到使用寿命的结束却已经被社会淘汰了，这更是设计的缺陷。高邮的设计方案凸显了个性，凸显了特色，凸显了整体性，也应该考虑到智慧性，就目前的方案，科技感稍显薄弱，没有考虑到高邮作为一个旅游城市，科技使用上的更大可能性，这是高邮未来城市家具建设提升的一个重要方向。

4 结语

城市需要形象包装，随着城市发展的进程，城市家具占据城市街景的篇幅越来越大，如何使城市家具系统化、特性化也是城市建设的关键点。城市家具是城市个性最直观的表达，是人们认识一座城市最直接的感受，其直接体现了一个城市的品质，或带动旅游或拉动经济，使得人们对城市的归属感越强。一个城市的城市家具系统化设计表明了这个城市形象开启了一个新篇章，通过对高邮海潮东路城市家具设计案例的分析，使每个城市具有其特有的颜色、元素、文化、造型，经过系统化设计凸显其城市独有的个性。

图片来源：

图 1：作者自摄
图 2、图 3：网络
图 4、图 5：作者自绘

浅析城市家具人性化的设计改善
A Discussion on the Design Improvement of Humanization of Urban Furniture

孙语聪 / Sun Yucong

（东华大学环境艺术设计研究院，上海，200051）

（Donghua University Environmental Art & Design Research Institute, Shanghai, 200051）

摘要：

　　近年来，随着国家经济的快速发展，人们的生活方式也发生了巨大变化，越来越多的人进入城区生活，大家越来越多地关注到城市街区的建设与发展。而街区中的城市家具在完善公共服务、优化城市功能、提升城市形象方面起到了至关重要的作用。这就要求城市家具设施不仅要美观，更应该注重其科学性和舒适性。要满足日常行为的需要，同时还要兼顾创新性和文化性的表达。本文将城市家具人性化设计改善作为研究对象，探究归纳目前城市家具所存在的四大问题，针对四个方面的问题结合地域文化特征，进而深入归纳与总结出具有人性化特征的城市家具设计改善方法。

Abstract：

　　In recent years, with the rapid development of the country's economy, people's lifestyles have also undergone tremendous changes. More and more people have entered urban areas, and more and more people are paying attention to the construction and development of urban blocks. The urban furniture in the block has played a vital role in improving public services, optimizing urban functions, and improving the image of the city. This requires that urban furniture facilities not only be beautiful, but also be scientific and comfortable. To meet the needs of daily behavior, it is necessary to take into account both innovative and cultural expressions. This article takes the improvement of humanized design of urban furniture as a research object, explores and summarizes the four major problems existing in urban furniture, and combines the regional cultural characteristics based on the four aspects of problems, and further sums up the improvement of urban furniture design with humanized characteristics method.

关键词： 城市家具，人性化，公共设施

Key words： Urban furniture, Humanized, Public utilities

1 城市家具的概念阐述

　　城市家具在英国被称为"街道家具"（Street Furniture）；西班牙等国及欧洲其他国家大都称其为"城市元素"（Urban Elements），直译为"城市配件"；美国称其为"城市街道家具"（Urban Street Furniture）；在日本城市家具一般被翻译成"步行者道路的家具"，也叫"街具"。城市家具在发展过程中有各种不同名称，在中国通常

被称为"公共设施"或"环境设施"。我们现在称之"城市家具",是因为中国的城市家具衍生与发展区别于西方发达国家,在发展理念和特点方面有所不同,"城市家具"这一名称符合中国特色[1]。

城市家具是指将城市看为一个大型室内空间,其中摆放路灯、公交站、果皮箱、座椅等服务设施。广义上的城市家具是具有功能性的公共设施,是城市公共设施的重要部分。

近年来,"城市家具"一词成了更为大家接受和普遍的术语。把"城市家具"当作城市公共设施的代名词,更好地体现城市家具中包含了人们对于城市美好生活的向往,人们希望城市的公共空间犹如家庭室内空间一般温暖舒适。假如把城市比作成人们日常生活的居所,那么位于城市街道上的公共座椅、候车亭、果皮箱、路名牌、路灯等就像是家中的一件件"家具",它们不仅具有美观装饰的作用,在实用性的价值方面也具有很强的作用。

2 城市家具的分类

城市家具是一个综合性极强的户外设施体系,它有着与传统室内家具相似的实用功能,但城市家具的延展性要远远高于传统室内家具,它涉及人们在城市户外空间活动的方方面面,同时城市家具会随着人们的需求不同而提供不同的服务。城市家具不仅能够为在户外空间活动的人们提供活动、休息与交流的设施,还能够装饰城市空间,增加城市户外空间的内涵与文化传承。

城市家具的分类较多,但到目前为止,还未出现统一且权威的分类标准。从不同角度不同方向所总结概括的城市家具分类也是不同的,通过多方面的了解分析,本文主要通过两种不同的方式对城市家具的分类进行阐述:

2.1 按照功能属性划分

城市家具是一个多元化的综合体,我们需要从多方面的角度来分析探究。城市家具有着多方面的功能属性,总的来说可以概括为三大类:即实用型、装饰型以及综合型。

(1)实用型城市家具

实用型的城市家具是指以实用功能为主导的城市家具,其根本的目的就是为了给使用者提供实用、便捷、安全等方面的服务。

(2)装饰型的城市家具

装饰型的城市家具主要以装饰城市环境为主要的目的,它的存在对城市环境起到了点缀与美化作用。

(3)综合型的城市家具

综合型的城市家具同时兼备实用性与装饰性的功能。它不仅满足了人们最基本的实用功能,也能真正地体现城市家具对美的传递性功能。

2.2 按照基本用途属性划分

城市家具按照基本的用途属性可以划分为休闲服务类、信息识别类、卫生类设施、交通设施类、照明设施类、景观装饰类、无障碍设施类等。

3 目前城市家具设计存在问题

城市的繁荣建设必然会推动城市家具的发展，随着社会的发展，城市发展的速度也越来越快，城市家具的数量也在逐渐增多，但城市家具仍然存在着很多的问题有待解决。

3.1 设施的设置缺乏科学性

我国目前城市家具的现状只能基本满足人们日常生活需求，许多城市家具如公共厕所、街头路标牌、景观小品、行人休息座椅等较为短缺，设置也缺乏科学性，给人们的生活使用带来了极大的不便。例如，交通信号时间的设置过于机械，无法与各路段实际的交通量进行匹配。同时缺少由于街道护栏的设置，辅助行人通过的天桥。在沿海城市，天气炎热公交车站台无遮雨棚设立等。目前这样的辅助设施不完善、不科学的问题，仍需要很大空间的改进。

3.2 维护频率不高

由于城市公共设施的更新速度较慢，导致公共设施存在数量不足或维护不当的问题。在日常生活使用中，自然因素或人为因素通常致使城市家具出现不完整和损坏的现象，倘若不对这些破损的设施进行及时的维护与管养，那么这些设施将失去其原本的使用功能，同时也会对设施周围的景观造成污染以及绿地资源的浪费，甚至于对人们安全的威胁。特别是在老旧社区或城镇，座椅损坏缺失、果皮箱清理不及时、指示牌老旧等情况时有发生，这些问题均是由于使用者的磨损和毁坏、人为蓄意破坏以及设施制作工艺不过关引起的。又或是街边的路灯指示信息牌出现电线裸露和指示信息模糊等情况，这些问题都影响了人们日常对城市家具使用的需求，降低了城市家具的利用率和周边居民的生活质量。

3.3 设施相同类似，单体设施无地域性特色

由于我国城市化建设较晚，与世界先进国家仍然存在差距。城市中部分设施相同或类似单体设施无特色，趋同化严重，更无文化底蕴以及艺术气息可言。公共设施的设计者没有从城市的实际情况去分析和研究城市家具所存在的特殊性，即与其他城市之间的不同。"城市家具"作为宣传城市文化特色的重要窗口，对城市的历史文化与地域特色等因素起到了传播与延续的作用。缺失地域文化特色的表达是我国城市中普遍存在的问题，盲目地照抄其他城市的城市家具风格只会增加更多同质化的设施，无法为当地的人们带来地域性的记忆与文化自信。

3.4 缺乏人文关怀

人是城市生活的主体，以人为本理所应当成为设计中首先要考虑到的因素，而城市家具的另一大误区就是过于程式化，缺乏人文关怀，缺乏对人性的理解和关怀，缺乏对人们户外生活的关注。如今只有把人文关怀理念更好地融入城市家具设计中才能营造一种人与社区、技术、自然环境及内在身心和谐发展的关系，才能使市民拥有更加和谐舒适的生活的环境。

4 人性化的改善措施

4.1 符合科学性

城市家具设计要符合人体工程学和行为科学，细部设计和布置的位置、数量、方式、色彩等应考虑人们的行为心理需求特点。譬如，在游人密集处设置一定数量的休息座椅，座椅的高低、排列间距、靠背高度等需要人体工学和行为科学的理论作为基础，通过合理的搭配，来满足老年人、青少年和儿童等不同种群的使用需求，充分体现人文关怀；此外，每个城市居民都有其自己的行为习惯，可以根据城市的风俗习惯和传统文化融入城市家具设计中去，满足当地使用者的根本需求，不仅是人性化的重要体现，也是城市家具设计的根本目的。

4.2 功能综合化

在倡导城市精细化发展的今天，加强城市市政基础设施的建设，是推进精细化管理立竿见影的重要实施策略之一。"城市家具"不再仅仅体现单一功能，而是日趋追求其综合效益，将原本功能单一、设置重复、具有安全隐患的城市设施进行功能的综合优化和提升。例如：道路架空线、杆件林立、各类设施设备交叉重复设置等现象成了制约城市人性化发展的重要问题，杆件的林立不仅阻挡了城市的道路，而且过于密集的设置也加大了周围居民的安全隐患。纵观全球各大城市的发展建设情况，他们基本采用了设施共建共享的建设方式，高效利用城市有限的地面和空间资源。

而花坛、水池不仅可以美化城市的环境，还可以适当增加花坛、水池的宽度，使其兼顾提供休息停留的功能；还有些坐凳可以围绕高大的乔木设置，这样即提供了休憩座椅的功能，又达到了保护树木的目的。

采用城市家具功能综合化的设计方法对城市的空间进行了优化，拓宽了城市的道路空间、降低了城市设施的安全隐患、提高了城市设施的使用效率。同时，对城市环境景观进行了美化。这足以说明实施功能综合化发展的必要性和重要性，是城市家具人性化改善的重要实施部分。

4.3 突出地域文化性与周围环境相协调

城市是人们生活和工作的空间与场所，它记载着这里的曾经和未来，人们可以通过一个城市带有记忆感的街道或社区去体会这里曾经发生过的文明与兴衰。而城市家具作为城市大家庭中的一分子，它肩负着表达城市记忆的使命。

但目前城市家具的设计都很少能体现出城市地域性的文化，因此为城市家具人性化设计改善提供了新的方式，重视地域文化性在城市家具中表达。

将城市的城市精神和特色加以分析，选择其中具有代表性的元素进行有选择的提炼，作为城市家具的统一符号融入设计中进行表达。又或者以城市所在地有特殊景观或地形、周边发生过有历史意义的事件和有历史意义的建筑作为设计灵感，这些有价值的事物都可以在设计的改善中通过创新的手法进行重新利用。

但是，城市家具设计要人性化，还需要通过造型、材料和色彩等因素与周围环境协调统一，其风格和造型要系统整体，这样既协调了环境，又很好地展示城市特征。

4.4 加强维护与管养

由于城市快速的发展，城市人口数量剧增，导致城市家具使用频率的增加。因此，城市家具需要加大周期性的维护与管养，加强防潮、防腐处理。同时，相关管理部门还应提高城市居民对城市家具的保护意识；设立专项设施维护小组，明确检查清理与维护的时间，定期对其功能性与安全性进行核查。设计师在设计初期要考虑设施使用的具体地点与环境，根据其环境的特性相关的材料进行选取并做适当的防潮、防腐等技术处理。另一方面，相关部门可以利用互联网对城市家具进行实时的监控与检测，对具体的使用情况与需要更新的设施做到详细了解。

5 结语

城市家具的人性化设计是一个涵盖范围广、包含设施种类多的巨大项目，我国在"城市家具"的人性化设计方面也是刚刚起步，更多需要以人为设计的出发点，以满足使用者的需求为首要前提，力求达到使用功能和文化内涵的完美结合；只有这样，才能设计出更科学化、更务实、更舒适的"城市家具"，从而将城市空间营造得更具活力。

参考文献：

[1] 鲍诗度 . 从中国城市家具理论研究到标准化建设简述 [C]. 郑州 : 中国标准化协会 ,2019:481-488.

[2] 鲍诗度 . 中国城市家具标准化研究 [M]. 北京 : 中国建筑工业出版社，2019: 12.

[3] 王鑫 . 浅析城市景观家具 [J]. 山西建筑，2010(17).

[4] 张绮曼 . 环境艺术设计与理论 [M]. 北京 : 中国建筑工业出版社，1996:16-25.

基于智慧建设与宜居背景下信息服务类城市家具建设

Construction of Information Service City Furniture Based on Smart Construction and Livable Background

张慧 / Zhang Hui

（东华大学环境艺术设计研究院，上海，200051）

（Donghua University Environmental Art & Design Research Institute, Shanghai, 200051）

摘要：

自我国大力发展智慧城市的政策出台后，智慧化的设计在未来生活中将不断渗透。智慧城市家具应本着为人民服务为核心，生态化，可持续化，标准化，系统化的设计基准。信息服务类城市家具在设计的同时应当兼顾信息感知化，信息行动自主化，数据多方协作的三大方面。

Abstract:

Since the promulgation of China's policy of vigorously developing smart cities, smart design will continue to infiltrate in future life. Smart city furniture should be based on serving the people as the core, ecological, sustainable, standardized and systematic design benchmarks. The design of information service urban furniture should take into account the three aspects of information perception, autonomy of information actions, and data collaboration.

关键词：智慧城市，城市家具，信息服务

Key words：Smart city, Urban furniture, Information service

1 研究背景

1.1 智慧城市

2014 年 8 月 29 日，经国务院同意，发改委、工信部、科技部、公安部、财政部、国土部、住建部、交通部等八部委印发《关于促进智慧城市健康发展的指导意见》，要求各地区、各有关部门落实本指导意见提出的各项任务，确保智慧城市建设健康有序推进。到 2020 年，建成一批特色鲜明的智慧城市，聚集和辐射带动作用大幅增强，综合竞争优势明显提高，在保障和改善民生服务、创新社会管理、维护网络安全等方面取得显著成效。[1]

1.2 宜居城市

宜居城市是指那些社会文明度、经济富裕度、环境优美度、资源承载度、生活便宜度、公共安全度较高，城市综合宜居指数在 80 以上且没有否定条件的城市。城市综合宜居指数在 60 以上、80 以下的城市，称为"较宜居城市"；城市综合宜居指数在 60 以下的城市，称为"宜居预警城市"。宜居城市建设是城市发展到后工业化阶段的产物，1996 年联合国第二次人居大会提出了城市应当是适宜居住的人类居住地的概念。此概念一经提出就在国际社会形成了广泛共识，成为 21 世纪新的城市观。2005 年，在国务院批复的《北京城市总体规划》中首次出现"宜居城市"概念。中国城市竞争力研究会连续多年发布中国十大宜居城市排行榜。

1.3 城市家具

"城市家具"作为连接城市公共环境与居民户外活动的物质依托和功能载体，随着中国城市化进程的快速发展，城市家具在完善公共服务、优化城市功能、构建城市特色、提升城市形象方面越来越受到重视。城市家具设计已经不再是相对独立的设计系统，转向为城市家具与环境、人、行为更为紧密联系的设计（图 1）。

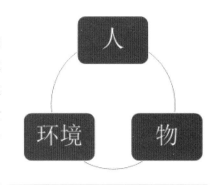

图 1 城市家具与环境、人、行为的紧密联系

城市家具有以下五种主要类型：公共休闲、公共交通、信息服务、城市管理、基础建设等。

（1）信息服务类城市家具

在城市公共场所中所常见的各种类型各种功能的动态数据设施，它们具有时效性、准确性、客观性，实时为人类提供可靠的信息。如停车场中停车位的使用情况，一个区域的噪声情况，天气情况，交通工具的乘坐信息等。智慧化的信息服务类城市家具其本身具有一定的智慧化特征，但为了更加满足人性化的需求，不同类型的信息服务类城市家具在设计的时候考虑的因素应该更加完善。

（2）公共休闲类城市家具

公共休闲类型的城市家具在城市中扮演着与人生活息息相关的角色，其中包括公共艺术品、景观小品、休闲座椅、游憩设施、种植池、垃圾箱等。将公共休闲的城市家具赋予更多的在地性和文化性的特征一方面会增加景观性，另一方面也有利于文化的弘扬，从而丰富人们的活动。

（3）公共交通类城市家具

公共交通包含交通信号灯杆、标识牌、交通监控、分隔栏杆、停车收费设施、车阻识、隔声栏等。

（4）城市管理类城市家具

其中包含车辆管理，人流管理，使用空间的实施、管理，公共基础设施的防护管理等。

（5）基础设施类城市家具

城市的照明系统，道路铺装，人车分流设置，站牌，充电桩，车站服务中心，收费亭，快递驿站等。

2 城市家具的设计影响因素

2.1 区位对信息服务类城市家具的影响

区位对一个地区的人的活动行为，生活方式有一定影响。区位宏观层面包括纬度、温度、湿度、气候、地形、文化等因素，微观有道路交通、噪声、光污染情况等。区位性决定城市家具的表现内容和表现方式。

2.2 空间对信息服务类城市家具的影响

空间是由建筑构筑物、景观小品、植被、道路等分割组合而形成的。空间有实体空间和虚拟空间，这几种不同的空间属性对城市家具的影响体现在尺度、位置、比例等。将空间与城市家具做紧密结合，可以因地制宜为城市家具和环境做专属考量。

2.3 场所对信息服务类城市家具的影响

场所是人与空间相互作用产生的行为活动空间，在这个特定的空间中，人的行为内容和活动方式有一定的特殊性，因此城市家具在这里也要发挥其特殊的作用。丹麦扬·盖尔在《交往与空间》中将公共空间中的户外活动分为三种类型：必要性活动、自发性活动和社会性活动。[2] 不同的交往对象和交往空间有不同的习惯性距离和感受（表1），因此需要考虑到不同场所面对的主要人群性征进行城市家具设计。

不同交往形式的习惯距离　　　　　　　　　　　　　　　　　　　　　表1

种类	距离	交往形式
亲密距离	0.0045 米	表达温柔、舒适、爱抚以及激愤等强烈感情的距离
个人距离	0.45～1.30 米	亲近朋友或家庭成员之间谈话的距离
社会距离	1.30～3.75 米	朋友、熟人、邻居、同事之间日常交谈的距离
公共距离	>3.75 米	用于单向交流的集会、演讲，或人们旁观而无意参与的距离

2.4 文化对信息服务类城市家具的影响

城市家具作为城市空间中可以传达文化的构筑物[3]，城市家具的设计是以塑造具备人文关怀的场所为主要目标。[3] 城市家具应当因地制宜，挖掘文化特色，使用本地材料塑造能够唤醒人们归属感的设施。同时信息服务类的城市家具应当更加具有因地性，实时反馈提供日常信息，使得人们的生活更加智能化。

3 信息服务类城市家具的智能化设计方式

信息服务类的城市家具要用到多学科交叉，互相渗透。采用智能的科技手段，将信息及时反馈到公众视野中，使得人民的生活更加便捷。设计主要有以下几个方面。

3.1 遵循"以人为本""因地制宜"的主要原则

城市信息化的家具应当以未来需求发展为主要导向，以智慧需求为主要目标，问题导向作为参考指南，做人性化的设计，考虑人的使用和人的使用尺度。因地制宜即要尊重当地的环境特征，做到可持续循环利用，与环境友好的设计。

3.2 用创新驱动智慧城市家具的发展

高新技术和创新管理模式的应用，为构筑城市家具信息化，多样化，高功能化，发挥高效率起到了重要作用。结合数据信息集合，计算储存，数据共享，数据保护的特征，做到高效、安全、准确的信息服务。

3.3 确保信息使用安全

目前信息使用存在一定的安全性隐患，虽然区块链有一定优势可以解决目前数据不被篡改、安全共享的效果。但是在数据应用过程中，如何将其结合起来是众多设计者在参与和解决的问题。同时做好到信息感知化、行动自主化、数据协作多方面的设计（图2）。

图2 智能化信息服务城市家具设计三大方面

4 信息服务智能化城市家具的发展情况

4.1 智能公共卫生间导视系统

目前信息服务类城市家具体现在人居生活较为贴切的地方，如昆明丽江的智能化厕所引导系统是由昆明三雨公司设计的，该系统实时反馈卫生间的使用情况和其他相关数据，方便大家的使用。同样的设计在南京的芳茂山高速服务区出现。该系统实时反馈公共设施的使用情况，极大方便了人们的生活，发挥了信息感知，信息反馈，信息共享的功能。此类城市家居有利于在此后的生活中推广，同时也有更多的改善之处，公共卫生间的安全需求功能有待于提高。我国台湾许多卫生间都有紧急呼救功能，在公共场所出现的基础设施有必要把该项目加入其中；另外还有智能除臭的功能，温度控制，故障判断示警；还应当考虑生态化的设计，可以加入微生物对粪便的处理（图3）。

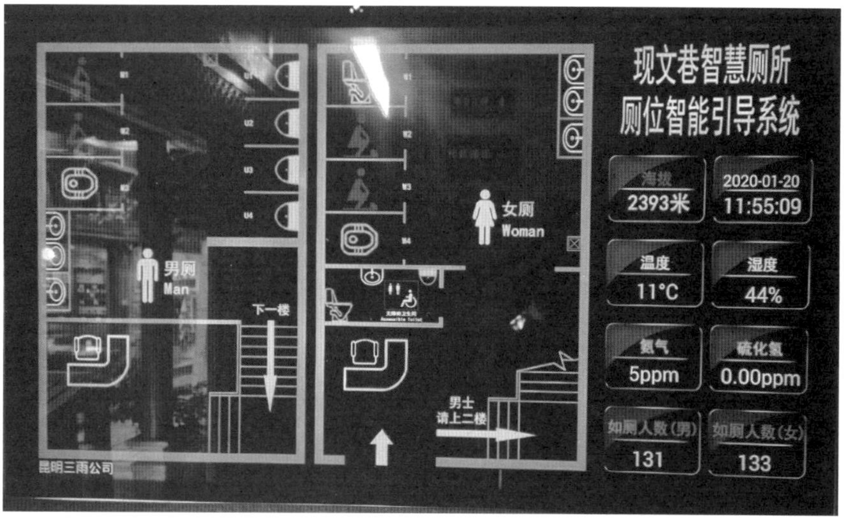

图3　昆明丽江的智能化厕所引导系统

4.2 智能候车亭

在城市人口密集和使用较多的场所，开发智能化的系统有助于信息的及时传播，为市民生活提供高效、便捷的优势。湖南新亚胜科技发展有限公司开发了智能环保多功能公交站亭系统项目。该项目包括 LED 信息显示系统、LED 照明系统、LED 全彩广告系统、GPRS 无线通信系统、公交信息查询系统、监控系统和公用电话系统，该公交站亭系统的能源由太阳能供电系统提供。当太阳能供电系统提供的能源不足以维持整个系统的供电时，太阳能供电系统将自动转为蓄电池或市电供电状态。本发明提供的智能环保多功能公交站亭系统具有环保、节能的优点，能为市民提供安全快捷的实时公交信息，不仅方便普通市民的出行，而且为盲人市民的出行提供了方便。

还有多功能的候车亭，虽然智能化的因素不是非常多，但是部分设计可以在未来进行推广。如张宏伟设计的改进的多功能公交站台，站台广告板一侧的主体面板上安装有自动售票机，所述自动售票机包括屏幕、操作按钮、钱币进口以及票据出口，所述自动售票机的下部设有多个充电插座。

4.3 国外智能化信息服务案例

阿姆斯特丹为了应对气候变化在 2009 年 6 月 5 日，启动了"气候街道"的项目。该项目着眼于深夜灯光自动减弱装置，在太阳能 BigBelly 垃圾箱内配置了内置垃圾压缩设备，使得垃圾箱空间回收率提高 35 倍。该计划还在沿街的商户中安装智能电表，使之与节能电器连接。

5 总结

　　城市家具是一个多元性复杂性的内容。本文从城市家具的主要分类入手，主要探讨了信息服务类城市家具的智能化设计，提出了智能化城市家具设计的要点，参考优秀的国内外城市家具设计案例，希望为将来城市发展提供有利的参考。为了顺应国家智能化建设的需求，城市家具在未来设计中有更加广阔的发展前景。城市家具设计应当要遵循系统化、标准化、人性化、生态化的原则。树立以人为本的设计出发点，谋求更优化的发展道路，制定规范完善的发展体系，从而向模块化、可推广化的方向发展。参考西方众多国家的优秀设计手法，在材料、造型和使用功能上做更加细致的设计。同时智慧化的发展主要依托于更多的电子信息物联网工程，做好学科渗透学科交织，灵活应用信息工程与当代的高新技术对未来发展智慧化的信息服务类城市家具有更大的帮助。城市家具后期的管理维护和监测也是未来需要考虑的重要内容。提高城市家具的"自知性"及时对器械本身作出相应的反应是智慧化的体现，加大城市家具使用率。

图片来源：

图 1、图 2：作者自绘

图 3：作者自摄

参考文献：

[1] 关于促进智慧城市健康发展的指导意见 (发改高技 [2014]1770 号) [EB/OL]. 中国智慧城市. 2014-09-04.

[2] (丹麦) 扬·盖尔. 交往与空间 [M]. 北京: 中国建筑工业出版社, 2002.

[3] 李文嘉, 孔晓燕, 任梅. 城市家具的情境空间设计研究 [J]. 包装工程, 2012, 33(20):113—116.

[4] 孙磊, 基于环境因素的隐形形态城市家具设计研究 [J]. 包装工程, 2016, 37,(2):143-146.

[5] 安从工, 李丽君. 论城市家具设计与城市公共空间的共生关系 [J]. 包装工程, 2012, 33(10):133—135.

城市景观道路设计的多种可能
——以烟台市滨海路为例

Multiple Possibilities of Urban Landscape Road Design
——Taking Binhai Road in Yantai as an Example

解佳丽 /Xie Jiali

（东华大学服装·艺术设计学院，上海，200051)

(Fashion·Art Design Institute, Donghua University, Shanghai, 200051)

摘要：

　　景观道路作为贯穿城市的脉络，以一种线形景观的方式贯穿城市各个空间与角落，在分隔空间的同时，也是当地文化精髓的体现。然而当前城市中的景观道路多为简单组合，与景观大环境的设计理念相脱节，缺乏统一性和整体性，进而难以实现完整且独特的效果。

　　因此，本文在环境艺术系统设计理论的指导下，就如何对景观道路的设计进行更新进行了详细的阐述。除引言之外，在文章后半段重点对设计策略进行了系统性的总结。最后又以烟台滨海路为例研究，分析其问题，整理出一套环境系统设计决策支持框架，并提出有借鉴性的对策和具体设计要点，尝试分析出景观道路设计存在的多种可能，希望对当今社会和科学技术发展作出贡献。

Abstract：

　　The landscape road, as a thread running through the city, runs through every space and corner of the city in a linear landscape way. While separating the space, it is also the embodiment of the essence of local culture. However, most of the landscape roads in the current cities are simple combinations, which are out of touch with the design concept of the landscape environment, lack of unity and integrity, and thus it is difficult to achieve a complete and unique effect.

　　Therefore, from the perspective of environmental art system design, this article has make a comprehensive elaboration on the elevated design methods of landscape roads.In addition to the introduction, a systematic summary of the design strategy is made in the second half of this article. Finally, taking Yantai Binhai Road as an example, this article analyzes its problems, sorts out a set of decision-making support framework for environmental system design, and proposes some referrable countermeasures and specific design points. We try to explore the various possibilities of landscape road design so that the development of today's society and science and technology will benefit from it.

关键词： 景观道路，景观，环境艺术系统设计，整体性
Key words： Landscape road, Landscape, Environmental art system design, Integrity

1 引言

　　追溯至中国古代，景观道路的作用是提供给统治者使用的，代表着统治者手中独一无二的权利。在西方则是被统治者纳入城市建设的范畴之中去。而现如今，随着人们自己对于生活观念的变化以及社会经济的进步。城市中的景观道路不仅仅起到单一的交通作用，还承担交往、娱乐、购物等活动。美国建筑师 J·各布斯也提到过景观道路对于

城市的重要性。因此，景观道路面对社会的急速发展，应该不断探索与创造，以构建富有特色的新型景观道路。

对于城市环境中的景观道路设计，设计师应站在环境艺术系统设计的整体视角去进行设计，对影响景观道路设计的各个因素进行归纳整合，通过综合性的分析与思考，希望能对景观道路进行分析，以环境艺术系统理论作为指导，从而发现最根本的问题，并进一步进行解决。并从实际案例中借鉴经验，试图探讨如何升级景观道路，从而使环境系统设计理论指导实践，达到一个新的高度。

2 景观道路设计

2.1 景观道路的概念

在《辞海》中，景观有如下含义：景色、景象。如："自然景观"。道路的含义则是地面上供人车通行的路，另外也有办法或门路的含义。[1] 而城市中的景观道路，也称作园林景观道路，它是在城市重点路段，强调沿线环境景观，体现城市风貌的道路。[2] 是城市空间中最富有生气、活力的空间。其在城市中具有独特的地理位置，也是城市规划发展所具备的，具有艺术性、可识别性、独特性、公共性的一种体现城市风貌的综合性景观体。

也因此在景观道路设计的同时，在满足基本的交通通行功能以外，更需要体现其自然风光与场所精神，以实现融合自然景观、环境景观与人文景观于一体的目标。对于设计师来说，这其实也是面临着一个新的挑战，因为城市中的景观道路设计要考虑到城市规划，在植物配置时要考虑到园林学的相关内容，在与周围环境融合时要考虑到建筑学，涉及道路行人需求时要考虑到环境心理学、人体工程学、视觉传达设计等各个领域的相关知识，并将其进行综合应用。

随着环境艺术设计系统认可度的提升，我们清晰地认识到，只有将环境艺术系统设计引入景观道路设计，才能实现城市环境与生态的提升、人们生活质量提高这一目标。

2.2 景观道路的分类

在环境艺术系统下，将主要景观道路系统分为四个部分。

（1）城市门户型道路

城市的门户型道路简单来说就是城市"开门见山"的部分，也就是进入城市主城区的最主要入口，在对这一部分的景观道路进行设计时，可以在当地自然环境条件的基础上，大胆地进行设计，让其成为城市风貌的代表景观、成为城市的风景线。因为这里的景观道路作为城市的"入口"和"窗口"景观，地理位置特殊，用地条件及空间构成上具有十分明显的优势，可以进行大胆发挥（图1）。

图1 杭黄铁路桐庐站

（2）生活型道路

生活型道路是指城市各功能空间之间的连接道路，主要起到沟通作用。一般包括主干道和次干道。它们展现城市生活环境，也反映了城市的发展水平（图2）。

（3）商业型道路

商业型道路主要是以提供人们步行为主，满足行人购物、休闲、健身、交往等需要的商业道路。因此此类景观道路的设计必须考虑人的需求，增加对于人行为的分析（图3）。

（4）自然型道路

自然型道路不是单指公园以及其他风景旅游区里的道路，还包括沿海、森林以及历史街区等处于城市景观边缘的相关道路。这些道路承担了展现城市文化底蕴、丰富自然资源的作用（图4）。

图2 FYI中心景观中的生活型道路

图3 望京SOHO中的商业型景观道路

图4 牛首山文化旅游区中的景观道路

3 环境艺术系统设计中的景观道路设计

3.1 环境艺术系统

"环境艺术系统设计"是环境、艺术、系统和设计这四个概念的综合体。

环境包括我们身边的社会环境以及自然环境：社会环境，一般是指经过人重新设计加工后的空间，比如广场桥梁等。因此设计师在设计的过程中，除了考虑建筑整体，还要分别对自然环境、社会环境进行设计，然后再将它们融为一个整体，从而实现环境的、系统的设计。

"艺术"则是指设计过程中实现美的表达，一方面通过艺术表达让环境更加丰富与和谐，另一方面又在环境的约束下得到发展，与环境相互依存。

系统设计就是整体的处理人类的生活环境，系统必须适应、影响环境才会有生命力。系统对环境的适应性主要靠居住者后期的反馈意见来实现。而这种反馈机制，将会大大提高设计品质。

而"环境艺术系统设计"则是以整体观念为导向，运用科学的、艺术的、整体的、系统的设计思维，来指导我们的设计。从而协调涉及内部各因素的关系，使其达到一种理想的结果。总的来说，环境设计是多学科的，所以也受多层次、多方面因素的干扰，但是同时也具有综合的、可协调的性质（图5）。

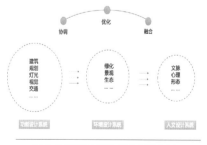

图5 环境系统设计基本理论框架

3.2 环境艺术系统中的景观道路设计

长久以来，景观道路作为人们生活中的重要角色，使人们了解到城市的悠久历史、风土人情、景观形态，是城市印象最为直接的表达。

然而，在景观道路的设计中，一般都是由景观设计师独立完成，整个设计过程与环境系统设计的过程有所区别，造成了景观道路设计与其他学科的脱节，存在标志性景观的消失，使人们无法辨别景观各部分的内容，最终使城市千篇一律。完整的景观、道路设计应该具有广泛的统一性，包括建筑学、环境心理学、人体工程学、视觉传达设计等其他学科的考虑。

因此，城市其本身与环境艺术系统设计是互为影响的关系，作为城市不可或缺的一部分。我们可以得出这样的结论：景观道路与环境系统的关系是部分与整体的关系。

所以，在整体的环境观的引导下，要把景观道路的各个部分进行综合考量，提取有利于景观道路设计的最优解，然后再进行实际的运用。

3.3 环境艺术系统中的景观道路的意义

城市的发展与环境艺术系统设计是互为影响的关系，而城市的发展又离不开处于重要地位的景观道路。所以景观道路与环境系统的关系是部分与整体的关系。

所以，在整体的环境观的引导下，要把景观道路的各个部分统筹在环境下，提取有利于环境发展的最优化元素，然后再分析并结合。

本课题旨在引导设计师从单一的思维方式转变为多维思维方式，认识设计过程中遇到的问题，从而指导实践系统的概念与特性。进一步说明，即在本研究中梳理出相关景观道路的概念、分类、要点、规律等，纳入环境艺术系统中，从环境艺术系统的高度上确定一个明确的方法，形成相关的理论，运用到实践中。从实践意义上，也可以提升城市氛围，营造独特的、有深厚文化底蕴的景观道路。

4 城市景观道路的设计原则

4.1 系统性原则

景观道路的设计过程中最基本就是要协调好由道路连接的各个空间环境与节点，依据人的需求，将空间中的每个部分有机地结合，实现整体效益。

除满足景观道路基本的交通、休憩、交流等功能以外，做到与景观道路周围的城市环境因素结合，利用传统中国文化中借景、框景等景观设计手法，将其引入景观道路的设计中。在此基础上，将城市中人及其他活动与因素进行引入。实现整体的、系统化的设计。

4.2 生态性原则

在城市景观道路的设计中要遵循生态性原则，即尊重生态在景观道路中的作用，通过合理开发，尽量保留或者是利用道路环境空间中原本的自然景观，得到道路与自然的协调；也要充分保护自然环境，在维护生态功能的同时力求以最小的损失来换得景观道路的系统性与完整性，注意保护景观道路中大自然所具备的治愈更新能力；道路的线性设计要尊重景观道路本身的地形地貌特征，选择合适的道路形式与方向，做到因地制宜。

4.3 文化性原则

道路是一个城市特有的人文环境的直观的表现，因此在景观道路的设计过程中，要遵循历史性与文化性原则，尊重城市整体的发展历史，塑造历史形象，提升文化品位，继承城市展现的文化脉络，保护城市环境的特色。让人们在有历史沉淀的景观道路中进行活动。

4.4 人性化原则

人性化原则就是在设计中，要从人的需求出发，了解到人们内心深处理想化的景观道路模式，真正去塑造让人享受并喜爱的景观道路。在坚持以人为本的提升原则中，除了空间物质层面，需要综合人生理的、心理的方面需求，协调道路使用者之间，以及使用者与道路景观之间的关系。

从设计开始到结束，始终体现对使用者的关怀与尊重，从而为景观道路的设计提供实践基础。

4.5 美学原则

城市中的景观道路从美学观点看具有明显的图像性，从其本身及两侧的建筑所形成的轮廓综合来看都是一定的艺术图像，所以城市中的景观道路在设计时也要在美学的指导下进行。例如，在植物排布组合和材料选择、构筑物造型、道路尺度、铺装色彩等方面综合考虑，通过不同设计的层次节奏、排布韵律的变化，营造出道路丰富多变的特征，以追求和谐美观的艺术氛围，提高城市中景观道路的设计质量。

5 景观道路案例分析

5.1 现状概况及问题分析

烟台市位于山东半岛的中部，而滨海路则位于烟台市东北海岸，横穿莱山区、芝罘区和牟平区。滨海路外围主要为岛屿景观，由各个岛屿共同组成。内部为海岸景观，即烟台东北部的海岸线景观。因此滨海路是烟台非常重要的景观道路，拥有众多的自然景观，具有极高的观赏价值，因此也占据十分重要的地位。

当然，滨海路也存在一定的问题，主要表现在以下几个方面：

首先，最直观的是景观道路中景点的堆砌，这虽然能够保持大环境下的一致性，但也造成了后期要素单一，没有特色的后果。例如滨海路上许多海洋生物雕塑，仅仅是对于海洋生物形态的复刻，这种缺乏创意的雕塑群，已不适应当今环境下滨海路上的景观，对行人理解景观道路空间也产生了一定的困难，无法起到宣传文化的作用。

其次，滨海路的规划过程中，街道中各个段落无法形成完整统一的设计方向。没有连贯的、起承转合的设计思路，街道缺乏主次、空间序列破碎、风格不统一，给行人以混乱的感觉。"速度模式"影响下批量生产的设计方案，往往使景观变得不再是独一无二的了，城市也产生严重的雷同现象，引起人们对城市失去观赏欲望。另外，景观小品的批量生产，园林植物种植与组合方式的重复，景观道路表达方式的简单都是随处可见的。

最后，滨海路部分空间忽视深层次的文化历史内涵。例如，滨海路沿线景观出现了许许多多欧洲设计风格构筑物与景观，这种外来事物的影响，让人们更多地忽视了烟台市本身独有的文化。而恰恰那些无形的文化，必须要通过一些有形的设计，才能被人们所熟知和了解。

5.2 环境艺术系统设计中景观道路的设计方法

5.2.1 景观道路中的慢行游赏体系

慢行游赏体系就是要在景观道路的设计中，实现与自然环境的结合的同时，也能让行人融入环境中进行亲身的体验和感受。比如道路中栈道的设立：供游客登高远眺的同时，用玻璃等特殊材料作为桥面材料，可以使景观更能从各个角度得到观赏，保证行人能观察到脚下景色的变化。同时，沿廊桥散步也成为一种独特的体验：玻璃廊桥会吸引大量游客，特别是亲子，栈道也会将不同高度的空间连接在一起，使原先单调乏味海岸景观变得更令人有参与感且具有娱乐性（图6）。

图 6 吉首美术馆

5.2.2 景观道路中创新技术的应用

在建筑领域中，科学技术的应用已经十分普遍与成熟，不论是高效率模型的制作，对设计前期的帮助，还是各种智能化调节、对于景观的生态控制等方面技术的创新，都越来越重要和普遍。然而在景观道路中，此类技术还处于初步使用的阶段。因此，可以在此方面进行深入研究：在景观道路的设计中，对创新技术兼收并蓄，尤其在生态高新技术的支持下，指引设计的方向。

在景观道路的设计中，不仅仅是景观道路本身，道路两侧建筑立面也是设计师需要考虑的内容。例如，可以在建筑外立面设立像素画屏幕，形成数字灯塔。白天通过屏幕展示海洋生物，向行人普及相关知识，展示烟台传统的海洋文化，晚上则变成一个不断变换的数字屏幕。这种声、电、光的有机应用，可以吸引行人主动参与，使人与景观及景观道路形成更加良好的互动。也可以随时向行人展示烟台市的历史地域文化，除丰富景观道路以外，也会大大增益城市特色（图7）。

图 7 前海数据中心

5.2.3 景观道路中的生态再现

景观道路中的生态再现主要着眼于植物的配置与景观的塑造，以此来展示烟台这个城市独有的气质。

因为烟台本身处于温带季风气候区，所以可选择的植物范围更广，塑造上也有更大的提升空间，可以选用野生乡土植物这种具有特色的植物配置。这种乡土树种利用低成本进行养护，可以在节约成本的情况下，合理地体现生态建设的内涵，让久居城市的人们也能有机会欣赏到大自然丰富多彩的一面。除此之外不可忽略的一点是在海边种植植物，需要选择如白蜡、

图 8 滨海景观道路的植物配置

国槐、山楂、垂柳这种耐盐碱性的植物，再适当引种观赏价值高的树种和具备生态保健功能的树种，丰富景观道路的色彩和植物的季节演替，达到"春赏花、夏遮凉、秋抚叶、冬观干"的效果，使景观道路焕发活力、增添色彩（图8）。

另外，精心搭配的植物与前面所提到的栈桥相结合，也能产生不一般的美感。

5.2.4 景观道路中特色构筑物的设立

构筑物的设立也是景观道路设计中不可或缺的一部分。而特色构筑物的设计应该反映烟台当地的特色，利用城市其本身独有的色彩、特殊的质感，还有独特的风格，增强其特征与可识别性。从而成为烟台的特色景观符号，增强景观道路整体形象的建设。

所以在具体的设计中，并不是简简单单地将某一符号直接进行粘贴或者堆砌在景观道路中，而是在设计里面把一定的特色与意义融合在某种形式上，以故事性的路线有意义地进行展开。例如竹枝书院的书院连廊，形象姿态自然大方又不失竹林的特色，延绵起伏的建筑形态、变化丰富的檐廊、材质与颜色恰当地运用都是对竹林意象的提取与再现，在丰富景观道路的同时，也充分展示了当地的文化内涵（图9）。

图 9 书院连廊

因此，针对滨海路当地，设计师可以考虑可以利用石材进行组合与拼装，拼合成动感的曲线来表现海洋，也可以利用生动的石雕来具象化地表示海洋生物的动感。

5.2.5 景观道路中特色铺装

因为烟台特殊的地理位置沿海的景观道路，一般会采用花岗石进行铺装，此类石材更易与自然资源相融合，除此以外也有耐腐蚀性的特征。然而，长时间被海水冲刷，也容易存在一定的安全隐患，所以需要考虑防滑材质的使用（图10）。

图10 烟台海滨广场中的铺装

在基础材质选择的基础上也要营造一定的趣味，对道路铺装的质感、材料、颜色、大小、排布等方面进行控制，并在铺装上加入城市的特色与经典的人文活动，形成故事性的展开。 例如广大街头公园，公园内部内全部采用仿石砖铺贴，保证了色彩与材质的统一，耐磨，避免了返碱等石材问题（图11）。

图11 广大街头公园的铺装

5.3 景观道路中的人性化设计

滨海路在设计过程中，首先要在视觉上形成良好的景观体验，符合基本人体尺度。以心理学的相关知识为依据，关注景观及周围环境的感受度、公众的参与心理是否积极，因此设计师需要结合场地实际情况重点增加道路的导视系统设计，给人提供对景观道路的确切感受和归家感。同时，也要根据道路周围的环境对应设计出相应的景观，使人们了解到，道路中各段落的不同功能所在。

除此之外，非常重要的一点是也要了解到特殊人群的需求：针对各年龄层进行对应的无障碍设计，例如针对残障人士以及携带婴儿车的行人，可以在关键节点设置一些无障碍坡道，除了方便行动不便者出行以外，坡道流通率高、建设成本低，可以进行大面积的推广；针对听觉障碍者，可以通过加强景观中绿色植物的合理排布使其香气刺激听觉障碍者感官，以此来感受环境；针对视觉障碍者，可以安置广播导引系统进行讲解，也可以利用烟台天然的地理优势，合理设置水景发出声音刺激障碍者听觉。另外也可以思考小型景观设施如何与景观坡道结合，制作出更有亲和力的景观道路，鼓励残障者融入社会群体。通过趣味小品的点缀，也能增添人们的舒适感与喜悦感。

6 结论

景观道路不仅承担了最基础的交通功能，同时也成为贯穿各部分空间、景观节点的关键点，成为展现当地自然风貌和文化内涵的交往场所。随着生活需求的增多以及社会环境的不断优化，除了满足通行便捷、环保、舒适的感受之外，人们对于景观道路要求的不仅仅是提供一个优美舒适的空间，更多的是追求一种流动的感觉，在此感受城市的活力。

而环境艺术系统下的景观道路设计需要我们整体地把握人、环境、景观道路三者的关系把景观道路中各要素整合在统一的设计思想之下，同时使其既具有地域文化特色，又具有时代性特征。从而营造出和谐的景观道路，提升城市品质。

图片来源：

图 1～图 4：网络

图 5：作者自绘

图 6～图 11：网络

参考文献：

[1] 罗竹风 . 汉语大词典 [M]. 上海：汉语大词典出版社 ,2001.

[2] 韩鹰飞，李杰 . 浅谈城市道路人性化设计 [J]. 华中科技大学学报（城市科学版）,2005(S1):164-168.

[3] 刘凌 . 城市景观道路空间形态设计探究 [J]. 建材与装饰 ,2017(46):128-129.

[4] 万艳蓉 . 从系统设计看可持续性建筑设计 [J]. 建材与装饰 ,2017(40):58-59.

[5] 李科霞，简婧 . 城市道路景观规划设计的系统整合 [J]. 花卉 ,2016(12):13-14.

[6] 鲍梓婷 . 景观作为存在的表征及管理可持续发展的新工具 [D]. 广州：华南理工大学 ,2016.

[7] 王业社 . 城市景观道路生态设计研究 [A]. 《建筑科技与管理》组委会 .2015 年 3 月建筑科技与管理学术交流会论文集 [C].《建筑科技与管理》组委会：北京恒盛博雅国际文化交流中心 ,2015:3.

[8] 沙玲慧 . 营造自然生态型道路景观的探讨 [J]. 黑龙江农业科学 ,2013(07):109-112.

[9] 葛婷婷 . 环境艺术设计中符号学的应用探讨 [J]. 教育教学论坛 ,2013(28):168-169.

[10] 潘俊峰 . 边缘 · 边界 · 跨界 [D]. 天津：天津大学 ,2013.

[11] 朱妍林 . 论环境艺术系统中的城市家具设计 [D]. 芜湖：安徽工程大学 ,2011.

[12] 陈丹娜，田毅 . 浅谈城市道路设计中的人性化设计 [J]. 黑龙江科技信息 ,2011(10):322.

[13] 胡广益，杨亚玲，习兵 . 丘陵城市自然生态型景观道路绿化设计——以咸宁市桂乡大道绿化设计为例 [J]. 中国园艺文摘 ,2010,26(09):96-98.

[14] 金旭阳，王磊 . 道路景观设计人性化浅谈 [J]. 北方交通 ,2010(02):43-45.

[15] 李静，陈玉锡 . 景观符号学理论的研究 [J]. 合肥工业大学学报（社会科学版）,2010,24(01):151-154.

[16] 丁培红 . 大力倡导自然生态型道路绿化 [J]. 湖南林业 ,2010(01):25-26.

[17] 牛珺 . 环境艺术设计系统论 [D]. 天津：天津大学 ,2009.

[18] 高飞，郑永莉，许大为 . 城市标志性景观道路营建探索 [J]. 西北林学院学报 ,2008(02):200-203+207.

[19] 蔡镇钰 . 环境艺术的整体观 [A]. 东华大学，中国建筑工业出版社 . 中国环境艺术设计 · 集论——中国环境艺术设计国际学术研讨会论文集 [C]. 东华大学，中国建筑工业出版社：东华大学环境艺术设计研究院 ,2007:7.

[20] 鲍诗度 . 论环境艺术系统设计 [A]. 东华大学，中国建筑工业出版社 . 中国环境艺术设计 · 集论——中国环境艺术设计国际学术研讨会论文集 [C]. 东华大学，中国建筑工业出版社：东华大学环境艺术设计研究院 ,2007:6.

[21] 王毅娟，郭燕萍 . 城市道路植物造景设计与生态环境 [J]. 北京建筑工程学院学报 ,2004(04):75-78.

[22] 杨厚和 . 浅谈街道意象设计 [J]. 华中建筑 ,2004(01):77-79.

陶瓷壁画介入城市街道美学
Ceramic Mural is Involved in Urban Street Aesthetics

张海若 /Zhang Hairuo

（东华大学服装·艺术设计学院，上海，200051)

(Fashion·Art Design Institute, Donghua University, Shanghai, 200051)

摘要：

　　城市街道环境是重要的公共环境空间，是建筑设计、景观设计、城市规划、公共艺术等多学科整合的结果。在当代，城市建设过于强调街道的通行功能，而弱化甚至完全忽视了它作为城市公共空间的重要的艺术价值。陶瓷壁画作为公共艺术的表现形式之一，以其审美性、人文性以及独特的材料特性在城市街道环境中发挥了重要作用。环境系统设计理论是推进环境艺术发展的基本理论，它以系统论为基础，系统考虑整体环境，是环境艺术设计学科本质属性的回归。本文将以环境系统设计理论为基础，将陶瓷壁画纳入城市街道整体环境中考虑，研究陶瓷壁画在城市街道艺术环境中的价值、设计原则及发展。

Abstract：

　　Urban street environment is an important public environment space, which is the result of multi-disciplinary integration such as architectural design, landscape design, urban planning and public art. In contemporary urban construction, too much emphasis is placed on the traffic function of streets, while weakening or even completely ignoring their important artistic value as urban public space. As one of the forms of public art, ceramic mural plays an important role in the urban street environment with its aesthetic, humanistic and unique material characteristics. The theory of environmental system design is the basic theory to promote the development of environmental art. It is based on the system theory and considers the whole environment systematically. It is the return of the essential attribute of environmental art design discipline. Based on the theory of environmental system design, this paper will consider the ceramic mural into the overall environment of the city streets, and study the value, design principles and development of ceramic mural in the art environment of the city streets.

关键词： 环境系统设计，街道美学，艺术环境，陶瓷壁画，公共性

Key words： Environmental system design, Street aesthetics, Art environment, Ceramic mural, The public

1 环境系统设计理论概述

　　从外在特征上看，环境系统设计从系统的整体性出发，并需要进行跨学科合作、跨专业结合，从内在上看，它打破了传统的单体设计，将城市规划、建筑、景观、环境设施、

视觉传达、室内设计等专业进行了科学性的综合。

环境系统设计以系统论为基础，整体地考虑和解决问题，包括协调各类学科以及处理各子系统（目标系统、设计系统以及方法系统）之间、子系统与系统之间的矛盾；择优提炼文脉元素，将其概括为各种符号，进行系统分析与系统综合，走先扩散后整合道路，将各种元素符号运用在子系统当中；处理部分与整体之间的关系，将点性与系统性结合，科学把握子系统与系统之间的联系，以达到优化整体的目的。

2 城市街道美学——城市街道艺术环境

2.1 城市街道艺术环境系统

2.1.1 街道功能系统及其现状

首先对城市街道按照职能划分，可分为三类，即商业街道、社区街道以及历史街道。

首先是商业街道。商业区作为城市的经济核心，其空间环境建设拥有巨大的社会效益、生态效益及经济效益。目前，多数城市的传统核心商务区因开发较早，空间品质相对陈旧，处于吸引力下降、逐渐空心化的尴尬境地。

其次是社区街道。社区街道空间是市民通行和生活的重要场所，为不同年龄、不同背景的居民提供着偶然会面与交往的公共空间。目前社区街道既存在着机动车占用步行空间、建筑前区空间私有化、沿街服务设施不完善等物质空间问题，同时也存在着路权不清晰、缺乏场所感和归属感等普遍矛盾。

最后是历史街道。城市的历史文化街区、传统风貌区，以及未经过官方认证的传统街道空间，都承载着市民的共同记忆，传承着城市的历史文脉。而目前这些街道大部分都有着基础服务设置陈旧、常住人口流失的普遍矛盾。

其次，街道艺术环境系统中的功能性范畴则主要包括道路设计、城市家具、灯光设计、建筑设计、标识设计等。

2.1.2 街道环境系统

街道艺术环境中的自然环境包括街边绿化设计和人工水景设计。对于街边绿化设计的印象，大多数人会停留在街道的两旁栽满了行道树，在设计中应注意树种、树冠的选择以及不同地域对植物的生态要求，并配合小片绿地、花丛、休息座凳来丰富街道景观。绿化设计的作用主要体现在以下三方面：首先是植物造型的自由性对建筑造型的严谨性的平衡；其次是对汽车尾气污染的吸收，净化空气；最后是绿色植物本身来自于自然，给人的精神上带来回归自然之感，对于奔波于忙碌中的人们来说是一种情感上的慰藉。

水体景观既可以在视觉上给人带来自然的舒适感，在听觉上还能够营造活跃的氛围，在实用功能层面上，水景尤其是喷泉，在炎热的夏季可以起到调节街道气温的作用。

在进行街道景观配置时，不仅要注意植物与植物之间形态上的对比与统一，更要综合考虑自然环境与街道其他功能要素的合理关系，注意植物与界面、节点、公共设施、建筑界面、灯光照明等功能系统的合理关系，达到整体上的协调一致。

2.1.3 街道人文系统

人文设计系统在街道艺术环境中居于主要地位，体现在艺术层面、文化层面以及人文关怀层面等多种精神性设计范畴。

公共设施设计除去功能性因素外则主要体现在人文关怀层面，公共设施与公众非常接近，给行者以温馨感，能够缩短人与人之间的社交距离，增添更多的情感以及趣味性。此外，因为公共设施的尺度与人的尺度最为贴近，所以它们的造型、色彩、尺度、纹理及与周围环境是否协调等直接决定着街道自身的品质。

在人文设计系统中最能代表街道艺术精神及文化精神的是公共艺术，公共艺术需要将实用性和审美性相统一，结合大众的心理特点以及街区文化走向，融入诸多元素，彰显其魅力，让街道环境更富文化性和艺术性。陶瓷壁画则是公共艺术的直观表现形式之一。

2.2 城市街道艺术环境中的美学

2.2.1 规划之美

大城市的街道，大体离不开"规划"两字。有规划就有标准。例如巴黎的香榭丽舍大街，被公认为是世界上最美丽的大街之一。它对于街道的宽度、两侧建筑的尺度、立面形式等方面的定制，从1853年Haussmann对巴黎市中心进行大规模改建时就已形成。但是，小弗雷德里克·劳·奥姆斯特德100多年前对街道规划标准进行的批判指出："官方街道规划大师都有一个致命的倾向，即，他们总对当地原本简单的街道固执地施加相当不必要且十分不合时宜的刻板规定，总令人生厌地对街道宽度和布局执行一系列呆板的标准，这就不可避免导致许多颇妨碍行动的街道和众多与本应具备的用途完全不匹配的错误形状和尺寸出现。" 从他的言论中我们可以得出一个观点，尽管在城市街道的规划过程中设计师需要遵循相关标准，但设计师仍需要进行主观的增减而不应该生搬硬套刻板的规定。

城市里建筑与建筑之间需要通道，零售业需要商业活动空间，写字楼里的工作者需要户外的休憩空间，居民也需要有日常生活的休闲空间。营造街道空间之美就需要设计师首先要在进行设计之前先考量街区的各种数据，根据国家规定的标准并结合不同街区的不同功能分区以及不同尺度进行规划与设计。

2.2.2 视觉之美

视觉之美换言之即"形式美"，形式美所指的是人们的眼睛对所感知到的物体的色彩、形态以及内容所本能地产生出来的感官感受，对于街道而言，最直接的感受即建筑外立面的围合感和连续感所带来的整体感受；其次是街区中的各种元素之间，元素和子系统和系统之间的协调性和细节上的美感。

从色彩上来说，色彩在视觉上带给人的冲击力最强，对于街道而言，建筑外墙在街道空间中占比最大，但建筑物体面色彩容易被忽视，是街道色彩设计的意识盲区。由此，街道色彩设计应该将建筑物纳入整体的规划中。

从形态上来说，街道中又包括自然形态、人工形态以及抽象形态。

自然形态即城市街道中的环境设计系统，绿化设计常表现出丰富的柔滑曲面和扩展生长的生命力。可以将城市街道空间看成一个多层次、多元化的有机组合体，涉及生态学、艺术学等学科，还要综合考虑使用的功能、街道主题、城市特色、材料因素等。为人们营造一个舒适、自然的街道环境，让久居城市的人群能更贴近自然。人工形态即街道中的功能设计系统，城市街道环境中的实用公共设施，如电话亭、路灯杆、休息椅、邮箱等都是人为形态，除了需要发挥应有的实用功能外，它们同样也装饰美化着人们生活的环境空间。抽象形态又称概念形态，以点、线、面、体等为基本造型要素，打破传统的具象形态，不追求反映任何具体的现实形态，追求纯粹的形式美感。抽象形态的街道景观小品简洁的外形可使街道空间显得宽敞明亮、便利快捷。抽象形态并不是无意义的几何元素，而是通过点、线、面等元素相结合展现出时间、空间乃至情感上的延伸意义，展现了现代人的审美观念。

从内容上来说，街道中的所有元素都是街道艺术环境的内容所在。可以给公众以视觉之美的内容，是能够使在环境中的人产生共鸣或是给人带来不一样的视觉体验，从而产生美好的联想和记忆的内容。

2.2.3 人文之美

街道的人文之美包含了街道中一系列与人有关的文化与情感上的内容，和芦原一个时代的美国著名景观大师约翰·奥姆斯比·西蒙兹曾经说过："我们规划的不是物质，不是空间，而是人的体验"。人的体验涵盖了人的感官感受以及精神感受，在上文中所提及的公共设施及公共艺术，它们之中蕴含的公共性、人情性、文化性及审美性都彰显了街道的人文之美。

3 陶瓷壁画概念浅析

壁画作为一门独特的视觉艺术，在人类发展史上有着不可磨灭的贡献。壁画依附于建筑物，在街道中起装饰作用，给处于街道空间的人们带来无限的美感与艺术的享受。在所有壁画形式中，最经久耐用、最易清洗、色彩最艳丽、同时表现手法也最多样的当属陶瓷壁画。

陶瓷壁画是以陶瓷锦砖、画砖、陶板等为原料而作的具有很高艺术价值的现代建筑装饰，它巧妙利用空间环境和建筑内外墙壁，用绘画、雕刻、镶嵌等形式经过放大、制版、刻画、配釉、施釉、烧成等一系列工序创作而成，装置于公共环境之中。陶瓷壁画是环境艺术的重要组成部分，小型壁画精巧别致，大型壁画可以负载宏观表现空间，对环境有很大的覆盖力和感染力。

4 陶瓷壁画介入城市街道艺术环境

街道的意义并非指道路本身，它的存在是一种立体的围合形式，围合街道建筑的外立面是空间的主要界面。而街道中的陶瓷壁画就是在街道两侧的建筑外立面上所表现出的一种艺术形态。

4.1 陶瓷壁画对于城市街道艺术环境的现实意义

陶瓷壁画在街道艺术环境中的现实意义主要分为物质层面和精神层面，在物质层面上主要表现为陶瓷材料的实用性，在精神层面上主要体现在审美性、文化性以及公共性。

4.1.1 实用性

陶瓷材料最大的特点就是耐高温、耐腐蚀，具有持久性，不受自然环境因素的影响，颜色种类丰富，且成色稳定，不像油漆、丙烯等颜料在外墙表面容易掉色甚至脱落。有利于放置在室外环境中。陶瓷材料还有其他类别材料所难以做到的特性——可塑性，所以陶瓷壁画在表现形式上相较于其他种类的壁画形式更趋于多样化。此外，陶瓷表面施釉，光洁纯净，易清理。综上所述，陶瓷对于建筑外立面来说是不可或缺的材料，是街道艺术环境中的优秀艺术表现形式。

4.1.2 审美性

陶瓷壁画的艺术特点是不受焦点透视的拘束，利用散点透视的空间，给人们以多视角、全方位的视觉体验，通过材质、色彩、内容、构图等丰富的表现语言作用于街道环境，使公众透过形式认识其内容，全身心地去感知体验从中获取对街道总体的审美感受，并以各种具体的艺术形态，与不同功能、空间、结构的多元化街道环境有机结合，构成一个和谐的审美艺术环境。

陶瓷壁画是城市美学所关注的一种特殊的人文景观，即人建环境。陶瓷壁画是城市街道公共艺术的重要表现形式，既美化着街道环境，也塑造了街道和城市形象。其所创造的街道美具体体现在与环境的审美交融，以及公众对环境的感知体验。

纵览世界陶瓷壁画发展的历史，可以看出，陶瓷壁画在不同的文化背景下，在不同的历史时期，表现出特定的审美观念。

4.1.3 文化性

陶瓷壁画在街道艺术环境所展现出的文化性分为两种，一是陶瓷壁画本身蕴含的传统文化，二是陶瓷壁画作为载体所呈现出的文化内容。

首先，中国是陶瓷文化的发源地，陶瓷文化不仅贯穿我国上下五千年的文化史，还对世界文化史产生着深刻影响。将我国传统陶瓷壁画蕴含的艺术精神用于现代街道设计，不仅有利于继承传统民族文化，还可以为我国大众营造既具有现代气息，又不失传统韵味的街道艺术环境。

此外，陶瓷壁画的内容承载着街区的文化精神，不同街区有着不同的文化走向，不论是现代文化还是传统文化元素在陶瓷壁画上都可以得到很好的展现。

4.1.4 公共性

街道是公众日常生活活动的主要场所，公众性是其必不可缺的因素。陶瓷是我国悠久的传统文化，陶瓷壁画是公共艺术的表现形式之一，其本身就具有非常强的公众性，也就是说将陶瓷壁画融入街道艺术环境建设中，公众不仅可以很好地接受并且认同，还能够增强街道环境的公共性。

陶瓷壁画在美化公共空间和提升公共空间文化品位的同时，也在潜移默化地对公众的身心形成影响。陶瓷壁画拉近了人与建筑的距离感，使建筑产生与公众的亲和力，让公众在欣赏陶瓷壁画时产生对建筑的好感，从而达到降低公众心理压力的效果，并进一步使公众对街区及至城市产生归属感，形成积极的身心体验与感受。在特定环境中的陶瓷壁画对公众产生的视觉影响也作用于人的行为模式，在其影响下人与环境能够形成一个和谐的整体。它是与公众互动下的美学。

4.2 陶瓷壁画在城市街道艺术环境中的设计原则与方法

4.2.1 系统性思维

在街道艺术环境当中进行陶瓷壁画创作要具备系统性思维。首先要将陶瓷壁画纳入街道中整体考虑其设计风格及内容走向，与系统中的其他各要素相协调。在进行陶瓷壁画创作过程中同样需要运用系统性思维，将陶瓷的材料特性、建筑形态、新技术以及创作的内容相结合。

4.2.2 设计原则

（1）以人为本的设计原则。陶瓷壁画的形式要围绕大众审美进行创作，内容也要贴近大众生活。所以，在绘制壁画之前要进行市场调研，考察该街区的受众人群年龄、职业等因素，将人的因素与街道及城市文化元素相统一从而确定绘画主题。

（2）把握陶瓷材料特性原则。陶瓷材料自身具有局限性，无法整块烧成，所以如何对壁画进行分割才能保持画面完整性，并能在最大范围内节约成本对于设计师来说是一个难题。

（3）与所依附建筑相契合的设计原则。建筑的外立面不一定是垂直的形态，所以在分割过程中除了考虑画面完整度外，还要考虑其是否能够和建筑外立面紧密贴合。除此之外，还要考虑壁画风格是否与建筑物风格相统一。

（4）与建筑周边环境相协调的设计原则。建筑周边包括公共设施、景观以及其他公共艺术品等，在设计壁画时，要关注到物体之间的遮挡关系，让壁画更大限度地融合并展现在大众视野内。

（5）与新材料、新技术相结合的设计原则。

4.2.3 设计方法

（1）创作主题方法。综合前文可得，主题选择首先要适应人即观赏者的审美需求；其次，选题要考虑其与周围环境之间的协调性，主题内容不能脱离建筑环境内容，同时又要大胆创新，使陶瓷壁画具有特定的审美内涵与文化内涵。

（2）创作构图方法，包括以下三点。第一，构图的平面性。鉴于陶瓷壁画的物理属性，其造型和色彩大多需要通过墙壁这一二维结构展开。第二，壁画构图在比例关系的尺度感。壁画的尺度要通过各种测量数据展开才能给人带来舒适感。第三，构图的统一性。现代陶瓷壁画的构图设计要注重造型、色彩等不同要素在整体与局部、局部与细节等不同关系方面的统一性。

（3）创作造型方法。壁画的造型设计首先要与构图相统一，并要与建筑和街道周边相协调，在造型上同样也需要适应大众的审美需求。此外，陶瓷壁画的造型要具有前瞻性，这是由于陶瓷材料的持久性以及无法修改的特性所决定的，不具备前瞻性的造型设计容易被时代所淘汰，造成物质资源的极大浪费。

4.3 具体案例分析——河内街头马赛克陶瓷壁画

当前，在国内有关街道艺术环境中的陶瓷壁画案例经笔者检索基本为空白，唯一与街道陶瓷壁画相关的记录是广东省佛山市的南风古灶旅游景区内的陶瓷壁画（图1）。可见，陶瓷壁画在中国的城市街道中的应用还有很长的发展道路，需要国家与陶艺家通力合作，加大对于陶瓷壁画艺术的重视。

图1 南风古灶陶瓷壁画　　　　　　　　图2 马赛克陶瓷壁画

据悉这幅在越南河内街道的马赛克陶瓷壁画（图2）是世界上最长的陶瓷壁画。

从创作主题上看，这幅壁画描绘的是河内人民的日常生产劳动以及娱乐生活，贴近人们的生活，从心理上给人带来亲和力。街道两侧是住宅区，属于居民社区街道，壁画创作主题贴合住宅区，并具有鲜明的地方文化性特色。

从构图上看，首先，该壁画采用的是马赛克拼接的手法进行创作，便于组合成各种形态，相对于大块面的切割方式烧成率更高，节约成本；其次，这张画的画面布局主次有序，尺度和谐，色彩鲜艳明亮，以暖色调为主，红色和黄色运用较多，从视觉上给人以冲击力。

从造型上看，这幅壁画将人物、动物、植物、水纹以及其他各种元素抽象成了简约的形态，是河内当地传统文化与现代文化相融合的表现，是传统性和前瞻性相整合的结果。

5 结论

为了改变人们的生活环境与生存空间，公共艺术便悄然介入城市街道环境中，用以改善城市发展建设不足之处，作为公共艺术表现之一的陶瓷壁画在其中发挥出了重要作用。陶瓷壁画之所以赢得大众的喜爱，是因为它来源于自然，源于传统，更容易让人们产生认同感。不同地区的陶瓷壁画作品，代表着不同的地域文化和生活品位。不同艺术工作者设计的陶瓷壁画，也展现出了不同的艺术风格和不一样的人生经历。

陶瓷壁画的物质特性结合其内在精神特征将会使其在城市街道艺术环境中的地位越来越高，在未来城市发展进程中的需求量也将逐渐增加。这就要求艺术工作者在进行陶瓷壁画创作的过程中必须遵守环境系统设计原则，用整体的观念去营造，让陶瓷壁画融入街道环境，在城市的街头展现出迷人的风采。

图片来源：

图 1、图 2：网络

参考文献：

[1] 鲍诗度. 中国环境艺术设计·集论 [M]. 北京：中国建筑工业出版社，2007,64-69.

[2] 张葳，叶学良. 当下城市街道功能探究 [J]. 大众文艺,2019(14):240-241.

[3] 刘涛. 城市街道环境艺术设计研究 [J]. 艺术百家,2011,27(S1):100-102+108.

[4] 张颖. 陶瓷壁画在公共空间装饰中的应用 [J]. 设计,2017(03):156-157.

[5] 吴德峰. 建筑外墙陶瓷装饰的设计原则与意义 [J]. 中国陶瓷,2018,54(01):71-74.

[6] 李延，张广军. 陶瓷壁画在公共空间中的应用 [J]. 中国陶瓷,2010,46(06):62-63+61.

[7] 刘潞，侯佳彤. 装置艺术介入街道消极空间设计研究 [J]. 住宅与房地产,2017(09):108.

[8] 尹一鸣，熊洁. 论公共艺术与街道空间活力重塑 [J]. 重庆建筑,2020,19(09):5-9.

长沙市文昌阁社区街道共享空间设计
The Street Shared Space Design of the Wenchangge Community in Changsha

闫雪 / Yan Xue

（同济大学设计创意学院，上海，200000)

(College of Design and Innovation of Tongji University, Shanghai , 200000)

摘要:

当前社会"共享"一词盛行，共享经济对人们生活的影响处处可见，同时人们也逐渐关注到共享空间的价值，共享社区以多种多样的形式在世界各地发展。但针对处于转型更新阶段的中国传统老旧社区而言，市井气息浓厚的街巷生活更应该强化空间共享。对城市发展下老城社区的居民生活模式进行研究，更有利于老城区社区公共空间的更新设计。

本文基于"日常都市主义"和"场所理论"的学习，进行城市老旧社区街道共享空间的概念设计，利用有机更新中的低干预设计方法，田野调查、居民访谈的调研方法，进行长沙市文昌阁社区街道共享空间的设计研究，本设计从建立社区共享中心、植入无障碍垂直电梯和街道组合家具等便民设施、更新街角灰空间三方面入手。其中对社区街道建立社区共享中心为设计重点，以方便社区居民雨天户外活动、晴天晾晒、休闲娱乐、育儿托管、物品共享等各种活动，从而带动整条街道的垂直电梯设施植入以形成无障碍化社区，多功能社区街道构建以加强社区街道的空间利用，街道家具单元组合以使得居民可根据需求选择单双人座椅、折叠置物、晾晒装置、单车置放、种植认领、儿童玩乐、快递丰巢、废物收纳等自由组合，以及街道凹入空间与街角灰空间的更新，达到社区街道的空间、功能、睦邻三方面的提升。

希望此设计对未来老城区社区内部街道公共空间的更新改造方面进行进一步思考。

Abstract:

At present, the word "share" prevails in the society, and the influence of shared economy on people's life can be seen everywhere. Meanwhile people gradually pay attention to the shared space. However, traditional communities in China is in the stage of transforming and renewing, space sharing should be strengthened in streets, and the living mode of residents in the old town community under urban development should be studied, which is more conducive to the renewal and design of the public space in the old town community.

This thesis is based on "everyday urbanism" and "design of places" theory, to design the street space of urban old community. By using the method of the bottom-up design, micro update design, field investigation, interviewing the residents. This design is made up of the three aspects including building community sharing center, implanting barrier-free vertical elevator, street furniture and other convenient facilities, and updating the gray space. Building community sharing center of the community is the key, in order to facilitate community residents' outdoor activities in rainy day, drying clothes in sunny day, leisure entertainment and other kinds of activities, thus promotes the vertical elevator facilities implanted for forming barrier-free communities, multi-function community's street built for strengthening the spatial use, street furniture unit combination for residents choosing the device freely and meantime update the grey space in street. So as for achieving the improvement of space, function and neighborhood of community's streets.

It is hoped that this design can promote the renovation of streets' public space in old city community.

关键词： 长沙市文昌阁，社区街道，共享空间，更新设计

Key words: Wenchangge in Changsha, Community street, Shared space, Update design

1 绪论

本章介绍了本次设计的项目背景及研究意义，确定研究对象和本次设计的目的，并介绍了此次设计的研究方法，为下一步的理论研究及设计构思打下基础。

1.1 项目背景和研究意义

1.1.1 项目背景

随着当前社会的经济发展，"共享"一词逐渐进入人们的生活，在互联网发达的今天，出门可以骑上共享单车，出游在 Airbnb 订上民宿，通过滴滴打车赶到车站，饿了就打开外卖 APP，闲置物品放在闲鱼 APP 上售出。这些我们习以为常的生活方式就是在共享物品、住宿、厨房、交通工具等。由此可见在大数据互联网的背景下，共享经济对我们生活的影响日益显著（图1）。

图1 共享概念阐述

近年来，共享概念也逐渐蔓延入空间中，通过收集国内外共享空间的案例发现，其设计多运用在具有买房压力的年轻一代人，通过重新定义公共空间的功能，从而实现空间的最大程度利用，来满足青年人向往自由的生活方式与态度（图2）。

随着共享经济以及共享居住空间的发展，共享居住社区应运而生。其实这一概念在19世纪空想社会主义时期就被进行了共居社区实验，但不久便以失败告终。而在20世纪下半叶起源于北欧的共享社区则算是现代共享社区的开端，目前此社区形式在逐渐扩展。

图2 国内外共享空间案例

随着中华人民共和国成立以来中国社区形式的发展，目前的中国传统社区也进入了

转型阶段，无论是空间设施老旧、空间利用率低，还是人口老龄化、社区缺乏活力、人口流动性增加、邻里交流匮乏等，都存在大量问题亟须解决。并且随着当前社会房价的高涨，国家政策的约束，中国大量城市的市中心都存在一批老城区，它们目前并不在拆迁范围内，而是列入更新改造范围中。

通过走访长沙市的老城区社区后发现，相比于政府设立的室内活动中心，社区居民们往往有其自己喜爱的活动空间，而这些空间大多是在街头巷尾，而这也印证了街道空间的重要性，它不仅仅是满足了人们出行的要求，还和基础商业、文化休闲息息相关。并且，相比于大型公园与住宅休闲区而言，街道休闲空间则更容易融入人们的日常生活。所以该选题将共享社区的营造与生动有趣的街道空间相联系进行设计。

1.1.2 研究意义

（1）关注当下时政热点与国家政策。在 2019 年 3 月的中央两会报告中，着重提出对老旧小区的改造，并提出具体要求"更新水电路气等配套设备，支持加装电梯，健全便民市场、便利店、步行街、停车场、无障碍通道等生活服务设施"[1]。这是住房和城乡建设部近期的重点工作，因此将选题迎合热点，有利于关注当下亟须解决的问题。

（2）改善中国社区转型期的问题。共享居住模式起源于率先完成工业化与城镇化的人口老龄化国家，而当今中国已处于城镇化转型发展期以及人口老龄化时期，此时期的社会有效劳动力逐渐减少，社会成本逐渐升高。而且在未来的城市发展中，带有历史记忆的老城区将不会大拆大建，如何有效地提升和改善老城区的公共活动空间，满足未来老城区居民的生活需求极为重要，而共享社区的出现则能够通过共享一定的物品及空间资源，降低社会成本，解决转型期的问题（图3）。

图 3 国内外共享空间案例

（3）促进邻里交流沟通，形成睦邻友好关系。现代社会的高压力、快节奏的生活方式，让人们之间变得越来越冷漠，缺乏面对面的交流与沟通，整日与网络做伴，抑郁症患者数量剧增，且发病人群越来越年轻化。《向拉斯维加斯学习》书中的观念认为"街道不单单只是交通系统，还是一种沟通的机器，街道是供街道周边各种信息之间进行沟通的渠道。"[2] 因此打造街道共享空间则可以通过硬件空间的改善，来提供心灵解放的空间，让人们释放自己的压力、孤独与抑郁。将街道上的建筑空间与周边公共空间相联系并融合，尊重居民平凡且日常的生活起居，打造适合老城区居民生活习惯的公共空间，让居民自发地参与社区的设计与管理中，提高人们的归属感与凝聚力，有利于促进社会的融合与发展。

1.2 研究对象和设计目的

1.2.1 研究对象

本次设计的研究对象是老旧城区中的居住区街道公共空间，此类社区中的建筑并不是规整的矩阵式居民楼，而多以居民楼、独立院户、多条巷道、沿街小商铺和独立搭建的建筑为主，由于没有具体的规划，街道空间里有许多闲置空间、老旧空间、居民自发利用的空间，等等。也正是因为这类空间的存在，让小街巷、老社区的生活空间多姿多彩。通过更新老社区的街道空间，让其保留特色、充满活力、更加共享、服务生活（图4）。

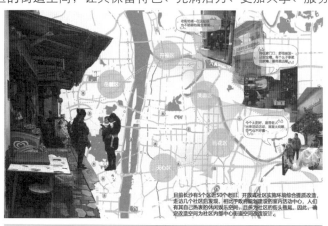

图4　选题来源

1.2.2 设计目的

（1）有效地利用老城区街道的公共空间满足居民需求、促进邻里关系和谐。当前社会的各个城市中，都存在大量的老城区，而其生活空间缺乏公共空间，基础设施简陋，生活质量低下。由于这些老城区的地理位置优越，交通便利，因此有大量的租客，居民的流动性高加上缺乏公共空间，使得社区人群愈发冷漠。通过更新改造其街道公共空间，服务于居民生活，促进邻里关系更加和睦。

（2）思考城市发展中老城社区居民的生活模式，尊重居民的空间利用，因地制宜地进行老城区更新。笔者希望通过对老城区社区内一条街巷的更新设计，去思考在城市发展中老旧社区更新改造时的设计要点，在保留其原有特色的基础上，去打造更为开放共享的居民活动空间。同时结合当今迅速发展的智能科技与互联网，让社区的活动空间更加便捷、智能，更好地服务居民的生活。

1.3 研究方法和研究框架

1.3.1 研究方法

（1）文献检索与著作阅读

通过搜索知网、万方等专业论文网站，利用中南大学校园图书馆查找与共享空间、街道空间、老城区更新设计相关的专著、论文以及刊物、杂志等。查阅有关书籍、杂志及设计网站，了解国内外共享空间以及街道空间的发展历史和现状，学习有关城市街道空间的更新设计。

（2）田野调查法

笔者多次实地考察场址周围的环境，包括自然环境、文化环境和建筑环境，在不同时间段和天气条件下去现场观察居民们对街道空间的利用，感受其空间氛围，调查场地附近的建筑类型、空间利用特点、居住人群类型与活动时间等，发现可能存在的场地问题和能够进一步更新改造的可能空间。运用现代工具测量街巷空间的长、宽、高数据，标明场地中每一个空间的功能，并拍摄实景照片。

（3）访谈调查法

笔者对不同年龄段的居民进行访谈，进一步了解不同居民对现有空间的看法、存在的问题和对更新的期待，包括不同居民的活动空间需要、心理需要和视觉美学的需要，为街道共享空间的更新设计提供了方向。

1.3.2 研究框架

本章研究了国内外对共享空间的使用，并介绍了中国当今社会对老城区街道公共空间研究的意义与价值，不同的研究方法为第二章的理论学习打下基础（图5）。

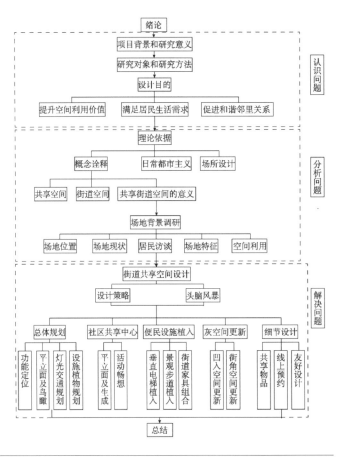

图 5 研究框架

2 相关理论研究及定义

在第一章明确研究背景与意义后，本章根据第一章介绍的研究方法，通过查阅资料，对共享空间及街道空间的概念定义有了进一步的了解，并查询与本设计相符合的设计理论，明确了"日常都市主义"与"场所设计理论"对本次设计的指导意义。

2.1 共享空间及街道空间概念诠释

2.1.1 共享空间

共享空间概念与荷兰交通工程师汉斯·蒙德曼（Hans Monderman）的工作研究相关。它是一种起源于 20 世纪 80 年代的城市设计方法。汉斯·蒙德曼认为，公共空间的建筑环境比交通法规对个人交通行为的影响更积极："人们往往会寻求与其他道路使用者的眼神接触，自动降低他们的速度，与他人产生联系，会更加小心。"[3] 在蒙德曼看来，人们的行为应当受到人们相互之间自然而然的行为调控，而不是被强制性地影响和控制。

2.1.2 街道空间

街道是指在城市范围内，全路或大部分地段两侧建有各式建筑物，设有人行道和各种市政公用设施的道路。街道承载着人们的活动，展示着城市的形象，蕴含着城市的历史与文化。[4] 老城区的街道可供居民沟通交流，构建社区归属感。起源于巴黎的现代城市街道，在 350 多年的发展风雨中经历了三次转型：第一次是巴黎街道与视觉美学相结合进行的街道视觉开发，使得城市形象得以统一；第二次是在城市化和工业化背景下，人口急剧膨胀，汽车的发明使得"速度"成为街道的核心，在城市规划中让街道的功能仅存为交通基础设施，这次转型也为今后的城市设计带来反面影响；而到如今，消费主义、邻里和社团以及街道平权运动推动了街道的第三次转型，即"共享街道"。[5]

2.1.3 街道共享空间的意义

现在的城市街道由于受到工业化效率城市的规划影响，大多只承担交通功能，成为划分城市社区的边界，它们由各式各样的建筑立面所围合。街道上车辆川流不息，人们步履匆匆，却不曾有人愿意停留驻足在街道上交流休闲。街道只属于车辆，不属于居民，居住在街道上的居民们缺乏归属感与安全感。

街道共享空间的打造则是打破这种边界感，把街道的使用权回归给居民，通过空间的规划使得街道上人车和谐相处，让以交通为主导的街道向回归生活转变，小型街道向慢行和步行交通回归[5]，社区居民可以有更多交流、休闲、自发使用的空间。使得街道空间更加宜人、功能更加便民、居民关系更加和谐。

2.2 基本理论依据

2.2.1 日常都市主义理论

日常都市主义与新城市主义、后都市主义被称为当代城市主义的三大主流范式。起源于 20 世纪 70 年代社区设计运动的日常都市主义最具开放性和平民色彩。Margaret Crawford 指出"生活在这个城市中每天看到和感受到的就是日常都市主义。如果要改变这个城市，就要了解生活在这个城市中的人的看法，因为所有的设计都是为人服务的。[6]"

日常活动的空间与官方设定而未被充分利用的公共空间对比明显。相比于政府规划的室内活动中心，社区居民们更乐意在他们习惯的街头巷尾处活动。而要设计日常生活空间，要先理解在那里的生活，通过实地调研、观察、采访，置身于当地的环境中，消除设计师与使用者之间的距离，真正理解和感受居民的需求，为他们做出符合生活习惯的人性化设计。

2.2.2 场所设计理论

场所设计理论由杨·盖尔提出，他对城市空间设计的依据为人在空间中的感知和行为。在他的早期研究阶段，主要从使用者的角度出发，提倡创造适宜人们步行的高质量城市空间。在他对全球各国的城市空间进行考察后认为："只有创造合理的环境，满足人与人、人与环境的交往互动，才能提高城市空间的品质。"[7] 在打造公共空间的过程中，要注重使用者的互动交往性，形成空间、环境、活动的有机统一，切身感受使用者的需求。

通过对共享空间和街道空间概念的进一步了解，明确了街道共享空间的意义，并通过相关的理论学习，明确了设计定位，为接下来的头脑风暴和设计思路的确定奠定基础。

3 场地背景调研

在明确了设计对象和理论学习之后，笔者走访大量长沙老城区街道，寻找设计选址，并对选址现状和居民进行多方面的调研，更加深入地了解场地。

3.1 项目位置和环境现状

3.1.1 项目位置

在确定此选题后，笔者走访大量社区，寻找位于市中心老城区内具有改造空间的社区街道，最终选择位于开福区文昌阁社区工农街的一段百余米的巷道，场地位置如图 6 所示。

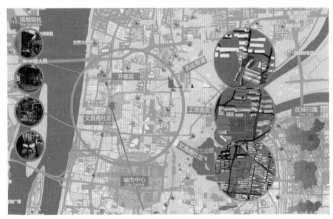

图 6　场地位置

　　该地位于长沙市开福区中心，西邻黄兴北路，北侧靠近开福区，南侧靠近中南大学湘雅医院，周边公交车站、地铁站、小学、医院等配套设施齐全，如图7所示，交通方便，有大量租客在此租房居住。该区域除了文昌阁社区和西侧的油铺街社区为老城区之外，其余多为高楼大厦，从街巷内部看到周围高楼林立，新旧对比尤为明显。

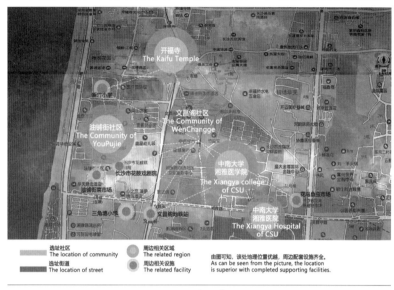

图 7　周边区域关系

　　且选址街巷位于文昌阁社区中心位置的工农街，此处街巷众多，交通便利（图8）。文昌阁社区也被列为长沙市老旧社区的改造计划之中，但还未动工。因此，该选址具备更新与改造的潜质，具备提升的空间。

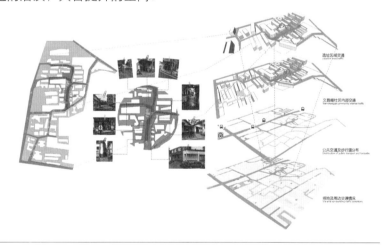

图 8　场地周边环境

3.1.2 环境现状

　　该选址街巷位于工农街的中段，此处巷道蜿蜒曲折，街道宽度约3米，有两家便利店和一家茶馆，均为住户自营，有一个小广场但设施简单且陈旧，两栋居民楼之间有一块空地，但目前被轿车停放而全部占用，存在几处凹陷空间，被住户的废弃物品所占用。公共空间十分有限，居民最多的活动为坐在自家门口，也无别处可去，在晴天时衣物被晾晒在电线上，存在非常大的安全隐患（图9）。

图9 场地现状

通过对街巷的走访观察，发现几处居民自发活动最为频繁的区域，且这些区域的空间利用都存在一定的问题，通过更新改造可以让此空间焕发活力，使得街道公共活动空间更加开放共享，利于人们的生活（图10）。

3.1.3 对居民的访谈

笔者通过多次走访此社区街道，对这里的不同类型的使用者进行访谈，如：租住在此的打工族、在此长久居住的老居民、小商铺的老

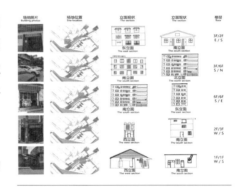

图10 场地环境现状1

板、青年、儿童等，进一步了解使用者们对此环境的看法与更新的愿景，收集更加细致的场地信息，切实发现真正的场地问题，为之后的设计方案提供依据。

3.1.4 场地特征分析

（1）公共空间缺失

街道公共空间本就不充裕，加上车辆停车占用公共空间，商铺占道经营，居民各自占用门户空间，使得街道空间被私人物品所割裂，杂乱无章（图11）。

（2）交通安全存在隐患

此处巷道狭窄，并非机动车道，但由于此处居民较多，且处于社区中心位置，还是有些机动车来往，加上停车空间不足，在街道上停

图11 场地环境现状2

放的机动车、电动车、共享单车等严重影响了街道空间，交通安全存在隐患。

（3）基础设施陈旧

不足百米的巷道中垃圾处理站和公共厕所伫立在此，卫生条件十分堪忧；变压器与健身器材和休闲座椅距离过近，人们把电线上挂上铁钩作为晾晒空间，安全隐患突出；仅有的健身器材、石材座凳等设施陈旧。

（4）人际关系冷漠

户外活动空间十分有限，且设施陈旧，存在大量安全隐患，使得人们越来越蜗居在

自己的小屋里，彼此之间缺乏沟通与交流，人情越来越冷淡。街巷公共空间的场地现状特征如图 12 所示。

图 12　场地特征总结图

3.2 居民活动现状及现有空间利用

3.2.1 居民活动现状

在此活动的居民主要分为三类，分别是商户、租客和老居民（图 13）。其中商户为居住在此的居民将自己沿街的住房打通，做些小生意，服务对象为社区居民，活动较为单一，由于要看店，周边又缺乏可活动空间，因此活动形式较为单一；居住在此的租客多为在附近的打工族，他们主要活动的时间为每日下班后和周末节假日，但由于此处活动空间吸引力不足，因此大多待在家中；而街巷活动最为频繁的则为居住在此的老居民，他们大多已经退休，每日买菜做饭，但或因腿脚不便，或因外出麻烦，多在社区街巷中活动，即使是目前设施陈旧的小广场、街角等，他们也依旧热衷于在此聊家常。

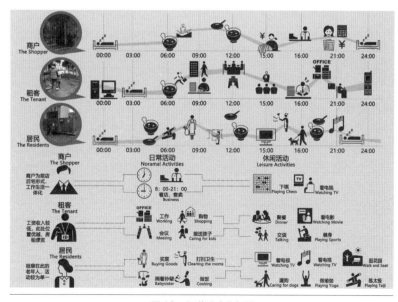

图 13　人群活动分析图

3.2.2 现有空间利用

笔者通过在不同天气条件、时间段走访该地后发现，在此居住的居民们会自发地利用此街巷空间，通过观察他们对街巷空间的利用，自下而上地保留其有益的部分，对其不当的地方加以更新设计，最大限度地利用此街巷的空间，方便居民的生活（图14）。

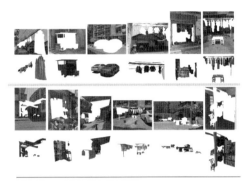

图14 巷道空间利用

首先，社区街道改造重点位于两栋居民楼的空地，此处空间目前仅用来停放三到四辆私家车和被一层住户用来晾晒衣物，空间有所浪费，但此处位于街道中心，交通便利，四通八达，可以通过建筑空间加建，使其空间利用率提高，打造功能复合型空间。

其次，该处设施陈旧，笔者计划进行一系列垂直电梯加建、街道组合家具、可移动座椅等的设施植入，方便居民生活。

最后，街道存在较多的灰空间，未被有效利用。譬如，在街巷入口处的商店旁有一条凹入巷道，巷道多用来在晴天晾晒衣物，其余时间多被闲置，而在长沙这样多雨的天气条件下，此处空间的利用率较低，加之商店门前有较多居民在此聊天，商店本身又比较封闭。因此，此处适合商店与凹入巷道一起进行更新改造。与此相似的是另一端位于街角处的巷道，在它拐弯的街角处有一块类似三角形式的空地，目前仅设置了一条石凳，而此处人群来往频繁，也适宜与商铺空间一起进行更新改造。对街道的灰空间适当加以低干预设计，可以打造更多的共享公共空间。

通过对场地位置、周边区域关系、环境现状的调研，观察居民的空间使用状况和对居民进行访谈后，发现并总结了场地痛点问题，为后续的设计奠定基础。

4 设计过程与策略

在进行理论学习和场地调研后，明确了整体的设计目标，并通过案例学习，多轮的头脑风暴后，明确了整体的设计思路。

4.1 设计目标

通过对长沙老城区的文昌阁社区的共享街道空间设计，探究老城区更新时采用的设计手法与理念，在保留老城区街道特色和市井生活的基础上，进行街道空间的复合型改造，以提升空间利用率，打造更为适宜的公共空间，除了满足街道步行性质和空间活力之外，打造更加绿色、智慧、健康的街道空间。

希望可以从解决场地问题到发现发展中城市老旧社区街道空间的未来可能。

（1）老城区的未来发展：随着城市的发展，像文昌阁社区这样拥有历史底蕴的老城区将不会大拆大建，而是进行整体更新，而这一现象也让大家更多地关注老城区这样的廉租住宅空间；

（2）老城区街道的发展：私人生活空间会逐渐向街道空间延伸，居民生活空间和街道空间一体化，街道空间更加共享；

（3）老城区居民的未来生活：居民使用者的空间利用应更加被尊重，社区街道更新应维持街道原有空间的市井生活气息，满足居民活动需求，打造适宜邻里交流活动的微空间，使邻里关系更加和谐。

4.2 设计策略与案例学习

4.2.1 设计策略

（1）使用"低干预"的设计手法，打造"街道起居室"。根据第二章相关理论的学习，使用有机更新中的"低干预"设计策略，不进行大拆大建，采用自下而上的设计手法，尊重使用者的空间利用习惯，维持街道的市井气息；满足居民的需求，打造街道活动空间，形成"街道起居室"。

（2）尊重使用者，打造适宜居民使用的活动场所。利用微更新的理论，在保护老城区城市肌理和风貌的基础上，尊重社区内在的空间使用秩序和规律，针对场地街道问题，采用合理的设计手段，挖掘小空间的无限可能性，对局部小地块进行更新，提高居民生活舒适性，让社区街道空间更加共享，从街道空间、功能、睦邻友好关系的建设三方面提升街道活力。

（3）发现街道小空间，进行因地制宜的更新改造。雅各布斯与威廉怀特都提出过"不要小瞧了零星空间，一些最宜人的空间可能是剩余的空间、凹进去的空间、零星的空间和空间的尽头，它们的存在纯属偶然……小空间的乘数效应是巨大的。对于一个城市来讲，这样的小空间是无价的。" [8] 因此，本次街道共享空间的设计理念就是发现街道的小空间，对此处居民的空间利用进行"取其精华、去其糟粕"，打造适宜城市发展、适宜居民使用的街道公共空间。

4.2.2 案例学习

通过查找国内外设计网站，寻找适宜借鉴的设计案例，学习其尊重地区使用者，进行低干预的设计手法，进一步激发设计灵感，寻求最佳的设计方案（图15）。

图 15　案例学习

4.3 设计思路与头脑风暴

4.3.1 设计思路

设计思路如图 16 所示，以建立社区共享中心为主带动整条街道的便民设施植入与灰空间更新，并结合互联网平台上共享信息的搭建，以达到空间、功能、睦邻三方面的提升，形成街道起居室。

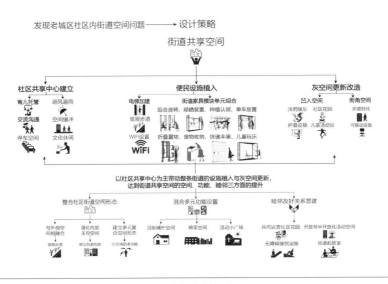

图 16　设计思路

4.3.2 头脑风暴

(1) 总体规划平面草图

对巷道有空间价值的场地进行选择，并结合居民对此场地的使用习惯，综合老城区建筑特征、立面高度等因素，进行多轮头脑风暴后，得到的平面草图如图 17 所示。

(2) 设计重点：建设社区共享中心

通过对两栋居民楼之间的停车空间进行复合式加建，既能保留居民原有的空间利用习惯，又能高效地利用空间，打造半开放化活动场地，加建坡道顶棚和落地玻璃屋，为雨天的人们活动提供场地。其设计草图如图 18 所示。在此构筑物里，人们可进行育儿托管、交流休闲、广场舞、滑板娱乐、晾晒衣物、观看露天电影、共建社区花园等各种各样的活动。

图 17　设计思路

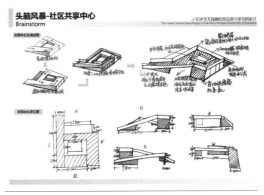

图 18　社区共享中心草图

(3) 植入便民设施与更新街道灰空间

在六层以上的居民楼户外加建垂直观光电梯，以打造无障碍化社区生活，方便老年人活动，并根据此处居民的生活需要设计可组合型街道家具，植入便民设施（图 19）。

对于街角的两处居民活动频繁的商铺，采用内外贯通的一体化设计，有效地将商店与其外部的闲置空间相结合，打造更加便捷的街道活动空间小节点。利用街道夹缝中的闲置空间，增设街道读书角、可移动座椅、折叠遮阳棚等，通过有机更新中低干预的设计手法，方便人们的生活。

（4）互联网平台搭建

通过利用互联网线上平台，社区共享闲置物品、公共自习室、阅览室等，使用网上 APP 预约，共享物品追踪定位等，让社区共享生活更加智能化、便捷化。

通过案例学习、头脑风暴后，明确了本次设计总体的设计策略与思路，为进一步的设计细化提供帮助。

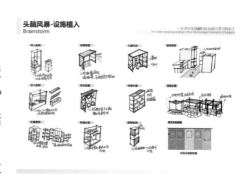

图 19　便民设施草图

5 街道共享空间设计成果

明确设计思路后，对设计进行进一步的细化和计算机图纸的绘制，生成最终的设计成果。

5.1 总体规划

5.1.1 功能定位

希望在保留原有市井生活的基础上，利用有限的街道公共空间，打造适宜居民活动的场地，一方面在居民乐于活动的场所进行场地更新，寻求突破点，使得环境更加有利于居民活动，另一方面在利用率低下的公共空间，加以改造和更新，使得其可以成为居民公共活动的新场所。并且利用互联网和先进科技打造折叠、复合、智能的社区共享街道空间。

5.1.2 总体平立面和鸟瞰图

通过调研分析整体街道的构架，发现居民经常活动的场所和有更新潜质的公共空间，在前期的设计思路整理和头脑风暴后，在街道中确定 8 个设计节点，规划出街道设计的总平面（图 20）。

街道的总体规划分布在南北向的街道上，东西向的街道主要设置景观步道与遗迹公馆向连接，街道南北向和东西向的剖面（图 21）。

最终设计后的街道总体鸟瞰图和节点效果图位置如图 22 所示。总体以社区共享中心为重要节点，辐射到街道的设施植入与灰空间更新。

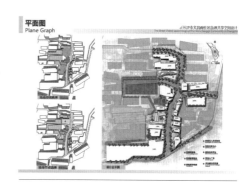

图 20　总平面图

图 21　街道剖立面图

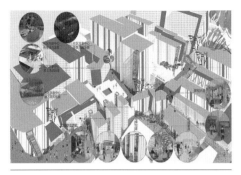

图 22　街道总体鸟瞰图

5.1.3 灯光与交通规划

设计后灯光与交通规划如图 23 所示，主要在沿街路段设置重点照明，小型巷道内部设置间接柔和照明，满足街道夜间活动的灯光需求的同时，保留街巷夜间的氛围。整体的交通规划依旧保持原有路线的南北东西走向和小型巷道的链接贯通。

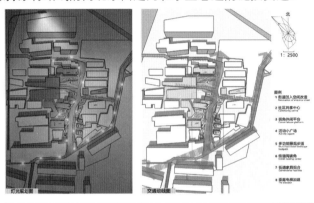

图 23　灯光与交通规划图

5.1.4 设施与植物规划

设计设施与植物规划如图 24 所示，根据前期的头脑风暴确定便民设施类型，并根据不同空间内居民的需求进行设施植入。在有限空间内打造的社区花园和认领微景观使得街道一年四季都有适宜的观赏植物。

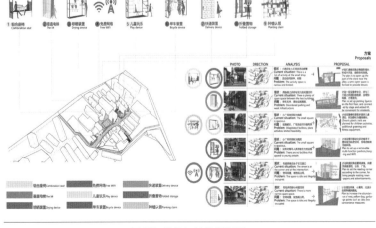

图 24　设施与植物规划图

5.2 社区共享中心建立

5.2.1 生成过程及平立面

通过调研发现，两栋居民楼之间有一处空地，目前被居民自发地用作停车场，空间使用率低下，计划通过空间加建，使得此处空间使用具有复合多样性，形成半开放化居民活动空间，为晚间与阴雨天的居民活动提供场地。整体构架由两条无障碍坡道构成，其既可服务腿脚不便的老年人，又能为年轻人提供滑板娱乐的场地，且坡道左右加建 1.2 米女儿墙以保证其安全性，坡道周围加建玻璃遮雨棚的延伸，增加其室外公共活动空间（图 25）。

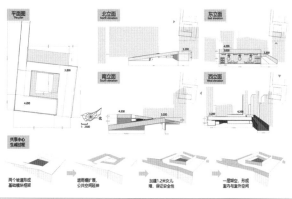

图 25　社区共享中心平立面及生成过程图

5.2.2 共享中心活动意向

玻璃房中可进行育儿托管，为社区的儿童提供学习读书的空间，临街的落地玻璃窗加强共享中心与街道的融合性。雅各布斯曾提到"好的内部空间不应该被索然无味的墙壁堵住，我们在大街上应该可以看到内部空间；我们从内部空间，应该可以非常清晰地看到大街和大街的周围；内部空间与大街之间应该在形体上和心理上都很容易衔接起来。"[9] 因此将社区共享中心与街道空间进行一体化设计，有利于开放共享空间的搭建。

从坡道进入二层，可以在晴天晾晒，晒太阳，交流休闲，夜晚看露天电影等；坡道的下方空间可以进行雨天活动、遮阳避雨、共建社区花园等。在街道的中心位置建立社区共享中心，在此可进行多种多样的活动（图 26）。并以此为设计中心，辐射并带动便民设施植入和灰空间更新。

图 26　社区共享中心活动效果图

5.2.3 共享中心的管理模式

社区共享中心的管理由街道居委会和社区居民共同建设与维护。社区居委会工作人员号召社区中的居民志愿者，根据其空余时间安排值班时间，并提供一定的薪资福利和物业清洁保障等。社区居民则可自发进行共享中心的管理与使用，让居民真正地参与到街道共享空间的建设中来，促进邻里关系和谐发展。

5.3 便民设施植入

5.3.1 垂直电梯加建

该处老年人众多，但是无障碍设施较少，且街道设施多陈旧破损。笔者为了方便居民生活，为六层以上的居民楼加建垂直观光电梯（图27）。使得老城区居民也能享受现代化设施，方便居民生活，利于老年人出行。

图27 垂直电梯加建效果图

5.3.2 多功能社区街道构建

在选址街道东西向方向与十间头巷相连接，此处有一遗迹公馆，来往人群较多，因此在此东西向的巷道处打造多功能社区街道，人们既可以在廊架下休闲娱乐，又可利用廊架上的可伸缩折叠式晾衣架进行晾晒，解决原有场地晾晒空间不足的问题，并在廊架上方种植攀爬类植物，脚下种植地被植物，为社区添加一抹绿意（图28）。

图28 多功能社区街道效果图

5.3.3 街道家具单元组合

街道设施不应该是千篇一律的，它应该根据不同社区的居民需求而定制化，笔者根据该街道社区的生活设施需求设计了九款街道家具单元模块，分为单人座椅、双人座椅、折叠置物、晾晒装置、单车置放、种植认领、儿童玩乐、快递丰巢、废物收纳九款单元。可根据居民和空间需求在街道中组合投放（图29）。

图29 街道家具组合单元

5.4 街道灰空间更新

日本建筑师黑川纪章提出"'灰空间'通常是指介于室内外之间的一种过渡空间，可以达到室内外空间融合的目的。"[10] 而街道的灰空间是指街道与建筑立面，或建筑与建筑之间所形成的凹入空间或街角空间，它们往往被人们所忽略，但其实具有重要的作用，如果加以利用，被忽视的灰空间也可以便民实用。因此计划对街道的灰空间进行低干预地微更新，迎合居民的使用习惯，植入便民设施，打造"街道起居室"。

5.4.1 街道凹入空间更新

通过调研发现，该街巷的起始处各有一家商店，且居民们喜爱在此购买物品后三五成群闲坐在此，是居民们闲聊聚会的场地。因此将商店与街道打通，植入可移动座椅、升降晾晒杆和儿童涂鸦墙，让商店与旁边的凹入空间形成一个整体的休闲角（图30）。

图 30　街道凹入空间更新效果图

5.4.2 街角灰空间更新

且街道拐角门口有一处三角形式的空地，此处有一修理铺，中老年居民们喜欢坐在店铺门前聊家常。计划对街道拐角进行街道读书角的改造，居民们可在此看到最新的社区通告、新闻报纸、小广告等，优化居民乐于活动的空间（图31）。

图 31　街道拐角空间更新效果图

5.5 街道共享空间便民细节设计

5.5.1 共享物品的定位追踪

青山周平在"400个盒子社区"[11]中就提到过，为了让大家能把利用率较低的物品，如书籍、工具箱等进行共享，节约成本，提升利用率，可以为物品加上芯片，进行社区内物品 GPS 定位，人们可以准确找到自己想要使用的物品或者定位自己的物品在何处，确保自己仍是物品的拥有者，使得物品共享更加放心、便捷。

5.5.2 共享中心的线上预约

居民可以利用线上平台的 APP 查询社区共享中心共享物品的使用情况，第一时间了解剩余空间的利用率，使得有限空间的使用愈加有序。也有利于社区的年轻人和距离较远的居民便捷了解活动空间的情况，减少空间利用冲突。

5.5.3 24 小时便民共享友好设计

对于半开放的活动中心和开放化的小广场的各种设施都是实现 24 小时共享，WiFi、USB 充电口、折叠复合型遮雨棚、升降可控制式座椅、街道组合家具等，体现社区真正的开放共享，为无家可归、漂泊无依的流浪汉、没有找到临时住所的背包客提供一处可以暂时歇息、遮风避雨的场所。

设计的总体规划是以建立社区共享中心为重点，辐射到整条街道的垂直电梯、街道家具等的便民设施植入和街道灰空间更新，结合互联网平台上共享信息的搭建，形成街道起居室，以达到空间、功能、睦邻三方面的提升，打造适宜居民的共享公共空间。

6 结语

随着社会的迅速发展，现阶段人们愈发关注共享模式，众多共享物品的出现，给人们的生活带来了极大的便利。而共享空间的模式也在世界各地广泛进行着，但现阶段的共享社区模式多针对青年群体公寓，普及范围较小。通过查阅大量资料发现，对于现阶段的中国传统社区而言，其更新改造转型正在如火如荼地进行当中，而笔者通过走访大量社区发现，人们喜爱在街头巷尾处形成自发的公共活动空间。在未来城市不断扩张和网络迅速发展的背景下，街道上的公共生活则增加了人们面对面接触的机会，让街道成为汇合生产、消费、共享、体验为一体的信息流空间。因此，笔者将社区更新与打造街道共享空间相联系，进行社区街道共享空间的更新设计。

本次设计将选址定位在长沙市文昌阁社区中的工农街巷，在学习相关理论、实地勘测调研、案例学习、提案手绘和多轮的头脑风暴后，将文昌阁社区街道共享空间更新的设计思路分为三个方面：

（1）社区共享中心的建设，将原有的闲置空间和利用率低下的空间进行复合化设计，扩展居民公共活动空间。

（2）便民设施的植入，利用街道的狭小空间，加设便民设施，方便居民生活。

（3）街道灰空间的更新，通过将居民喜爱活动的场地与周围空地进行更新改造，使得活动空间更加舒适。

作者希望通过本次设计，打造一个便民、共享、充满活力的街道空间，以打破人们对老旧社区脏、乱、差等的固有印象，在保留街道原有市井气息的基础上，对居民的空间利用进行"取其精华、去其糟粕"。思考城市中老城区的发展与居民未来的生活模式，从空间、功能、邻里关系三方面出发进行考虑，对其街道公共空间进行再设计，并结合发达的互联网追踪定位和网上预约功能，让居民生活更加放心共享，青年人也更多地放下手机，参与到与邻里的社区活动中来，探索未来城市中老城区社区更新改造的新模式。

作者希望通过本次设计抛砖引玉，在现阶段大量城市老城区的更新改造中，不再进行千篇一律地大拆大建，而是可以真正地因地制宜，让它充满生机，打造适宜居民居住和使用的生活环境空间。

图片来源：

图1～图31：作者自绘

参考文献：

[1] 两会回应的民生热点 [J]. 共产党员（河北），2019(07):10-12.

[2]（美）罗伯特·文丘里，（美）丹尼斯·斯科特·布朗，（美）史蒂文·艾泽努尔 . 向拉斯维加斯学习 [M].
徐怡芳，王健，译 . 南京：江苏凤凰科技出版社，2017.

[3] Associates C. June 5, 2014. 'What in the World is a Woonerf？'.[EB/OL].http://www.canin.com/world-woonerf/.viewed Dec 9th 2016.

[4] 孙远卓 . "品质、共享、活力" 大连街道空间微更新——基于西岗老城区的实证研究 [A]. 中国城市规划学会、杭州市人民政府 . 共享与品质——2018 中国城市规划年会论文集（02 城市更新）[C]. 中国城市规划学会、杭州市人民政府：中国城市规划学会,2018:18.

[5] 徐磊青 . 街道转型：一部公共空间的现代简史 [J]. 时代建筑，2017（6）：6-11.

[6] 玛格丽特·克劳福德，陈煊 . 日常都市主义——在哲学和常识之间 [J]. 城市建筑，2018（10）：15-18.

[7] （丹麦）杨·盖尔 . 人性化城市 [M]. 北京：中国建筑工业出版社，2010.

[8] （美）威廉·H·怀特 . 小城市空间的社会生活 [M]. 上海：上海译文出版社，2016:61，92，117.

[9] （美）简·雅各布斯 . 美国大城市的死与生 [M]. 南京：南京译林出版社，2006.

[10] （日）郑时龄等 . 黑川纪章 [M]. 薛密，译 . 北京：中国建筑工业出版社，1997.

[11] （日）青山周平 .400 盒子的社区城市 [J]. 中外书摘：经典版，2017（2）：38-3.

[12] 王晶 . 共享居住社区：国际经验及对中国社区营造的启示 [A]. 中国城市规划学会，沈阳市人民政府 . 规划 60 年：成就与挑战——2016 中国城市规划年会论文集（17 住房建设规划）[C]. 中国市规划学会，沈阳市人民政府：中国城市规划学会,2016:11.

[13] Scott Hanson C, Scott Hanson K. The cohousing handbook: Building a place for community [M]. New Society Pub, 2005.

[14] 王燕燕 . 论新型共居社区的共享空间形态 [D]. 北京：中央美术学院,2017.

[15] Mccamant K, Durrett C, Mccamant K, et al. A Contemporary Approach to Housing Ourselves [J]. 1993.

[16] 王泽元 . 基于共享空间的街道更新设计 [D]. 上海：华东师范大学,2017.

踏步在公共空间环境中的系统设计研究
Research on System Design of Stepping in Public Space Environment

韩凤娇 /Han Sujiao

（东华大学服装·艺术设计学院，上海，200051）

(Fashion·Art Design Institute, Donghua University, Shanghai, 200051)

摘要：

　　踏步是公共空间环境中的重要因素，它作为一种空间内的连接形式，在环境艺术系统设计中起着举足轻重的作用，但却很容易被人们忽视。踏步的设计随场所的不同而变化，它的塑造也需要考虑到与其他因素的协调，比如审美、艺术、景观、空间、自然、心理、建筑、生态等要素。在公共空间中的踏步设计应运用符合环境内涵、特征的设计方法，注重美观、实用、坚固的平衡，最终展现出科学性、系统性、整体性的环境艺术效果。本文基于环境艺术的系统设计，从踏步的形态、功能及空间作用等方面，对公共空间踏步设计进行了审美、心理、空间等角度综合运用的分析研究，归纳组织，最后进行案例分析，为公共空间踏步设计提供设计方法的理论依据。

Abstract：

　　Stepping is an important factor in the environment of public space. As a form of connection in space, it plays an important role in the environmental art system design, but it is easy to be ignored. The design of stepping changes with different places, and its shaping also needs to consider the coordination with other factors, such as aesthetics, art, landscape, space, nature, psychology, architecture, ecology and so on. The step design in public space should use the design method in line with the environmental connotation and characteristics, pay attention to the balance of beauty, practicality and firmness, and finally show the scientific, systematic and overall environmental art effect. Based on the systematic design of environmental art, this paper analyzes and studies the step design of public space from the perspectives of aesthetics, psychology and space from the aspects of step shape, function and space function, and summarizes the organization. Finally ,a case study is conducted to provide theoretical basis for the design method of step design of public space.

关键词： 公共空间，踏步，环境艺术系统设计，整体性

Key words： Public space, Steps, Environmental art system design, Entirety

1 引言

　　踏步的产生具有悠久的历史，从人类驯服自然开始，踏步就成了必不可少的工具。随着人类文明的进步，踏步不再仅仅局限于最初建造所需达到的功能性，而逐渐展现出其多元性，人们也越来越重视过渡空间为他们带来的精神享受。但如今很多公共空间的踏步设计仅仅是追求各种不同的设计手法以及元素堆砌，只顾标新立异的视觉效果，而

不顾公众的使用感受，消耗大量资源却无法唤醒空间。在精神文明高速发展的社会背景下，除了踏步形态上的特征以外，我们更应该从更整体、更深入的角度去观察和认识踏步。踏步这一个单独的要素并不能决定公共空间环境的优劣，但它依然作为一个重要元素处于建筑系统中，也对环境系统的整体性产生着影响。优质的踏步设计可以唤醒空间，唤醒城市，为公众提供极具人性化的场所氛围，它可以作为人类行为的容器，同样，也可以通过与人们的心理和行为相契合，从而促使人类行为的产生，其场所内涵的多元化也随着环境的更新迭代而不断丰富。这与当代环境的进步产生了双向的、相辅相成的作用，由此可见，创造一个好的踏步空间对于激活公共空间环境是具有非常重要的意义的。

踏步在公共空间中虽然实际应用较多，但依旧没有引起太多人的关注。国内外对于公共空间环境中踏步的设计研究没有系统性的理论书籍，大部分只有在建筑相关书籍中对踏步有所涉及（表1）。

在对于公共空间环境的踏步研究中，我们应该站在环境艺术系统设计的整体视角，对踏步的设计进行归纳、分析、思考，探索踏步与环境艺术系统中各个要素之间的密切关系，以整体的、全新的角度对其进行研究，通过对实例和踏步设计相关理论的总结以及本质特征的研究，提炼出关于公共空间踏步设计的原则和方法，发掘其深层的功能要求和精神内涵，将各个设计要素点进行优化协调，以指导环境艺术系统设计[1]。

国内外踏步相关书籍　　　　　　　　　　　　　　　　　表1

作者	名称	内容
潘谷西	《中国建筑史》	举了故宫、天坛等例子，阐述了踏步在建筑单体及建筑组群中的应用
王其钧	《图说中国古典园林史》	举了关于建筑踏步在园林建筑中的应用
吴建刚	《台阶建筑设计》	对建筑台阶的缘起和应用有一些相关的论述
张驭寰	《中国古建筑分类图说》	通过实例论述了建筑台阶的相关特点
齐康	《纪念的凝思》	应用建筑台阶来表达纪念性建筑和场所的优秀实例和方法
王小红	《当代国外楼梯设计》	对踏步进行了一定的理论阐述和实际的举例
弗朗西斯·DK	《建筑·形式·空间·秩序》	部分提及踏步与空间秩序的关系
埃德温·希思科特	《纪念性建筑》	列举了大量建筑踏步在国外纪念性建筑中的优秀应用实例
麦克哈德	《设计结合自然》	诠释了建筑踏步设计也要与自然结合的设计思路
邹德侬	《印度现代建筑》	列举了印度现代建筑中大量踏步的应用实例，体现了建筑踏步对地域气候和当地文化的特征表现
阿恩海姆	《建筑形式的视觉动力》	运用格式塔心理学分析了建筑形式中踏步的表现方法

2 踏步在公共空间环境中的应用分析

《汉语大词典》中对于踏步有以下解释：1. 亦作"蹋步"。2. 踏罡步斗。3. 迈步。4. 散步。5. 台阶；梯挡。6. 身体站直，两脚于原地交替抬起、着地。[2] 在环境设计中，我们一般取其"台阶"之意。公共空间即为公民日常活动的场所。在公共空间内人们可进行行走、健身、休闲、集会、社交、表演等各类活动。本文研究内容即为踏步在公共空间环境中的设计研究。

在公共空间环境的设计中，踏步作为一项必不可少的常见要素，为空间提供了不同的功能，为环境塑造出不同的氛围，也为人类带来不同的心理感受，若想使踏步在公共空间环境中达到锦上添花的效果，首先就要从其形态、功能、要素三方面进行分析。

2.1 形态分析

踏步在其发展的过程中，不再仅仅是最初刻板的排列，其各方面形态逐渐具有了丰富性、多样性。其不同形态也带来不同的设计效果，主要从以下四种形态进行探究。

2.1.1 边缘形态

踏步的形态与空间环境氛围存在着密切的联系，同时，不同形态的踏步边缘也会对动态路径导向产生影响。在设计中大概分为直线型、折线型、曲线型边缘形态（图1）。

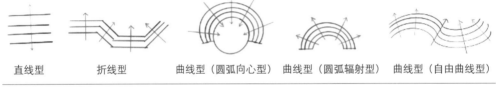

直线型　　　折线型　　　曲线型（圆弧向心型）　曲线型（圆弧辐射型）　曲线型（自由曲线型）

图1 基本踏步边缘形态

直线型踏步结构形式较为简单，是公共空间中最为常见的类型。在几何形式中，直线型踏步由于在方向上没有变化，对路径的垂直向引导十分明确，因此这种形式的踏步常用于以交通为主导的空间中。除此之外，直线型踏步给人带来平静、稳定的心理环境，适用于庄重、严肃的公共空间，所以一般也将其运用于纪念性空间以及市政广场空间。

折线形踏步基于直线型的基础上增加了线性方向的转折，对路径的引导也就出现了多种可能，这种形式的踏步具有多向性。当折线的角度转折较小、变化较少时，踏步所处的空间会向0°～180°的角度范围内向心围合；而当转折较大时，踏步的方向更加灵活呈发散趋势，也就为空间环境带来更多趣味性，营造出轻松的环境氛围，适用于一些综合性的休闲空间。

曲线型踏步避免了直线型、折线型中的严肃呆板，为空间环境塑造了柔和的气氛。曲线型踏步又分为圆弧形和自由曲线型。圆弧形踏步对路径的导向为向心性或发散辐射性。而自由曲线型由于其弧度的不断变换，对路径的导向也呈现出多样性，往往为人们带来自由、生动的心理感受，适用于休憩娱乐的空间环境。

以上三种踏步边缘形态的不同，对于环境艺术系统中的其他环境要素也有着分别不同的影响，归纳如下（表2）。

踏步边缘形态对于环境系统的影响 表2

作者	导向特征	心理环境	空间环境
直线型	单向性	平静、稳定	纪念性空间 市政广场空间
折线型	多向性	自由、灵活	休闲空间
曲线型	圆弧围合型：向心性 圆弧辐射型：发散性 自由曲线型：多向性	灵动、柔和	剧场或休闲空间

2.1.2 排列方式

踏步的排列方式主要分为三种：平行规律型、平行非规律型、非平行非规律型（图2）。大多数常规的踏步多采取平行的排列方式，而对于功能性与审美性、艺术性兼顾的环境空间中，非平行非规律的踏步排列方式也成了唤醒空间的重要思路。

平行规律型　平行非规律型　非平行非规律型

图2 踏步排列方式

平行排列的踏步是公共空间中最常见的类型，特别是对于主要提供交通功能的过渡空间，为空间带来统一性、严谨性的氛围。

非平行排列的踏步形式在现代审美环境下愈发受关注，对于艺术环境系统有很大的影响。对于直线型踏步，其非平行的变换排列大多是呈螺旋上升状进行设计；对于曲线型踏步，经常将弧度的变化和弧线的走向作为调整因素，构建出柔和的月牙形、水波形等艺术形态；对于折线型踏步，不仅在形态上变化多样，在排列方式中也更加自由，这样灵活的表现手法可以模糊踏步和休憩平台的边界，将常规踏步的刻板概念减弱，从而巧妙地解决空间环境中的高差问题（图3）。

图3 非平行踏步排列方式

2.1.3 边界形式

规则型：在公共空间中，硬质构筑物与踏步相交会形成规则清晰的空间边界；当踏步与水面或植被等软质元素相交时，二者间则会形成软硬分明的分界线（图4）。

不规则型：当踏步在横向范围内进行多样延伸时，便为相邻环境切割出不规则的边界，这种错落的边界

图4 宇治植物公园

为公共空间带来更多灵动活泼的氛围，节奏感和韵律感也得以体现，从而使得审美环境得到提升（图5）。

围合型：当踏步两侧边界相接形成闭环，便形成了围合性的公共空间。在这种公共

空间中，踏步形式又分为抬升式和下沉式。围合抬升形式适合小尺度的踏步空间。人们在这样的空间里视线向外，背朝中心，小尺度的中心固定区域能够给人们一定的可依靠的安全感，而外部空间广阔的视野和丰富的活动很好地满足了人们观看的欲望。围合下沉形式适合大尺度的踏步空间。人们在下沉空间中视线向内，应设置大尺度的踏步围合，人们的距离被拉开后隐私性得到保证，避免了尴尬，同时开阔的中心区域还可以容纳表演、市集等活动，很好地激发了人们的参与感（图6）。

图 5 不规则型踏步边界

2.1.4 组合形式

常见的组合形式为：踏步与水组合、与绿地组合、与小品组合。动态水景与踏步的结合即形成了跌水景观，当踏步置于静态水景旁，就成了很好的亲水平台。踏步与绿地组合一般有两种形式，一种是镶嵌型，一种是覆盖型。前者绿地在踏步空间中点缀、软化其硬质界面，同时形成、丰富了审美环境系统中的视觉层次，为心理环境带来趣味性。后者绿地与踏步形态的结合相得益彰，更加强化了踏步的形式特征，带来平稳规

图 6 围合抬升式与围合下沉式

律的视觉体验。踏步与小品的组合在景观环境系统中必不可少。当小品依据踏步所形成的路径进行排列组合时（如灯柱、山石等），能够为踏步空间营造一种心理层面的围合感，也为人们的动线起一定的引导作用。当小品位于踏步的围合中心时，在无形之中被强调了其观赏性，为景观环境系统进行了形式上的美化。

2.2 功能分析

踏步最初的功能无疑是用来过渡空间的。而随着时代的进步，人们的生理需求与心理需求与日俱增，踏步单一的通行功能已经无法适用于时代的发展，随之而产生的功能也逐渐丰富。

2.2.1 基本功能

（1）行走功能：从踏步的起源到现在，行走功能依旧是踏步在公共空间环境中最基本的功能。

（2）支撑功能：踏步在公共空间中主要承载着垂直方向的交通人流，承受着人的重力，故其必须拥有坚固稳定的支撑功能。中西方的踏步在古代多用石材构筑以保证其坚固性。

（3）连接功能：踏步的连接作用分别表现在空间维度和时间维度。一方面，人们可以在通往目的场所的过程中，体会到处于不同高差中空间和视觉上的细微感受，满足

心理环境系统的未知性、探索性、趣味性，并实现空间维度的转换。另一方面，人们在踏步上往往会伴随着运动的产生，而这种对踏步场所的体验也就转化为时间维度上的游历过程，将空间的转化与时间的转化相连接。

（4）引导功能：公共空间内踏步的设置往往暗示出另一层空间的存在，从而在心理层面激发人们的好奇心，引起向上或向下前进探索的欲望，其中踏步的横向尺度越长，越容易激发人们前进的欲望；反之，狭窄的踏步空间会引起神秘、未知甚至焦虑的情感。同时，人类的行走路径一般为垂直于踏步横向边缘的方向而前进，因此人们的动线也会随踏步形态的变化而被引导变化。在一些纪念性建筑中，也会利用精神层面的引导，通过层层规整的踏步塑造出严肃庄重的空间氛围，使参观者产生心理环境的敬仰与尊敬之情。

（5）分隔功能：通过踏步的方式使一个空间划分为不同高差的两个空间，以满足其功能的需要。如动态空间与静态空间，开放空间与封闭空间，娱乐空间与学习空间等。

2.2.2 扩展功能

（1）休憩功能：人们在公共空间环境的踏步上进行休憩时，生理上的疲倦和心理上的不安可以同时得到放松。踏步空间此时不仅为人们提供安全感，还提供了较好的视野以对公共空间中的事件进行观察。

（2）观演功能：观演场所一般位于踏步所形成的下沉式围合或半围合的空间，人们在踏步上居高临下，视线向下沉空间的中心集合，非常适合观演。

（3）展示功能：与具有观演功能的下沉空间相反，需要展示的内容在踏步空间中呈逐层上升的形态展现，视线依旧不受阻碍。踏步可以和雕塑、展板等一起出现，同时还可以通过其自身形式的变化达到展示的目的，例如通过绘画、雕刻等手段进行展示。踏步式的展示空间比平面化的单一展台更富层次感和立体感。

（4）丰富层次功能：踏步将各个不同高差、不同功能的空间进行有序组织，使各个空间之间互相渗透、互相融合。在审美环境系统中，高差的变化往往引导着人们视线的变化和转移，使人感到视觉层次的丰富。

2.3 要素分析

在公共空间环境中应特别注重踏步内要素的设计，因为在踏步空间的任何一个要素的改变都会引起一系列环境因素的变化。要考虑到心理环境、审美环境、空间环境等系统的联动影响，从而为确定踏步的尺度、材质、色彩等设计提供科学的依据。

2.3.1 尺度

人类是公共空间中的主角，踏步作为人类的使用对象，其形态、尺度等必须符合人机工程学，符合人的行为、心理、审美、习惯等要素。其中踏面的进深一般至少需要容纳整只脚，一般为300毫米，而宽度则与空间的人流量成正比来设置；踢板的高度一般为150毫米，过高或过低的尺度都会使人感到艰难；踏步的斜率范围一般为15%～25%。

2.3.2 材质

踏步的材质设计与人的心理环境密切相关，不同材质给人造成的心理感受也是不同的。例如木材在视觉上更显温暖，金属在视觉上更显冰冷，混凝土在视觉上更显自然等。因此，在台阶的设计中应当注意材质的选择（表3）。

踏步材质分析 表3

材质	特性	艺术分析
石材	耐磨、强度高、抗破坏力强	自然形态：具有亲和力，带来轻松惬意的心境 人工形态：给人华贵、典雅之感
木材	抗压抗弯、重量轻 强度高、不耐火 易腐蚀、易变形	最具人性化感受的材料，颜色温暖质朴，观感柔软，触感良好，富有亲和力
混凝土	成分均衡、属性稳定 耐久性好、易于清洁	具有粗犷、原始、质朴的美感，能够很自然地表现出踏步的雕塑感和浑厚质朴的空间气氛
金属	便于加工成型、造型能力强	有特殊的质感和个性，可达到奇异夸张或是整洁坦率的不同效果，可产生丰富的光线效果
玻璃	通透、光亮、平滑	可以充分表现自然光影折射效果和材料肌理，表达空间的通透性和层次
其他材料	综合性	满足"美观、实用、坚固"原则

2.3.3 色彩

一般来说较为柔和的色彩对人类的心理刺激较为缓和，而在一些特殊的公共空间中，整体环境单调乏味，没有视觉中心，此时就需要踏步空间的丰富色彩来对空间进行激活（图7）。在对踏步色彩进行设计时，要对周围环境进行考量，将踏步置于环境艺术系统中进行考量协调，确保空间的整体性不被破坏，而使踏步的设计达到最优效果。

图 7 德国彩虹阶梯

3 踏步在公共空间环境中的设计原则

只有拥有清晰的设计原则，才能为设计提供坚实可靠的理论性指导依据，设计时思路与方向也会更加明晰。通过以上分析，笔者作出了以下几项关于踏步在公共空间环境中系统设计的原则归纳。

3.1 整体性原则

公共空间环境是一个整体的系统，在进行公共空间踏步设计时只有从整体的角度出发才能使设计效果达到最优，否则将造成失误以及资源的浪费。在设计中，要兼顾审美、艺术、景观、空间、自然、动态、心理、生态等一系列要素的各方面、各角度的协调。例如在审美要素层面，要达到美观的标准，通过踏步的设计使空间富有韵律感和节奏感；在自然要素层面，要使踏步和自然环境相融合，避免打破自然规律；在心理要素层面，要满足人使用踏步空间时的心理需求，使人们在最大程度上感到舒适。这些要素与整个环境系统环环相扣，都是不可缺少的一部分。在踏步设计时只有将各个要素进行协调，才可以达到整体环境系统的最佳状态。

3.2 人本性原则

公共空间环境中踏步的设计要以人为本。要从人的使用需求、人的尺度、人际交往的空间尺度、人的心理活动、人机工程学等方面考虑，以确定踏步空间的尺度和功能划分，并以安全为前提，应考虑在不同状况下人们活动的安全性。

3.3 艺术性原则

自然之美与人工之美经过长期的磨合，形成了艺术的形式美。在进行设计时，艺术性的踏步设计使公共空间环境成为一种艺术，将美学原理运用到空间中，在视觉上形成了丰富的、美的形态，吸引人们的注意力的同时也为人身心带来愉悦的感受。在公共空间环境内的踏步设计时，要秉持艺术性原则进行构思设计，以满足形式审美需求。

3.4 功能性原则

在偏向于休憩的公共空间踏步设计中，踏步应满足人们停留的需求，并营造出安静、放松的氛围；在偏向于社交的空间中，踏步应满足人们交流的需求，营造灵动、开放的氛围；在偏向于纪念性的空间中，踏步则需要营造庄重严肃的氛围。针对不同公共空间的功能需求，踏步的设计倾向以及氛围营造也要有针对性地进行考虑。

4 案例分析——望京 SOHO 下沉广场踏步设计研究

由易兰规划设计院与扎哈建筑事务所合作的望京 SOHO 位于北京望京核心区，整个空间东至阜通西大街，南至阜安东路，西至望京街，北至阜安西路。项目主要由三栋流线型的大楼以及周围景观组成，其中东南角的下沉广场踏步设计部分甚是精彩。笔者将从环境系统中的子系统的角度对该案例进行分析（图 8）。

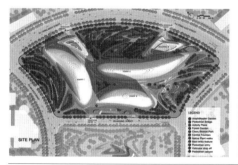

图 8 望京 SOHO

4.1 动态环境系统

望京 SOHO 内部景观道路设置为不规则的柔和流线型，与建筑造型相契合，秉承了嬉戏的锦鲤的符号隐喻，并将此符号进行延伸，运用到整个空间中，赋予其整体性的富有动势的效果。平坦的走道穿插于整个建筑景观中，将空间进行了联结，对人流动态进行了导向。在空间内部，办公楼内的人流只需沿着出入口所连接的步道行走，便可通往东侧的下沉广场。而空间外部的主要人流来自于阜安东路与望京街，人们通过东南角的路口，动线径直指向下沉广场的踏步。此踏步的设置与周围开放的环境保持良好的流线关系，使踏步朝向主要人流的来源，人流自然而然地被导向踏步空间。

4.2 空间环境系统

望京 SOHO 大量运用浪漫柔和的曲线线条，非常具有亲和力。建筑平面宛若游动嬉戏的锦鲤，内部景观形态收分有致，富于转折变化，并巧妙地将三个不完全相同形态的建筑连接整合起来，非对称的造型更带给人富有趣味性的空间感。在整个空间组团里，景观部分的空间形态以及流线型的踏步形式在整体环境中起到了重要的聚合作用。在流线型景观空间的融入下，整个组团的秩序感增强，使空间有了紧凑的联系与向心性，仿佛四周的景观将中心建筑紧紧相拥，同时与周边的空间形成了自然的过渡。

同时，下沉空间中流线型踏步自然巧妙地解决了地形的高差，这种使地形产生变化的方式也会比完全平坦的开放空间更具吸引力，人们会在有高差变化的空间中感受到更多的趣味感。在对人流达到吸引后，SOHO 景观内部的踏步为人们塑造出安静、私密、不受干扰的可停留空间。在停留空间中通过踏步形态的变化增强视觉的复杂性，对人流产生了吸引与逗留的效果，从而达到心理环境上的愉悦感。

4.3 艺术环境与自然环境系统

水景和幕墙相联结，顺势形成跌水的自然景观，此时下沉广场的踏步也就成了亲水平台。动景和静景相互结合，水环境与动态环境交相呼应。下沉广场运用非平行、非规律的踏步排列组合，保证艺术环境系统整体性的同时也为人塑造了放松活泼的心理状态。草坪、花岗石条凳与踏步将地形高差运用形式自然的踏步进行处理，丰富了视觉层次，也使整个下沉广场完美地融入大自然环境（图9）。

图 9 下沉广场踏步及水景

4.4 心理环境系统

望京 SOHO 的景观下沉广场为人们的休憩行为提供了良好的支持。首先它提供了良好的边界，没有边界的空间环境是不具备安全感的。踏步两侧与草坪清晰的边缘分割，不仅是为了装饰以及平面上的造型作用，更重要的是为人们提供了极好的心理层面上的可依靠的场所。其次，正如前文所说，大尺度的下沉踏步空间将人们视线集中，更适合进行观演等活动。踏步为人们提供了开阔的视线，人们休憩时的观看心理也得到满足，因此更愿意在踏步空间进行停留。同时，坐在踏步上的人们为下沉空间注入活力，激活环境的生命力，他们本身也成为右侧桥上的人观看的对象，形成了独特而富有趣味的公共空间（图 10）。

图 10 下沉空间的剧场以及桥上向下观望的人

总而言之，望京 SOHO 景观下沉广场踏步设计部分的成功与建筑、城市、艺术、空间、心理等多种环境系统息息相关，而其本身作为一个整体的优秀空间，也为整个城市的公共空间活力的提升发挥了巨大作用。

5 结论

论文通过大量的举例以及针对性案例进行了深入分析研究，从艺术环境系统、空间环境系统、自然环境系统、心理环境系统等层面对公共空间环境中踏步的形态、功能、设计原则等诸多相关方面进行思考总结，进一步论证了踏步在公共空间中的重要性，并结合具体案例研究了踏步在公共空间中的应用手法，希望对公共空间踏步的实践应用提供借鉴。

（1）基于环境艺术系统设计的视域，对公共空间中踏步的研究背景以及其重要性进行探讨。

（2）将踏步的形态、功能、设计原则在环境艺术系统的各个子系统中进行关联，举例研究，蕴含整体性、系统性的思维。

（3）针对望京 SOHO 景观中下沉广场的踏步设计，从环境艺术系统设计的角度分析了其设计规律与方法，对今后公共空间的踏步设计研究有一定的启发作用。

图片来源：

图1～图3：网络

参考文献：

[1] 罗竹风 . 汉语大词典 [M]. 上海 : 汉语大词典出版社 ,2001.

[2] 韩鹰飞 , 李杰 . 浅谈城市道路人性化设计 [J]. 华中科技大学学报 (城市科学版),2005(S1):164-168.

[3] 刘凌 . 城市景观道路空间形态设计探究 [J]. 建材与装饰 ,2017(46):128-129.

[4] 万艳蓉 . 从系统设计看可持续性建筑设计 [J]. 建材与装饰 ,2017(40):58-59.

[5] 李科霞 , 简婧 . 城市道路景观规划设计的系统整合 [J]. 花卉 ,2016(12):13-14.

隐喻设计手法在院落空间设计中的运用
——以"拾羡公社"院落更新设计为例
The Application of Metaphor in Courtyard Space Design
——Take the Courtyard Renewal Design of Shiyi Commune as an Example

蒋韵仪 /Jiang Yunyi

（东华大学服装·艺术设计学院，上海，200051)

(Fashion·Art Design Institute, Donghua University, Shanghai, 200051)

摘要：

　　人类的思维过程和思维表达方式中充满了隐喻，它作为一种思维方式无处不在，是人类认知事物的一种最基本的方式。"隐喻"是建立在人类长期积累的经验结构基础之上的，将其应用于院落空间的设计中，不但可以为其注入深刻的内涵，还可以满足人本时代大众接受空间特征的心理需求。本文结合现已成熟的、环境心理学、语言学、心理学等学科交叉分析，研究院落空间的隐喻性设计方法。通过隐喻设计方法来研究院落空间营造的深层含义，以笔者的设计案例为实证，探讨院落空间中如何通过被动载体来转换为抽象的意识形态和文化精神内涵，实现人类感官体验与院落空间环境的沟通与情感共鸣。力求本研究可以对相关的设计有一定的启发借鉴意义。

Abstract：

　　Human thinking process and thinking expression are full of metaphors. As a way of thinking, metaphors are everywhere and are the most basic way of human cognition. "Metaphor" is based on the experience structure accumulated by human beings for a long time. Applying it to the design of courtyard space can not only inject profound connotation into it, but also meet the psychological needs of the public to accept the characteristics of space in the humanistic era. This paper studies the metaphorical design method of courtyard space based on the interdisciplinary analysis of environmental psychology, linguistics and psychology. Through the metaphor design method to study the deep meaning of courtyard space construction, taking the author's design case as an example, this paper discusses how the courtyard space can be transformed into abstract ideological and cultural spiritual connotation through the passive carrier, so as to realize the communication and emotional resonance between human sensory experience and courtyard space environment. The research can provide some inspiration for the related design.

关键词： 隐喻，院落空间，文化符号

Key words： Metaphor, Courtyard space, Cultural symbol

1 隐喻与院落空间概述

1.1 院落空间概述

　　《辞海》中对"院落"一词的解释为"四周由墙垣围绕、自成一统的房屋与院子"。[1]在解析古汉语的《辞源》中将"院落"解释为"庭院"，但没有对"庭院"一词做出解释。对"庭"的解释为"堂前之地"。[2]对"院"的解释为"有墙垣围绕的宫室"。[2]经过

比较分析可以对"院落"的特征进行概括。首先，从构成要素来看，"院落"包括院子、墙垣和房屋。其次，从空间要素来看，"院落"强调围合感、内向性。由此可对"院落空间"做出如下释义：由院子、墙垣和房屋组合而成的具有强烈围合感和内向性的整体空间。

院落的概念在民居中一般包含房屋与庭院（天井），是建筑群组的基本单元。通过院墙将院落划分为一进、二进等，同时每进院落通常有着不同的功能。

在中国传统建筑的著作论述中，"院落"也是常常出现的，很大程度上它体现了中国人的价值观、世界观，是中国古代民居的重要特征之一。《中国古代建筑史》中指出："这种院落制度，即是我国最常用的制度，除主要体现在住宅方面，还会出现在庙宇，宫殿等。"[3] "院落空间"作为我国传统建筑的典型空间，其空间形式一直流传至今，即使在当代中国的建筑设计中仍具有很强的现实意义。其功能意义主要体现在采光通风、组织交通和交往休憩三个方面。

（1）采光通风

院落空间可以为其四周的房屋提供自然采光，减少室内人工光源的使用，节能环保，更有益于人们的身心健康。院落空间的存在也有利于房间内部形成穿堂风，获得自然通风，减少人工通风设备的使用。特别是在江南一带的民居中，高耸的天井院还可以在一定程度上起到拔风的作用，在风压的作用下使空气流通，同时可以带走热量，使建筑内部的热环境得到明显改善。

（2）组织交通

在以院落形式布局的建筑中，院落空间通常被视作整个建筑的核心区域。各种交通流线汇聚于此，院落空间可以将周围各部分功能区域有机地联系起来，让建筑的使用更加顺畅，同时也使得建筑更具整体性。

（3）交往休憩

在当今社会，人们的观念越来越开放自由，为人们提供更多交往交流的机会是当下建筑设计的潮流与共识。而院落空间因其特殊的性质，往往会成为整个建筑中最富活力和吸引力的地方。通常院落中会配以绿化、水体等景观，供在这里居住或工作学习的人们进行休憩、活动，人与人之间的交往也会进而随之出现。人们在院落中、在院落与室内两种空间甚至院落、廊道灰空间、室内三种空间之间都存在着相互交往的可能。

在新的时代背景下，除功能意义外，有着其独特的精神意义。传统院落空间更多的是被赋予一种符号化的象征。这是一种历史的沉淀，它能够唤起人们对传统的记忆、对民族的情感。

1.2 隐喻概述

隐喻起源于西方传统的修辞学，最早产生在亚里士多德的《诗学》中，"隐喻是通过将归属另一个事物的名称用以某一事物而形成，这种转化可以是从种转化到属，或从属转化到种，或从属到属，或根据类推"[4]。隐喻是一种比喻形式，比如用事物"A"

暗喻成事物"B";即在彼类事物的暗示下,使人感知、体验、联想、想象和理解事物及其相关的心理、语言和文化行为。隐喻也属于文化建设的一部分,它是人类思想的重要表达和文化积累的反映。它的研究对于设计文化的研究具有重要的参考价值。这也反映了设计的最终目标,即创造一种人类追寻的理想化和艺术化的生活方式。

2 院落空间与隐喻的内在关系

2.1 院落空间的隐喻元素构成及内涵

隐喻是由"此类事物""彼类事物"以及两者间的关联组成。由此产生了一个派生物:两种事物间的联系创造了一个新的含义。

此类事物指的是被比喻的事物,彼类事物指的是作比喻的事物。

在院落空间中,此类事物对应的是空间实体、空间界面、展陈、空间元素符号以及装饰构成元素;彼类事物对应的是设计者试图唤起的传统文化要素形象和感受,以及大众通过院落空间所体验到的隐喻含义。

通过上述对院落空间隐喻元素的构成分析,可以总结出院落空间中的隐喻内涵的形成是通过提炼出与该院落对象紧密相关具有含义的符号,来连接院落场所精神与内部空间的紧密纽带[5]。将这些符号通过运用建筑手段转化为内部空间的抽象语言(材料、光、色彩、空间形态、空间组织序列、装饰符号要素),表达出与院落特征相契合的意象,来满足人们对院落空间的精神情感需求。

2.2 院落空间隐喻的构思来源

隐喻概念的形成是通过提炼和具体化表达对象中模糊和概念性的信息内容,并通过相关原则的制定为未来隐喻内涵的表达提供基础信息资料。当下的院落更新中,完全单一化的居住改造已经不再适宜,越来越多的"共生院"涌现出来,即实现建筑、居民与文化三者共生,将老城传统院落更新为复合型的文化空间。

大栅栏设计市区是北京城市更新中的先例,它将旧城院落作为展览的物质空间载体,并将其作为展品本身,借助丰富的策展活动提升活力。这里以北京大栅栏 V 宅建筑改造为例。

在空间形态方面的隐喻设计,采用对旧建筑进行局部拆建、功能置换的方式,在改造实施中考虑了以下几个方面:

(1)功能置换,丰富空间层次

V 宅原本的大杂院空间使用率低,通过功能转化和复合型体量的方式,将多种功能整合在同一区域。新增入的体量采用秸秆板的快速搭建材料,对原本三开间的厢房进行空间的重新划分。改造后的一层空间为开放式,集合办公、展览、社区活动和原本的居住功能;二层为私密式,功能上改

图 1 V 宅剖面图

为讨论空间（图1）。

建筑结构上通过取消原本吊灯，在屋顶产生新的三角形空间。改造后产生"V"形的交通流线，形成层次丰富室内空间夹层，有着高差的空间能够得到更有效的利用，开放的空间形态给人以放松的心理暗示，更利于当代多角色的使用需求。

（2）新旧材料合理运用

针对自建部分的建筑，通过拆除改成可持续的建筑体量。从建筑材料方面来看，延续传统四合院的青砖材质，通过砖墙来围合庭院空间，延续天井形式增强采光。此外加入现代的木制格栅和玻璃幕墙，改善老宅采光不足的问题。传统青砖给人以时间的心理暗示，而木制格栅和玻璃幕墙结合暖光，营造出温暖明亮的氛围（图2）。新旧的材料设计，隐喻了传统与现代的氛围特征。

图2 V宅新旧材质运用

（3）保留传统院落格局

将部分旧物拆除，延续传统院落的留白部分。通过拆除原先的杂物储藏间，留出前院空间，根据改造形成新的院子和天井（图3）。延续传统院落的格局也隐喻了对于传统文化的继承，大众通过空间感知来唤醒古城记忆。

在精神内涵方面的隐喻设计主要体现在以下两个方面：

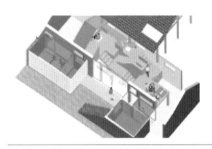

图3 V宅采光示意图

（1）打造院落符号

以丰富的城市策展活动、演讲及设计师作品展览活动，拉动文化旅游，成为创新团队的孵化场所。在此通过打造历史城区院落形象标志系统，以及通过网络、自媒体、文创工作者来打造品牌，重塑旧城区活力。

（2）延续市井文化

胡同的杂院生活仍在这个改造的空间内延续，居民利用镂空砖置放衣物，晾晒物件，市井生活仍在此延续，空间在功能置换后并未失去原本的人文氛围（图4）。

图4 V宅现状图

3 隐喻性设计手法在院落空间的运用——以"拾薮公社"院落更新设计为例

3.1 背景介绍

此次改造的建新巷30号旧建筑位于街区保护区范围内，建筑周围皆为居民区，目前临街两侧有少量商业店铺，业态多为新兴咖啡店花店一类。北临钮家巷居民区，西临和基广场和观前街商业区；东与平江历史文化街区为邻（图5、图6）。

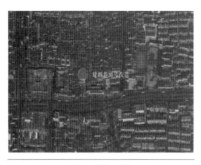 

图 5 改造区位图   图 6 场地分析

建新巷所在的平江古城区是苏州历史悠久的古城中心，大片的院落式住宅仍保留较好，在此借助隐喻设计手法，打造苏州城市名片、拓展民间文化空间、激发片区经济活力，可使建新巷区块成为"走进市井、感受人文、体验生活"的社区型空间。

建筑前身为演员公寓（图 7），现老宅荒废搁置。院落坐北朝南，建筑面积 4000 多平方米，此院落的第三进功能为客厅，占地面阔三间，进深 10 余米，门窗皆为栗壳色，雕花精细。本次改造建筑面积约 1400 平方米，占地约 1100 多平方米（图 8、图 9）。

图 7 场地图   图 8 场地分析

通过问卷调研和座谈等方式向当地居民了解到，他们对于当地的社区活动空间表示强烈的渴望。针对不同人群的喜好，总结为文娱空间，即下棋会客，与老友座谈，曲艺展示平台，读书阅览场所等；体育运动场地；对于当地民间文化，居民们表示可以以集市的形式，按时令等主题展现，或以饮食文化、手工艺文化为主，以主题的形式展现。

图 9 改造前场地轴测分析

针对居民需求，可以通过功能文化复合的形式在空间内展开，这样大大提升了空间的可利用率，在提高市民生活的品质感的同时，提升社区活力。

3.2 改造设计

3.2.1 空间形态的隐喻性设计

"空间形态"观念强调在空间语境和特定时空环境下展示事物的整体有机表征，以解释形态在主观与客观空间中形成的缘由、构成、关联、发展和趋势，并把握便于使用的形态设计发展的本质。不同的空间形态会带给观者不同的感受，其关键原因在于观者对不同的空间形态所产生的围合感体验所导致。如对称的空间形态给人以稳定、坚定、庄重的感觉；狭长的空间形态给人以恐惧、失落、迷茫的感觉；而高大耸立的空间形态则会给人以崇拜敬仰的感觉，烘托出浓烈的感染力。与其他普通建筑的空间不同，传统院落空间的特征是给人归属感，合理运用传统要素可触及大众的身心，激发情感共鸣，引导其联想、记忆和思考。根据传统要素的不同特征，选择不同的隐喻内涵，并选择空间形式来表达它们，这样大众就可以感知空间，并产生联想来理解内涵。

针对本次院落更新的空间形态设计，在剖面上主要考虑屋顶、屋顶与楼板、屋顶与老宅的关系（图10）。将屋顶形态调整为曲线形式，通过屋架举折形成弧形曲线，前后形成层叠效果，远观建筑顶面更富有活力，隐喻着古城风貌将重现大众视野。此外，调整南侧建筑单体的部分院落结构，将原先的天井形式改为三个存在高差的水平空间，使得空间节奏有一定变化。西南侧屋顶可作为延伸，使得人们在休憩时观察到旧城屋顶的面貌。北侧建筑单体的三个阁楼坡屋顶改为开放的观景台，丰富观赏角度，同时改善室内采光问题。通过设置开放性的观景台，可以在心理上引导大众俯瞰古城，具有一定的隐喻作用。

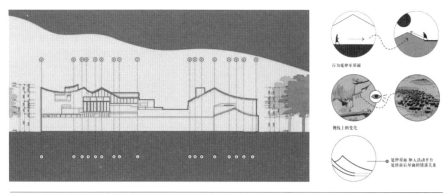

图 10 A-T 立面图

3.2.2 空间序列组织的隐喻性设计

总的来说，建筑内部空间的序列设计强调使用功能，追求的是通过空间序列合理地组织各个功能部分，从而使整个内部空间能够有序高效地运行。本次院落空间序列的设计重点是文化印记表达效果。

空间序列的排列不仅关系到院落内部空间的整体结构和布局，也关系到其隐喻内涵表达的节奏和逻辑。

根据不同的院落文化特点，其空间叙事的组织大致分为线性序列组织与非线性序列组织两种类型。线性顺序组织的叙事意味着叙事内容根据时间段分成若干部分串联起来，其中大部分是基于时间的。这种叙述方式通常有一条明晰的行进线路，让大众更加清晰地熟悉该院落场所的事件发生情况。非线性组织的叙事主要是根据内容的叙事性来分类。一般情况下，叙事的内容被划分为单独的子主题，而空间叙事内容的排列并没有按照时间或时间发生的顺序来明确展示，这是一种典型的非线性空间组合。但在设计的同时，有必要根据所展示的文化类别进行主题性的分类，有针对性地参观方式利于大众达到情感上的共鸣。

以此次院落更新设计为例，改造后的院落空间将作为社区活动中心，服务于居民的同时，传播民间手工艺文化以及延续江南文化特色。改造后的院落空间形成几个展示主题，分别对应其子空间：①针对民间手工文化的"愧市工坊""画锦堂"；②针对民间戏曲文化的"苏幕遮"；③针对民间饮食文化的"大业市集"；④针对江南园林文化的"御街行""曲幽小径""横云卧""山亭柳""凌波池"。通过院落场景体验的方式，促进大众对该片区文化的认知，加深居民对在地文化的印记（图11）。

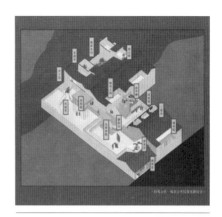

图 11 展示主题轴测图

此外，加入江南园林文化中的游廊要素，打破原有参观动线。以游廊体系作为主要交通路径，连接前后进院落，由游廊进入中部的造景区域，同时可达戏台、屋角亭等区域。通过游廊、亭、台、楼梯等元素串联不同的院落空间，创造一个立体的园林，提供多方位感知古城建筑的可能，交通动线的设置也隐喻对园林文化的认同与传承。

3.2.3 空间环境营造的隐喻性设计

空间环境的营造是从参观者在视觉、听觉、触觉等感觉上的直接刺激下产生的情感反应，可以在材质、色彩、光影、展陈等多个方面行进隐喻设计表达。

（1）材质的隐喻性设计

在院落空间设计中，材料的肌理及色彩的搭配对场所的烘托渲染极为重要。材质是材料的质感，即材料的色彩、纹理、光滑度、透明度。材质属性的隐喻设计是从心理学角度带给观众真实可触的感官体验[6]。材质可以给观众传达不同的感官的情感体验，如温馨、冰冷、活泼、沉静、深远、坚硬，等等。不同的材质在设计中具有不同的感知体验表征。

以本次设计为例，在构造方面保留旧建筑的木架结构。材料上沿用白墙黛瓦，整体建筑色彩延续江南水乡黑白的色调，隐喻对传统文化的继承（图12）；新增体块以现代材料为主，反映新旧对比，隐喻新旧并存；在戏台上选用木构件，同时流动的摊位装置也选用木色材质。素雅的木色给人温馨、亲切的心理感受，隐喻传统文化与大众的亲近感；中部亲水平台材料选用镀锌钢板，打造出褶皱肌理的形式，隐喻其与小池塘水面微波形态的呼应关系（图13、图14）。

图 12 苏州平江街区民居

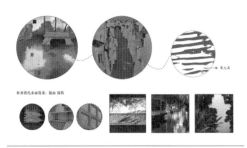

图 13 材质分析图

图 14 亲水平台角度效果图

（2）光影的隐喻性设计

院落空间是人文精神的建筑，而光线是最具有精神属性的[7]。光的颜色、明暗和强弱是多种多样的，这使得空间具有一定的个性特征，从而隐喻着空间的主题特征。光影设计应该注重表达与文化精神相关的特征，这样观众就能在感受光影的过程中体验到这种精神感受。

在此次设计中，多选用格栅与冲孔板，通过不同的开洞方式来营造不同的空间氛围。例如在室内活动区的入口处，通过开洞的方式漏景，隐喻园林艺术中常用的借景手法。另一方面，特别的开洞方式给予天井空间丰富的光影变化，暗喻江南园林的艺术内涵（图15、图16）。

图 15 室内入口场景

图 16 室内空间

而在戏台处，借用格栅带来的丰富光影变化，能够很好地营造戏曲表演氛围，自然光影与人物有着互动的效果，隐喻戏曲表演具有灵动性的特征。通过对于自然光的合理运用，获得具独特性的建筑造型和空间，这也是绿色生态和节约设计成本的体现（图17）。

图 17 "苏幕遮"戏台

在本次院落室内空间营造中，人造光主要采用暖光的形式，营造温馨舒适的公共环境。

（3）展陈的隐喻性设计

展示设计是文化传播类空间中重要的组成部分和展示内容的主要载体。当下的展示陈列，已经不再是简单的展柜展板的陈列形式，而是作为营造空间情感氛围的一部分，它不仅具有实用功能，还具有重要的审美和情感传递的功能，在设计中需要与空间形成统一。[8]通过展示陈列形象的隐喻意义，向观众传达出相应的情感信息，观众通过解读和体验产生情感。

以本次设计为例，院落空间作为载体，设置展现当地民俗文化的展览区域。在公共空间内置入灵活的模块装置，以小摊位的形式引入民间特色，开展创意市集、匠人手作，丰富业态。这种开放的展陈方式也隐喻了《姑苏繁华图》中都市活动的城市图像（不同业态呈现出的独特空间界面特征）（图18、图19）。

图 18 姑苏繁华图局部　　　　　　　　　图 19 展陈模块方案

3.3 空间文化符号的隐喻设计

符号作为一种表达和分析模式，为人们提供了一种对事物本质的研究思路。传统文化符号有其自身的价值功能、传承功能、象征功能、装饰功能及使用功能，其完整地保留和再现了传统文化的价值理念和艺术特色。[9]传统文化符号所具有的象征、隐喻功能可以丰富现代设计语意，为设计师的创意提供无限可能。不仅传统文化中的实物符号、图形图像符号、空间图形符号等物质文化可以为设计师所用，而且一些非物质文化，如传统技艺、传统造物思想和方法，也可以为现代设计带来设计灵感和创意思路。

以此次设计案例为例，通过提取院落的屋面形态要素，结合空间图形符号，形成该院落的空间文化符号，衍生在导视设计与纪念票根设计中。颜色上提取具有古风感的姜黄色、灰藕粉色、墨绿色以及灰红色，隐喻重拾古城记忆（图20、图21）。

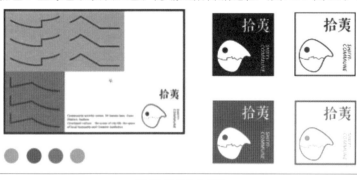

图 20 空间文化符号

图 21 纪念票根设计

4 结语

随着全球化的进程，地域的自然与人文环境等不断消解，反映在院落空间上就是内涵意义的片面、场所精神的失落，同质化现象严重。因此，对院落空间隐喻内涵的探讨在今天仍然具有深远的意义。

当下时代快速发展，新技术与设计手法层出不穷。而借助隐喻设计手法能有效建立大众与空间载体的情感共鸣。院落空间作为承载着历史的空间载体，寄托着人类的精神情感，院落空间的设计方法应随之产生相应的更新与变革，设计更是迫切地需要体现人性化和情感化的表达。隐喻设计手法则是连接院落文化和人的情感寄托之间的纽带。

在院落空间设计中，通过隐喻设计以其独特的空间语言形式，可以有效表达场所及其地域历史文化意涵。因此，笔者认为通过隐喻的形式来传达空间所要传达的信息，能够使大众与院落空间载体的交流达到情感的认同与共鸣。对传播文化精神，构建具有人文精神的社会体系具有重要的意义。

图片来源：

图 1 ~ 图 4：网络

图 5、图 6、图 8 ~ 图 12、图 15、图 16：作者自绘

图 7、图 13：作者自摄

图 14：作者绘制整理

图 17、图 18、图 20 ~ 图 21：作者自绘

图 19：网络整理

参考文献：

[1] 夏征农、陈至立 . 辞海 [M]. 上海：上海辞书出版社，2009.

[2] 商务印书馆编辑部 . 辞源 [M]. 北京：商务印书馆，1998.

[3] 刘敦桢 . 中国古代建筑史 [M]. 北京：中国建筑工业出版社，2008.

[4] 束定芳 . 隐喻学研究 [M]. 上海，上海外语教育出版社，2002.

[5] 方怡文，张乘风 . 勒·柯布西耶设计中符号学语义的批评与评价 [J]. 家具与室内装饰，2016,(09):9-11.

[6] 马涛，许柏鸣 . 空间设计中材料手法化的探讨 [J]. 家具与室内装饰 ,2016,(02):83.

[7] 王岚，戴向东 . 文化建筑中共享空间的光影艺术研究 [J]. 家具与室内装饰 ,2017,(01):26-27.

[8] 曾宇晴 . 展示设计中扁平化风格界面的优势 [J]. 家具与室内装饰 ,2016,(01):82-83.

[9] 余从刚，赵江洪 . 一种基于隐喻思维的产品设计创意方法 [J]. 包装工程 ,2013,34(12):68-71.

[10] 鲍诗度，王淮梁，葛荣等，环境标识系统设计 [M]. 北京 : 中国建筑工业出版社，2006.

[11]（英）肯尼思·鲍威尔 . 旧建筑改建和重建 [M]. 大连 : 大连理工大学，2001.

[12] 刘先觉 . 现代建筑理论 [M]. 北京 : 中国建筑工业出版社，2008.

[13] 周剑云 . 现象学与现代建筑 [M]. 新建筑，2009.

[14] 吴良镛 . 人居环境科学导论 [M]. 北京 : 中国建筑工业出版社，2001.

[15] 彭一刚 . 创意与表现 [M]. 哈尔滨 : 黑龙江科学技术出版社，1994.

[16] 武伟 . 历史的维度：D.H·劳伦斯《虹》中的三个空间性隐喻 [J]. 英语文学研究 ,2020(02):76-86.

[17] 成灿阳 . 从符号学视角解析隐喻设计行为——以现代主义建筑设计为例 [J]. 砖瓦 ,2020(07):108-109.

[18] 张蕾，孙迟，杨丽橘 . 探析展陈空间中的点线面设计元素的构成 [J]. 家具与室内装饰 ,2016,(10):110-111.

[19] 路杰 . 隐喻在产品设计中的应用研究 [D]. 石家庄 : 河北科技大学，2011.

[20] 朱妍林 . 论环境艺术系统设计中的城市家具设计 [D]. 芜湖 : 安徽工程大学，2011.

导入时间要素的环境艺术空间设计研究
——以上海油罐艺术中心为例
Research on the Design of Environmental Art Space with Time Elements
——Taking Tank Shanghai as an Example

石雯昕 /Shi Wenxin

（东华大学服装·艺术设计学院，上海，200051）

（Fashion·Art Design Institute, Donghua University, Shanghai, 200051）

摘要：

　　本文审视哲学、知觉体验、现代艺术对环境艺术设计之影响，探索人与空间、时间与空间的内在关联。确立了时间要素对于空间环境设计进而对环境艺术设计的重要意义。本文从自然时间、人文时间、心理时间三个方面以上海油罐艺术中心作为对象分别对时间的感知进行阐述，结合环境艺术系统，完整系统地从子系统到整个系统来研究时间要素在空间环境中的实现的方法和要素以及时间要素对环境艺术系统的影响，引导相关人员从线性思维方式中解放出来而以多维思维方式认识问题、理解问题，从而指导实践，将时间要素纳入环境艺术系统中，从环境艺术系统的高度上，找到一个清晰明确的方法，运用于中国目前空间的现存问题，形成相关的理论，再运用到设计中。

Abstract：

This article examines the influence of philosophy, perceptual experience, and modern art on environmental art design, and explores the inner relationship between man and space, time and space. The important significance of time element to space environment design and then to environmental art design is established. This article discusses the perception of time from the three aspects of natural time, humanistic time, and psychological time, using the Tank Shanghai Art Center as the object, and combines the environmental art system to study the time elements in the space environment from the subsystem to the entire system. The methods and elements of the realization and the influence of the time element in the environmental art system guide the relevant personnel to liberate from the linear thinking mode to recognize and understand the problem in a multi-dimensional way of thinking, so as to guide practice and incorporate the time element into the environmental art system. From the perspective of the environmental art system, find a clear and definite method, apply it to the existing problems of China's current space, form relevant theories, and apply them to the design.

关键词：时间的空间，环境艺术设计，系统设计，上海油罐艺术中心

Key words：Temporal space, Environmental art design, Systematic design, Tank Shanghai

1 空间环境中时间要素的理论基础

　　随着时代发展，空间这一概念的研究从哲学讨论走进了现实建造，随着现象学的引入，对空间的认识从物理空间转向知觉空间，其所对应的时间也从物理显现时间向知觉隐蔽时间进一步发展。由于空间与时间在哲学层面具有统一性，时间特征、模式成为一

种表现的形式反向作用于空间，时间与空间关系紧密。最显然的，观者在空间中的行进体验都依靠时间秩序，从而感受空间影像及印象并获得体验。本节将讲述时间空间的基本概念及关联。

对时间本身的研讨属于哲学领域。吴国盛在其著作中对时间有以下定义："物理标度下的时间以及时间流变的体悟，前者是关于事物定时、定位，后者则为时间流的感知。两种类型的时间都属于原型时间范畴，是时间本质的反映。不同的文化背景及时代背景下也会演变出不同的时间观。"[1]

1.1 时间的观念

时间观念随着人类社会的转型而不停转变，不同社会形态产生不同的时间观念，并作用于社会，直接影响着人类的生产活动。时间观念演化可归纳如下（表1）：

时间观念的演变历程   表1

	循环性	线性	多元主观性
图式			
观点	柏拉图：时间是永恒的影像，仅仅是作为天体运动必要的一种圆周运动形式	康德：时间从运动中分离出来，转化为限定在自然科学领域的人类感性主观时间	伯格森：时间成为生活中的重要构成，不再是单纯线性时间，突出了绵延的作用
阶段	古代农业社会	近代工业社会	现代信息社会

1.2 时间的度量

时间的度量具有多维性，分别对应的含义、特点及导向均不同。对其的分类可整理为表2：

时间度量   表2

度量	时刻	时序	时向	时域
维度	无	一维	二维	三维
特点	瞬时体验	时空延展	历史与现实叠合	时间情景
导向	无导向	单一导向	多导向	多导向

1.3 时间的分类——三分法与空间引入时间

时间的三分法是把时间分为自然时间、人文时间、心理时间三种。其中自然时间的核心是物理时间；人文时间的核心是历史时间；而心理时间的核心则是体验时间（表3）。

时间三分法   表3

时间类型	自然时间	人文时间	心理时间
核心部分	物理时间	历史时间	体验时间
产生因素	地球运行过程中在特定环境内所产生的光线、季节以及气候的改变	人们长期居住在某一种特定环境中所产生的文化、历史及场所记忆	内在的、体验的，并与个人经验意识结合所产生的心理体验
内容涵盖	（1）物理运动的时间进程；（2）光、电磁、声音等物理事象的辐射或传播涉及的时间进程；（3）生物进化、地质演化、板块漂移等自然事象含有的时间进程	（1）人的行为或人的实践活动中含有的时间流程；（2）社会生活、历史发展和人生经历涉及的时间流程；（3）人的说写活动谈论着的时间问题	（1）感知到的与"现在"有关的时间流程；（2）回忆中的与"过去"有关的时间流程；（3）预期中的与"未来"有关的时间流程；（4）想象中的或思考中展现的时间问题
学术领域	自然科学	人文科学	心理学科
设计手法	将光线引入空间，人置身于室内，却能体悟到不同时刻、不同季节光线色调的千变万化，这是在建筑中加入时间元素的一种手法，在这里的时间就是宇宙时间	是相对于全球时间和地域时间的一种概念，场地的历史性体现了建筑的地域时间，全球时间则建立在地域时间之上	对空间进行塑造，通过结构、重叠、融合等手法，对材料和细部的雕刻等手段，再结合前、中、远景的不断转换、光线的变化，使用者可以在空间中有不同的时间体验

（1）其中"心理时间"的概念是由法国哲学家亨利·柏格森所提出的。他认为，在时间的问题上，并不能被看成是简单的空间概念化的问题，时间与空间两者应该要区别对待去思考。时间在他看来是具有独立存在价值的，它是一种生命之延续。现代的哲学对心理时间的研究正是基于他的这种理论而进行的。设计师运用设计手法对空间进行塑造，通过解构、重叠、融合等手法，对材料和细部的雕刻等手段，再结合前、中、远景的不断转换、光线的变化，使用者可以在空间中有不同的时间体验。这就是空间带给人们的多重时间体验感，人可以在空间中感受相对时间的延伸，空间的渲染可能会使人产生各种各样的思绪并沉浸其中，空间可以作为一种媒介去理解时间。

（2）自然时间是记录在自然界中各事象的时间流程，其中由于季节和每日光线的不断更替，空间所呈现的光影变化是对自然时间的呈现。从设计手法上将光线引入空间，人置身于室内，却能体悟到不同时刻、不同季节光线色调的千变万化，这就是加入时间元素的一种手法。光赋予了空间可视性，是空间的生命。光线流转之时，空间由静入动，自成意境。

安藤忠雄擅于用光表现自然性，他认为光之明暗度随时间变化而变化，与物体的关系也会随时发生改变。他在小筱邸这个项目中，在室外通廊侧壁上设计了几个长度不等的开口，从而将自然光引入空间（图1）。天花板与地面投射出的光影随时间、光线变化，在角度、长度上有相应改变，静的形式美在光线流转中具有了动态，引发体验者的情感波动。在空间中引入光线，不断向前推移的时间将会赋予静止空间动态韵律，四维性便在此过程中得到体现。

图1 安藤忠雄设计的小筱邸项目   图2 苏州博物馆

（3）人文时间又被称作"场地时间"，其概念由斯蒂文·霍尔提出，是相对于全球时间和地域时间的一种概念。场地的历史性体现了建筑的地域时间，全球时间则建立在地域时间之上。贝聿铭在苏州博物馆的设计中，将中国传统园林式空间元素简化为现代建筑几何学语言，没有繁缛的装饰，采用灰、白二色，在色调上与江南传统建筑保持一致（图2），这是对场地历史文化的一种继承，体现了场地时间因素。

2 时间要素从个体到在系统中的作用

基于现象学视野，空间的表达，正经历着从空间到时间的转变过程。对于时间的空间的研究多还处于从建筑空间的单一学科角度研究空间的时间表达，空间四维性研究应该顺应时代多元化，维度拉伸更加广泛的特征，跟随设计中"打通"和"跨界"新趋势，多元化、多学科地把建筑、设计、技术、艺术与工艺结合起来，在整体系统论的指导下去研究。当时间成为环境系统设计要素，其特征、模式变成一种表现的形式反向作用于空间环境，最终完成空间塑造。

"环境艺术系统设计"中包含了审美环境、艺术环境、景观环境、空间环境、自然环境等13种环境。而时间则属于空间环境中的一个要素，对于时间要素的分析需要对哲学、现象学等多个学科进行整合探索，运用科学的、艺术的、整体的、系统的设计原则，协调各环境、人、各设计要素的关系，同时时间要素融入环境空间，需要视觉符号、材料、地域资源等要素联动的帮助。必须以科学为基础，让空间环境中的人对物的体验，成为艺术的形式美学系统、科学的理论系统的最佳结合。环境艺术系统设计中，有四个相关功能帮助环境艺术系统进行良性的循环，"一是系统的规划、布局、分工与合作，二是塑造环境的可辨识度，三是提升社会环境的内外在物质和精神的品质，四是丰富和突出环境的主题和特征"。[2] 环境艺术系统设计中的环境与系统是整体与部分的关系，它们是在环境下系统的规划和设计，就如同母与子。而13个环境与其中的要素又是再下一层的子母系统关系。系统从环境整体出发，把多个边缘学科、多个专业、多个管理部门中的要素结合起来，丰富空间、空间所在地和周边整体环境的文化和物质主题，突出其地域特色，寻找到合适的精神元素、物质和文化元素、运用到空间设计中，为身处其中的人营造出时间体验感，创造出良性循环的环境空间。从人文时间的设计实践上来说，离不开对地域资源——历史遗留因素、城市色彩因素、民族化价值因素的运用，从心理、自然时间的设计实践上来说，要让人感知到时间，就不可避免地要营造空间氛围，那就需要对与视觉符号、材料要素的运用。为了做到时间的空间，离不开环境艺术系统中整体与部分密不可分的相互整体作用。

3 时间要素在上海油罐中心项目中的表达

环境艺术系统下多维时间与空间联结紧密，空间中可通过多维时间媒介运用结合联动各要素对其进行体现，使观者在空间体验人文时间，同时可利用其加强空间中观者的心理时间流露，达到感同身受的效果。本部分以上海油罐艺术中心为例分析时空联结媒介与手法。

3.1 自然时间

自然时间与空间的联结媒介为以下三类，分别为采光结构、构造材料、水与植物。

1. 采光结构

空间结构中的光影表达　　　　　　　　　　　　　　　　　　表4

方式	特点
天窗运用	在大空间中大面积使用极大的自然光与影，将其引入空间中
侧窗运用	一般用在小空间当中，保证有充足的光影，同时有利于室内的空间管理
中庭运用	对中庭的运用通常在开敞空间，使内部呈现纵横交错的效果，往往运用透光率较强的透光材质

光与影属于光声环境中的要素，是空间与自然时间联结的重要方式。在空间中运用光与影，可以激发观者对于自然时间的体验、联想以及冥思。空间中光与影的流露往往要通过空间的造型来体现，而空间造型则与空间的构筑方式联系紧密，由此采光结构成为联结自然时间与空间的重要媒介。一般空间结构中可通过以下三种方式来表现光与影（表4），上海油罐中心主要运用了天窗和侧窗。油罐罐体上新增各种圆形、胶囊形的舷窗和开洞，形成了油罐外立面独特的表情，同时给罐内营造了朝向公园和黄浦江等的优美框景（图3）。而在室内空间从进门的坡道到休息处的采光都用到了天窗。3号罐是拥有穹顶的展览空间，仅在顶部装有一扇可开启天窗，在需要的时候引入自然光甚至雨水。2号罐与5号罐拥有半地下空间，设计者结合"超级地面"运用高侧窗采光的方式，给半地下空间提供柔和的光线。靠近黄浦江边，又有一座拥有连续锯齿形天窗的"项目空间"则以其鲜明的几何形态与白色的油罐形成强烈反差（图4）。随着自然时间周期

性变化，结合设计师对于不同形态媒介的运用，光与影会呈现出不同的魅力，也由此体现了空间中自然时间。

图 3 上海油罐中心侧窗

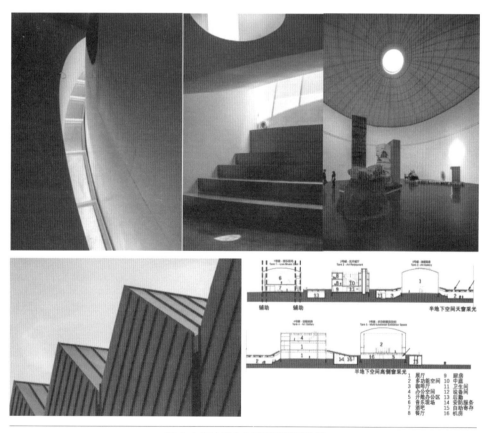

图 4 上海油罐中心天窗及剖面分析

2. 建造材料

材料会随着时间的流逝而发生相应的变化，往往承载着丰富的自然时间信息。在空间中利用相关的材料可加强观者的时间感知以及情感表达，石制材料会诱导观者对于原始地质的联想，同时也是永久性精神的载体；砖材通常会引起人们对过往传统烧制以及历史的记忆；而金属材料例如铜与铁等，会随着时间的改变形成锈迹斑驳的表面，可以表现时间的逝去并增强观者对于情感的激发。油罐项目以清水混凝土为材料，展现了一种刚硬的感觉，引发人们对于选址原本工厂的联想。而其与超级地表柔软绿色植物材质有着明显差异的两个系统，清晰构建出"新"与"旧"的张力。空间还结合场地环境布设水池与草坪休憩场地，休憩场地中采用简洁的花岗岩条石座椅，营造出一种自然生态，一种质朴的景观风貌。

3. 水与植物

水体、植物是构筑空间环境与自然时间的重要媒介及营造氛围的重要方式。水的特性使得其拥有反射、折射等变化，可以用以营造空间氛围并流露自然时间。在空间中，水体的运用一般分为两种形态，即静态与动态。静态的水面仿佛传输给人们一种时间静止的内心感受，从而引发人们对空间产生想象和沉思。通过艺术中心入口广场"阶梯水景"高低错落却静态的水体来营造观者静谧的时空，体验广场地面隐藏雾化喷口，可以使这一空间转变为如梦似幻的动态雾境（图5）。植物同水体一样具有动态特征，是一种具有历时性的景观材料，随着环境、气候以及季节的变化会产生迥然不同的景象。空间中，植物常常被作为表达媒介，可促使空间的呈现多样化形态。由此可见，水及植物与时空联结有着深层次的含义，在对自然时间进行流露。艺术中心的核心是营造一个可生长的"大地艺术"，大地是被绿意涂抹的画布，建筑如珠玉点缀，为此设计了"超级地面"，高低起伏地呈现着四时不同的景观（图6）。上海油罐艺术中心不仅是对工业遗存的尊重，也是对都市人渴求自然的回应。

图 5 上海油罐中心水景

图 6 上海油罐中心植物

3.2 人文时间

人文时间包含了社会时间、集体记忆以及承载事件等内容，往往通过一些标志性的符号来代表一种社会群体的普遍认同，人文时间主要通过地域性的表达、历史场景再现、空间象征表达及空间形体隐喻四种媒介表现。

1. 地域性的表达

地域传统特性来源于当地人们长此以往积累的集体记忆因素。因此，地域性的表达对于空间中人文时间表现极其重要。手法运用方面，可通过对当地环境、传统及文化等角度进行考量。往往通过与所在地形样貌结合的方式来实现其地域性的表达。上海油罐艺术中心保留了原有建筑中的五个油罐并加以改建，但又在原有地面上建立了超级地表，从而将其整体融于环境当中。艺术中心入口的"城市广场"喷雾的平面形态又呼应着被拆除的一个油罐。在内部空间，如2号馆保留了室内原有的工厂结构，唤起人们对于改建前龙华机场的内心人文时间记忆。基于环境艺术系统，如在上文自然时间融入空间中所谈到的空间材料，如案例中的混凝土同样也可用来体现地域性，即人文时间范畴。这是一个没有完成时的美术馆，空间的灵活性使它可以适应各种需求，不断随着城市的发展而变化，它将城市公园与艺术展览、大地景观与建筑空间、工业遗存与创新未来，都天衣无缝地融合起来，开放友善、谦逊包容地融入城市生活中，潜移默化地塑造着一种平等、共享的人文精神，塑造人文时间。

2. 历史场景再现

空间结构中的光影表达 表5

方式	案例解析
一、在原先保存较为完整的历史空间中进行改造和扩建，并再现相关历史场景，以表达人文时间记忆	3号罐的内部空间被完整保留，留以油罐的工业记忆和原始的美感。1号罐置入了一个鼓形的内胆，围合出演出的场所；2号罐作为餐厅，内部挖空了一个圆形的庭院，屋顶被改成了可以欣赏江景的平台；3号罐的内部空间被完整保留，为大型的艺术、装置作品提供一个拥有穹顶的展览空间，仅在顶部装有一扇可开启的天窗，在需要的时候引入自然光甚至雨水；4号罐内部置入一个立方体并分为三层，成为适合架上作品装挂的、相对传统的美术馆；5号罐做了体形上的加法，一个长方体量穿越罐体而过，形成两个分别面向"城市广场"和"草坪广场"的室外舞台
二、对不完整的历史残留构造进行修复和改造。在修复空间的同时，注重历史场景及文脉的延续，以体现人文时间	原有地面被完全拆除，建立了超级地表，从而将建筑整体融于环境当中。艺术中心入口的"城市广场"喷雾的平面形态又呼应着被拆除的一个油罐 

历史场景常常会给人们带来回忆和想象，是呈现历史事件的载体，同样也是空间与

人文时间联结的重要媒介及方式。当代历史相关的空间往往会在事件发生的场地进行改造和扩建，通常会利用以下这两种方式进行再现（表5）。

3. 空间象征转化

象征概念来源于文学作品，一般指用某种较为具象的方式来暗示某特定事物。在空间中常运用空间的象征来表达集体记忆及历史事件，即人文时间范畴。通过象征性的空间形体与所承载事件的纪念内容在一定条件下的转化，以加强空间与人文时间的联结关系。项目中，油罐本身就可以说是最好的象征符号，既具有文化性又具有代表性。在进一步的设计中，罐身的白色与隐隐的线条，还有罐体上新增各种圆形、胶囊形的舷窗和开洞，形成了油罐外立面独特的表情符号，这些符号元素能让人联想到工厂、未来飞船等，也符合上海和美术馆走在时代前沿，探索未来的文化特点。

4. 建筑形体隐喻

同象征手法一样，隐喻最初也来源于文学，其通常指使用某一种比较抽象的形式来比拟某种具象事物的修辞方式。在空间中可以运用隐喻的形体来指代具体的主题，以此激发人们的感知，让观者依靠空间来联想历史事件及唤起集体记忆，体现空间中人文时间的联结与转化。这一部分案例中未体现，因为采用了原有油罐的形体，属于明示。但何镜堂教授设计扩建的侵华日军南京大屠杀遇难同胞纪念馆中运用了许多隐喻的空间表现手法，纪念馆整体形态采用军刀的形象（图7），利用军刀这一日本帝国主义的象征来体现人文记忆。

图 7 侵华日军南京大屠杀遇难同胞纪念馆

3.3 心理时间

空间与心理时间联结作用的媒介。观者正是通过这些媒介对空间中的"力"、知觉次序、运动态势及内心绵延有完整的感知，从而将客观的空间与人们主观的意识相联系。心理时间因素通过以下媒介融入空间环境。

1. 地面与界面

在空间环境中可以利用地面与界面的变奏来调节体验者的运动速度以及强度等因素来反映空间中相应的"力"及运动态势，并通过重视空间路径节奏的多样性来强化观者知觉次序及心理时间绵延。通常有下列两种方式。

（1）地面变奏

空间之间的转合往往是设计的重点之一，通过对地面的变奏可以增强空间的节奏、韵味及动态感，并丰富观者的动态感知。案例设计中利用坡道等途径来延长观者的运动体验，从而使得空间产生连续的"时间流"，串联整个空间的是绵延起伏的超级地表，从西侧的龙腾大道到东侧的黄浦江边，室外公园的参观路径是多样的，邀请人们自由地漫步其间。从原始地面层下沉5米以上的艺术中心入口广场则可被视为一种负向操作，从而在空间的入口处将观者带领至地下，使观者在地面上下变化的过程中体验节奏变化以及内心起伏。贯穿基地南侧的是一大片"都市森林"，在城市中引入自然的回归；东侧为一片开阔的"草坪广场"，它提供给人们奔跑、休憩的空间，也可以成为室外音乐节等大型活动的观众席（图8）。

（2）界面倾斜

空间中常常可利用界面的倾斜来控制观者行进的速度及强度，以促使其感受心理时间的绵延历程。从门厅层通向3号和4号油罐展示空间的圆弧形坡道（图9）。在这里，坡道的圆弧形金属栏板不仅回应着油罐的形状，而且刻意地倾斜。设计者对空间中"力"及知觉次序的处理增强了观者在空间中的心理时间历程。

2. 视线的引导

视线与运动是人与其他事物产生联系的首要方式，通过空间处理来对观者的视线与运动进行引导，从而诱导其获得更佳的心理时间绵延体验。前面的项目中未有此手法，但由霍尔设计的柏林美国纪念图书馆就将视线与观者的运动及其心理时间绵延相互联系并融合（图10），伴随图书馆的内部楼层的逐步升高，多个垂直方向的空间相互共享、融合及渗透。由此产生丰富的视觉效应，给观者营造极强的空间层次感及知觉次序感。

3. 形态的塑造

不同的空间形态会产生不同样式的"力"，同样也是心理时间融入空间环境的要素。对称的空间形态会产生平衡感，而非常态的空间形态则会诱导观者的知觉次序。

（1）对称空间形态

一般而言，对称空间形态有三种，分别为方形、三角以及圆形，即格式塔中"完好的形"的概念。项目中未明显用到该手法，项目中建筑形态为对称的圆形，也有部分区域用对称的形态营

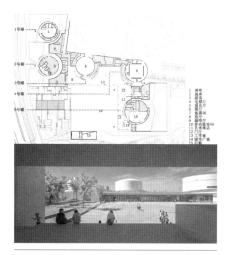

图8 上海油罐中心平面与下沉入口

图9 上海油罐中心圆弧形坡道

图10 柏林美国纪念图书馆

图11 南京雨花台烈士纪念馆

造氛围感，但整体还是非常态的（图10）。而远近闻名的南京雨花台烈士纪念馆便利用了对称空间形态，以表现凝重庄严的空间氛围（图11）。拥有六百年历史的天坛延续了天圆地方的传统宇宙观，塑造神圣的场所精神。这样的空间较为规整且极具稳定性，通常给予人平衡的"力"及流畅的心理感受。

（2）非常态空间形态

空间中往往也可以通过非常规空间形态，来对观者心中的"力"及知觉次序造成影响，以达到对某种事件及精神的感悟。冲突化及具震撼性的空间形体通常为非常态呈现的主要方式，可借助倾斜、变形及扭曲等非常态的空间形态，使观者感知压抑、紧张及无措的心理状态，从而诱导其心理时间的绵延。上海油罐中心中大厅2号馆空间采用了高耸化的空间形态处理方式，内部空间保留了室内原有的工厂结构，空旷巨大的空间深刻影响其心中的"力"及知觉次序，从而进一步勾起内心知觉。入口处倾斜的墙面也营造一种向内的吸力（图12）。

图12 上海油罐中心非常态空间

4 结论

时间的空间作为建筑设计中一个恒久的话题，随着时代发展，跟随设计中"打通"和"跨界"新趋势，多元化、多学科的发展，应当给予足够的重视，从单一学科走向系统。在探讨时空联结时，感悟及反思有下列几点：其一，时间的许多理论属于哲学的范畴，因此没有一定的哲学素养很难对其进行精准的拿捏。由于笔者自身哲学学识较为浅薄，文中涉及的时间理论，部分是基于现有的研究成果。其二，有关基于时间要素融入空间环境的设计方式、方法及启示。一方面是关于手法在空间中的运用，虽然案例的设计者并未直接谈到有关理念，但其设计中却极富时空联结关系。这说明了时间的感知特别是心理时间绵延是主观的、因人而异的。另一方面，从空间环境到时间要素都无法超出环境系统，无论是哪种时间因素或者其他设计要素，或多或少会涉及其他类别的因素，因此对个体时间因素的研究离不开环境艺术系统中的其他环境和要素。在时间要素融入空间环境最关键的一步则是观者基于时间对空间的体验过程，是其调动多知觉的主观感知体验，同时也是个人心理时间绵延的呈现方式。时间要素融入空间环境方法的总结离不开体验过程，两者相互渗透、依赖。笔者相信时间要素的引入会使得环境艺术系统更加完整。

图片来源：

图 1：网络

图 2、图 3、图 5、图 6：作者自摄

图 4：剖面图分析图作者改绘，底图来源：李虎，黄文菁.上海油罐艺术中心 [J].建筑学报,2019(07):64-70.

图 7：网络

图 8：李虎，黄文菁.上海油罐艺术中心 [J].建筑学报,2019(07):64-70.

图 9：作者自摄

图 10、图 11：网络

图 12：作者自摄

参考文献：

[1] 吴国盛.时间的观念 [M].北京：中国社会科学出版社,1996.

[2] 杜异.环境、艺术、设计——环境艺术设计系统的基本理念 [J].装饰,2005,(1).

[3] 伏飞雄.保罗·利科的叙述哲学——利科对时间问题的"叙述阐释"[M].苏州：苏州大学出版社,2011:121.

[4] 康德.纯粹理性批判 [M].邓晓芒,译.杨祖陶,校.北京：人民出版社,2004:154-158.

[5] （英）布莱恩·劳森.空间的语言 [M].北京：中国建筑工业出版社.2003.

[6] 吴国盛.时间的观念 [M].北京：北京大学出版社,2006.

[7] （德）马丁·海德格尔.存在与时间 [M].孙周兴,选编.上海：上海三联书店,1996.

[8] （法）莫里斯·梅洛–庞蒂.知觉现象学 [M].姜志辉,译.北京：商务印书馆,2001.

[9] （瑞士）希格弗莱德·吉迪恩.空间·时间·建筑 [M].湖北：华中科技大学出版社,2013.

[10] （美）鲁道夫·阿恩海姆.艺术与视知觉 [M].滕守尧,译.成都：四川人民出版社,2006.

[11] （德）卡尔·考夫卡.格式塔心理学原理.上册 [M].杭州：浙江教育出版社,1997.

[12] 岳乃华.基于知觉现象学的纪念性空间场设计研究 [D].哈尔滨：哈尔滨工业大学,2011.

[13] 高静.基于知觉现象学的建筑空间体验初探 [D].大连：大连理工大学,2010.

[14] 鲍诗度.论环境艺术系统设计 [A].东华大学、中国建筑工业出版社：东华大学环境艺术设计研究院,2007:6.

[15] 史成芳.诗学中的时间概念 [D].北京：北京大学,2006.

[16] 陈珏.内时间建筑观 [D].广州：华南理工大学,2017.

[17] 陈珏.从空间到时间——现象学视野下的建筑嬗变 [J].世界建筑,2020(11):81-83+130.

[18] 希格弗莱德·吉迪恩,王锦堂,孙全文,王琦.空间·时间·建筑——一个新传统的成长 [J].世界建筑,2020(06):143.

[19] 雷国庆.试论中国传统建筑"中轴线"隐含的时间因素 [J].山西建筑,2020,46(07):18-19.